建筑工程施工管理技术要点集丛书

建筑装饰施工

杨南方　徐兴华　　主编
田庆彦　朱万友

中国建筑工业出版社

图书在版编目(CIP)数据

建筑装饰施工/杨南方等主编.—北京:中国建筑工业出版社,2005
(建筑工程施工管理技术要点集丛书)
ISBN 7-112-07492-4

Ⅰ.建... Ⅱ.杨... Ⅲ.建筑装饰—工程施工
Ⅳ.TU767

中国版本图书馆 CIP 数据核字(2005)第 071113 号

建筑工程施工管理技术要点集丛书
建筑装饰施工
杨南方　徐兴华　田庆彦　朱万友　主编

*

中国建筑工业出版社出版、发行(北京西郊百万庄)
新 华 书 店 经 销
北京市兴顺印刷厂印刷

*

开本:850×1168 毫米 1/32 印张:10¼ 字数:275 千字
2005 年 9 月第一版 2006 年 4 月第二次印刷
印数:3,001—5,000 册 定价:**17.00** 元
ISBN 7 - 112 - 07492 - 4
(13446)

版权所有 翻印必究
如有印装质量问题,可寄本社退换
(邮政编码 100037)

本社网址:http://www.cabp.com.cn
网上书店:http://www.china-building.com.cn

本书专门介绍建筑装饰工程的施工技术和施工验收工作,内容以突出施工技术为主,附以每一步的检验要求,也傍及质量缺陷的预控与处理;编排上按工种与专业划分,并尽量与规范规定的建筑装饰装修分部的子分部工程划分一致。全书包括:地面工程、抹灰工程、门窗工程、吊顶工程、轻质隔墙工程、饰面工程、幕墙工程、涂饰工程、裱糊与软包工程、细部工程共 10 章。可供建筑装饰装修施工技术人员、工程质量检查人员、工程质量监督人员、工程监理人员学习参考。

* * *

责任编辑:李金龙　黎　钟
责任设计:赵　力
责任校对:李志瑛　刘　梅

主　　　编：杨南方　徐兴华　田庆彦　朱万友
副 主 编：杨元林　姜　涛　吴显慧　庄立文
主　　　审：彭尚银　贾丕业　张建设　张春友
编　　写：吴兆军　杨继升　孙继刚　刘　杰
　　　　　　王建明　杜洪云　闫奕任　史常猛
　　　　　　李仁林　刘继忠　孔令祯　黎日光
　　　　　　张子智　许仲杰　李成义　高　汛
　　　　　　李　伟　朱运涛　崔昌林　钟　华
　　　　　　丁志高　贾方刚　王宪龙　郭跃华
　　　　　　惠畦国　尹晓威　徐文沛

丛书前言

优异的建筑,不仅要有优秀的设计、优质的建材和设备,还要有先进的施工技术、精湛的施工工艺和全程的过程控制。而规范的施工管理则是优异建筑永恒的主题。

改革开放以来,特别是进入21世纪以来,国家对施工管理的改革进一步深化,颁布实施一系列规定,如竣工验收备案制度、见证取样和送检规定等;对有关结构设计和施工质量验收的标准规范本着"验评分离,强化验收,完善手段和过程控制"的方针进行了修订,并于2003年全部实施等。这些规定、标准、规范的实施强化了施工管理工作,同时对施工管理工作提出了新的、更高的要求。

参加工程建设的各方应努力学习国家有关新规定、新标准和新规范等,对工程建设施工管理进一步加强和深化,以适应新形势对施工管理的要求,确保工程建设质量。为此,解放军工程质量监督总站、沈阳军区基建营房部在中国建筑工业出版社支持下,组织有关单位一些具有较高理论水平和丰富实践经验的人员,依据国家近年来颁布实施的结构设计标准、施工质量验收规范和相关的标准、规范、规章、规定等,结合施工中的实际编写了这套要点集丛书。

本套要点集丛书共10本,分别是:

工程项目管理、施工组织设计编制、建筑工程造价管理、新型建筑材料应用、建筑工程质量检验、建筑结构施工、建筑安装施工、建筑装饰施工、房屋防渗漏和施工质量验收。

本套丛书适用于参加工程建设的建设单位、监理单位、施工单位以及质量监督机构和主管部门的有关人员,也可供有关院校教学参考。

本套丛书在编写过程中得到有关专家、教授和同行的大力支持和帮助,在此表示诚挚的感谢!

由于作者水平有限,文中不当之处敬请读者给予斧正。

前　言

　　建筑与环境的完美与和谐,不仅是建筑技术与文化艺术的有机结合,也是建筑业本身的要求,随着人民生活水平的不断提高,人们对建筑环境的要求越来越高,各种新型建筑材料也不断涌现,新的装饰工艺不断产生,建筑装饰技术不断改进,这都对建筑装饰施工从业人员提出更高的要求。

　　由于建筑装饰施工专业性强,涉及面广,故掌握建筑装饰施工要领,熟悉施工技术标准,把握施工技术要点,按照施工质量验收规范做好建筑装饰施工,是从事建筑装饰施工及管理人员的迫切要求。基于这种要求,我们以国家新颁布的一系列施工质量验收规范、规程、技术标准为依据,结合作者多年从事施工技术管理工作的经验,编写了这本《建筑装饰施工》,旨在与广大工程管理人员、施工技术人员共同学习,掌握建筑装饰施工知识,提高施工技术管理水平。

　　本书以突出施工技术要点为主,在编排上力求按工种与专业划分章节,不按传统按饰面部位划分的模式,并尽量与《建筑工程施工质量验收统一标准》(GB 50300—2001)建筑装饰装修分部的子分部工程划分一致,以便学习与查阅。

　　由于编者学识浅薄,经验不足,疏漏和不当之处在所难免,望广大同行给予批评指正。

目 录

1. 地面工程 ……………………………………………… 1
   1.1 基层铺设 ………………………………………… 2
   1.2 整体面层 ………………………………………… 22
   1.3 板块面层 ………………………………………… 45
   1.4 木、竹面层 ……………………………………… 77
2. 抹灰工程 ……………………………………………… 96
   2.1 一般抹灰 ………………………………………… 96
   2.2 装饰抹灰 ………………………………………… 107
3. 门窗工程 ……………………………………………… 117
   3.1 木门窗制作与安装 ……………………………… 117
   3.2 金属门窗安装 …………………………………… 128
   3.3 塑料门窗安装 …………………………………… 140
   3.4 特种门安装 ……………………………………… 149
   3.5 门窗玻璃安装 …………………………………… 164
4. 吊顶工程 ……………………………………………… 174
   4.1 暗龙骨吊顶 ……………………………………… 174
   4.2 明龙骨吊顶 ……………………………………… 181
5. 轻质隔墙工程 ………………………………………… 188
   5.1 板材隔墙 ………………………………………… 188
   5.2 骨架隔墙 ………………………………………… 194
   5.3 活动隔墙 ………………………………………… 202
   5.4 玻璃隔墙 ………………………………………… 208
6. 饰面工程 ……………………………………………… 215
   6.1 饰面板安装 ……………………………………… 215

6.2　饰面砖粘贴 …………………………………………… 228
7. 幕墙工程 …………………………………………………… 240
　7.1　基本规定 ……………………………………………… 241
　7.2　材料验收 ……………………………………………… 249
　7.3　玻璃幕墙 ……………………………………………… 259
　7.4　金属幕墙 ……………………………………………… 267
　7.5　石材幕墙 ……………………………………………… 271
8. 涂饰工程 …………………………………………………… 276
　8.1　水性涂料涂饰 ………………………………………… 276
　8.2　溶剂型涂料涂饰 ……………………………………… 280
　8.3　美术涂饰 ……………………………………………… 282
9. 裱糊与软包工程 …………………………………………… 289
　9.1　裱糊 …………………………………………………… 289
　9.2　软包 …………………………………………………… 294
10. 细部工程 ………………………………………………… 301
　10.1　橱柜制作与安装 …………………………………… 301
　10.2　窗帘盒、窗台板和散热器罩制作与安装 ………… 305
　10.3　门窗套制作与安装 ………………………………… 307
　10.4　护栏和扶手制作与安装 …………………………… 308
　10.5　花饰制作与安装 …………………………………… 309
参考文献 ……………………………………………………… 318

1．地面工程

建筑地面工程是建筑物室内底层地面与楼层地面(楼面)工程的总称,但建筑物四周的附属工程,即室外散水、明沟、台阶、坡道等也属于地面工程的范畴。

建筑地面工程主要由面层和基层两大基本构造层组成。面层部分即地面与楼面的表面层,按不同的使用要求可以做成整体面层、板块面层和木竹面层等,它直接承受表面层的各种荷载;基层部分包括结构层和垫层,底层地面的结构层是基土,楼层地面的结构层是楼板。垫层是承受并传递地面荷载于结构层的构造层。结构层和垫层往往结合在一起共同起着承受和传递来自面层荷载的作用。

当面层和基层两大基本构造层之间还不能满足使用和构造要求时,必须按设计要求增设相应的结合层、找平层、隔离层、填充层等附加的构造层。

建筑地面工程构成的各层次,见图 1.1.1 所示。

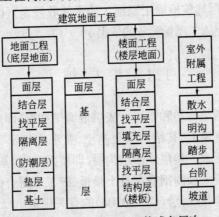

图 1.1.1 建筑地面工程构成各层次

建筑地面工程构成的各层构造,见图 1.1.2、图 1.1.3 所示。

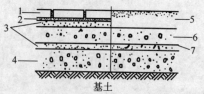

图 1.1.2 地面工程构造
1—块料面层;2—结合层;3—找平层;
4—垫层;5—整体面层;6—填充层;7—隔离层

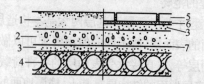

图 1.1.3 楼面工程构造
1—整体面层;2—填充层;3—找平层;
4—楼板;5—块料面层;6—结合层;7—隔离层

《建筑工程施工质量验收统一标准》(GB 50300—2001)规定,建筑地面工程为建筑装饰装修分部工程的一个子分部工程,但该子分部工程和其他子分部工程不一样,有其特殊性和重要性。为此,国家专门制定了《建筑地面工程施工质量验收规范》(GB 50209)作为建筑地面工程施工质量验收的依据。

1.1 基 层 铺 设

基层包括结构层和垫层。底层地面结构层(即地面工程)一般直接铺设在基层上,其结构层是基土,要求均匀密实,满足基土施工质量标准要求。楼层地面结构层(即楼面工程)基本上是现浇钢筋混凝土楼板或预制钢筋混凝土楼板,施工应符合《混凝土结构工程施工质量验收规范》(GB 50204)的有关规定。

基层铺设根据设计构造要求,分为灰土垫层、砂(砂石)垫层、碎石(碎砖)垫层、三合土垫层、炉渣垫层、水泥混凝土垫层等。本节主要介绍基层铺设的基土、垫层、找平层、隔离层、填充层等分项工程的施工要点。

1.1.1 施工原则

(1) 基层铺设工程的施工,应按事先确定的施工方案组织施工。

(2) 基层铺设前,其下一层表面应清理干净,无积水。

(3) 基层铺设的下层基土不应被扰动,或扰动后未能恢复初始状态的应清理至未被扰动的土层。

(4) 基层铺设的施工应连续进行,尽快完成。季节性施工时,应有可靠的保护措施,防止基层受损。

(5) 当垫层、找平层内埋设暗管时,管道应按设计要求予以加固。

(6) 施工过程中,应随时做好隐蔽工程质量检查验收工作。

(7) 基层的标高、坡度、厚度等应符合设计要求。基层表面应平整,其允许偏差应符合表1.1.1的规定。

基层表面的允许偏差和检验方法　　　　表1.1.1

序号	项目	允许偏差(mm)						检验方法
		基土	垫层		找平层	填充层		隔离层
		土	砂、砂石、碎砖、碎石	灰土、三合土、炉渣、水泥混凝土	水泥砂浆	松散材料	板块材料	防水、防潮、防油渗	
1	表面平整度	15	15	10	5	7	5	3	用2m靠尺和楔形塞尺检查
2	标高	0 -50	±20	±10	±8	±4	±4	±4	用水准仪检查
3	坡度	不大于房间相应尺寸的2/1000,且不大于30							用坡度尺检查
4	厚度	在个别地方不大于设计厚度的1/10							用钢尺检查

1.1.2 材料质量要求及施工作业条件

（1）材料质量要求

1）基土土料应选用砂土、粉土、黏性土及其他有效填料的土类，并过筛除去草皮等杂质。土的粒径不得大于 50mm。基土严禁用淤泥、腐植土、冻土、耕植土、膨胀土和含有机物质大于 8% 的土作为填土。

2）灰土垫层采用的熟化石灰使用前应过筛，其颗粒粒径不得大于 5mm，并不得夹有未熟化的生石灰块，也不得含有过多的水分；灰土垫层采用的黏土（或粉质黏土、粉土）宜采用就地挖出的土料，但不得含有机杂质，使用前应过筛，颗粒粒径不得大于 15mm。

3）垫层和砂石垫层所用材料应选用天然级配材料。砂应选用质地坚硬的中砂，石子的最大粒径不得大于垫层设计厚度的 2/3。砂和砂石不得含有草根等有机杂质。冬期施工时，不得含有冰冻块。

4）碎石垫层和碎砖垫层所用材料中，碎石应选用强度均匀、级配适当和未风化的石料，其最大粒径不应大于垫层厚度的 2/3；碎砖不得采用风化、酥松和夹有有机杂质的砖料，颗粒粒径不应大于 60mm。

5）三合土垫层使用的石灰应用熟化石灰，其质量验收要求同灰土垫层中的熟化石灰；砂应用中砂，并不得含有草根等有机物质；碎砖同碎砖垫层中的碎砖。现场检查验收要求同上。

6）炉渣垫层所用的炉渣不应含有有机杂质和未燃尽的煤块，颗粒粒径不应大于 40mm，且颗粒粒径在 5mm 及其以下的颗粒不得超过总体积的 40%；熟化石灰颗粒粒径不得大于 5mm。

7）混凝土垫层采用的粗骨料，其最大粒径不应大于垫层厚度的 2/3；含泥量不应大于 2%；砂为中粗砂，其含泥量不应大于 3%。其中水泥可采用硅酸盐水泥、普通硅酸盐水泥、矿渣硅酸盐水泥。

8）找平层所采用的碎石或卵石的粒径不应大于其厚度的 2/3，含泥量不应大于 2%；砂为中粗砂，其含泥量不应大于 3%。

9）隔离层使用的防水卷材或防水涂料的材质必须符合设计

要求和国家产品标准的规定。

10) 填充层材料一般为松散保温材料、板块保温材料、整体保温材料和吸声材料等。其中松散保温材料有膨胀蛭石、膨胀珍珠岩、炉渣、水渣等。膨胀蛭石粒径一般为 3~15mm，膨胀珍珠岩粒径小于 0.15mm 的含量不能大于 8%，炉渣应经筛选，炉渣和水渣粒径应控制在 5~40mm，其中不应含有有机杂质、石块、土块、重矿渣块和未燃尽的煤块。

(2) 施工作业条件

1) 所覆盖的隐蔽工程已进行检查验收且合格。

2) 已做好水平标志，以控制基层铺设的高度和厚度。

3) 如使用大型机械施工，应事先确定好行走路线、装卸料场地、转运场地等。

4) 对施工人员进行技术交底，特殊工种应持证上岗。

5) 施工作业环境，如天气、温度、湿度等状况应满足施工质量标准要求。

6) 当地下水位高于基底时，应事先采取排水或降水措施，满足施工技术要求。

1.1.3 施工管理控制要点

(1) 工艺流程

基底清理→弹线找平→分层铺设材料→夯实或振捣→过程质量检验→养护→检查验收。

(2) 管理要点

1) 基层铺设工程的施工，分部实施工序较多，工程量大，应重点做好原材料质量检查、工序交接检验、隐蔽工程质量检查验收等各关键环节的管理监控。

2) 重点检查填土料的土质和外观质量。拌合材料的配合比须经试验确定。须进行见证取样检验工作时，应监督取样人员严格按取样检验程序操作。

3) 施工过程注意核实基底标高、分层铺设厚度，检查每层土的压实系数和最优含水量，每个施工段的接槎应按规定实施。

4）基层铺设前须进行钎探、验槽工作时,应注意对照地质勘探资料检查现场土质、土层变化、局部软弱程度以及地下物的存在情况。检查中应做好施工记录。检查、验收结论应形成文字材料归档,并且有参验各方签章,手续齐全。

5）铺设混凝土材料时,注意检查拌合物配合比、投料顺序、加水量、搅拌时间和浇筑时的坍落度要求。检查每组试块是否按规定数量留置。浇筑时基层是否已经清理并浇水湿润,浇捣方法是否正确。注意分层施工的间隙时间应符合规定。

6）季节性施工时,应及时掌握施工环境变化情况,督促施工单位提前做好各种防护措施。

7）施工过程中,应按工艺操作要点做好工序质量控制。

（3）控制要点

1）基土

① 基本要求

A. 地面应铺设在均匀密实的基土上。填土或土层结构被扰动的基土,应予以分层压(夯)实。

B. 在淤泥、淤泥质土、杂填土、冲填土等软弱土层上施工时,应按设计要求对基土进行更换或加固,并应符合国家现行的《建筑地基处理技术规范》(JGJ 79)的有关规定。

C. 填土应选用砂土、粉土、黏性土及其他有效填料的土类,并过筛除去草皮等杂质。土的粒径不得大于50mm。

D. 基土严禁用淤泥、腐植土、冻土、耕植土、膨胀土和含有有机物质大于8%的土作为填土。

E. 填土的土料应经试验或现场施工人员鉴定合格后采用。

② 控制要点

A. 填土前应清底、夯实。

B. 填土时的土料应控制在最优含水量的情况下施工。过干的土在压夯前应加以湿润,过湿的土应予晾干。土料含水量一般以手握成团,碰之即碎为宜。

重要工程或大面积的地面填土前,应取土样按击实试验确定其最优含水量与相应的最大干密度。

各种土的最优含水量和最大干密度参考数值见表1.1.2。黏性土料施工含水量与最优含水量之差可控制在-4%～+2%范围内(使用振动碾时,可控制在-6%～+2%范围内)。

土的最优含水量和最大干密度参考表　　表1.1.2

项次	土的种类	变动范围		项次	土的种类	变动范围	
		最优含水量(%)(重量比)	最大干密度(t/m^3)			最优含水量(%)(重量比)	最大干密度(t/m^3)
1	砂土	8～12	1.80～1.88	3	粉质黏土	12～21	1.85～1.95
2	黏土	19～23	1.58～1.70	4	粉土	9～15	1.85～2.08

注:1.表中土的最大干密度应以现场实际达到的数字为准。
　　2.一般性的回填,可不作此项测定。

C.室内地面填土采用人工填土时,用手推车送土,用铁锹、耙、锄等工具进行回填。填土应从最低部分开始,由一端向另一端自下而上分层铺填。每层虚铺厚度:用人工木夯夯实时不大于200mm,用打夯机械夯实时不大于250mm。墙基及管道回填应在两侧用细土同时均匀回填、夯实,防止墙基及管道中心线位移。

人工夯土时,夯具采用60～80kg的木夯或铁、石夯,由4～8人拉绳,两人扶夯,举高不小于400mm,一夯压半夯,按次序进行。较大面积人工回填用打夯机夯实时,两机平行间距不得小于3m,在同一夯打路线上,前后间距不得小于10m。

对与沿墙、柱基础的连接处,应重叠夯填密实,或采取设隔离缝等措施进行技术处理。防止因夯填不实出现下沉现象,造成地面面层空鼓开裂,并沿墙、柱处脱开,影响使用。

D.铺土厚度和压实遍数

填土每层铺土厚度和压实遍数视土的性质、设计要求的压实系数和使用的压(夯)实机具性能而定,一般应进行现场碾(夯)压试验确定。表1.1.3为压实机械和工具每层铺土厚度与所需的碾压(夯实)遍数的参考数值。

填土施工时的分层厚度及压实遍数　　　表1.1.3

压实机具	分层厚度（mm）	每层压实遍数
平　　碾	250～300	6～8
振动压实机	250～350	3～4
柴油打夯机	200～250	3～4
人工打夯	不大于200	3～4

　　E．经处理后的软弱土质，在夯实后尚应按具体情况分别采用碎石、卵石、砾石、碎砖、矿渣或砂等材料铺一层夯入土中，以进行基土表面加固处理。铺设材料的厚度不宜小于60mm，夯入深度不小于40mm，铺设材料的粒径为40～60mm。

　　F．在季节性冰冻地区非采暖房屋或室内温度长期处于0℃下，且在冻深范围内的冻胀性土上铺设地面时，必须按设计要求做好防冻胀层后方可施工。对虽属采暖房屋的上述情况地面工程，在未交工前需越冬而无条件采暖时，也应做好防冻胀处理，否则往往会导致地面开裂，造成质量事故。防冻胀层的厚度应根据当地经验确定，也可按表1.1.4选用。防冻胀层材料很多，凡属水稳定性好和非冻胀的材料都可以选用，如中粗砂、碎卵石、炉渣、炉渣及灰土等，但应由设计确定。

防冻胀层厚度　　　表1.1.4

土的标准冻深（mm）	防冻胀层厚度（mm）	
	土为冻胀土	土为强冻胀土
600～800	100	150
1200	200	300
1800	350	450
2200	500	600

　　注：土的标准冻深和土的冻胀性分类，应按现行国家规范《建筑地基基础设计规范》(GB 50007)确定。

　　G．不得在冻土上进行填土施工。

③基层铺设工程施工质量验收应符合表 1.1.6 的规定。

2) 灰土垫层

① 基本要求

A. 灰土垫层应采用熟化石灰与黏土(或粉质黏土、粉土)的拌合料铺设,其厚度由设计确定,不应小于 100mm;熟化石灰与黏土的体积比宜为 3:7,或按设计要求配料。采用的黏土不得含有有机杂质,使用前应予过筛,粒径不得大于 15mm。

当采用粉煤灰或电石渣代替熟化石灰作垫层时,其粒径不得大于 5mm,拌合料的体积比应通过试验确定。

B. 熟化石灰应在生石灰(石灰中的块灰不应小于 70%)使用前的 3~4 天洒水粉化,并过筛,其粒径不得大于 5mm。

C. 灰土拌合料应拌合均匀,颜色一致,并保持一定湿度。

D. 灰土垫层应铺设在不受地下水浸泡的基土上。施工后应有防止水浸泡的措施。

E. 灰土垫层应分层夯实,不得隔日夯实,亦不得受雨淋。经湿润养护、晾干后方可进行下道施工工序。

② 控制要点

A. 灰土拌合料应保持一定湿度,适当控制加水量。工地检验方法:用手将灰土紧握成团,两指轻捏即碎为宜。如拌合料水分过多应晾干,水分不足应洒水润湿。

B. 灰土拌合料应分层铺平夯实,每层虚铺厚度一般为 200~250mm,夯实到 100~150mm。

C. 人工夯实可采用石夯或木夯,夯重 40~80kg,落高 400~500mm,一夯压半夯。机械夯实可采用蛙式打夯机或碾压机具。

D. 每层灰土的夯打遍数,应根据设计要求的干密度在现场试验确定。

E. 上下两层灰土的接缝距离不得小于 500mm。施工间歇后继续铺设前,接缝处应清扫干净,并应重叠夯实。

F. 夯实后的表面应平整,经适当晾干后,方可进行下道施工工序。

G. 灰土的质量检查,宜用环刀取样(环刀体积不小于 $200cm^3$),测定其干密度。灰土的质量标准参见表1.1.5。

灰土质量标准　　　　　　表1.1.5

项　次	土　料　种　类	灰土最小干密度 (g/cm^3)
1	粉　土	1.55
2	粉质黏土	1.50
3	黏　土	1.45

③灰土垫层施工质量验收应符合表1.1.6的规定。

3) 砂垫层和砂石垫层

① 基本要求

A. 砂垫层和砂石垫层的厚度应符合设计要求,且砂垫层厚度不应小于60mm,砂石垫层厚度不应小于100mm。砂宜选用质地坚硬的中砂或中粗砂。

B. 砂石应选用天然级配材料。石子的最大粒径不得大于垫层厚度的2/3。砂和天然砂石中不得含有草根等有机杂质,冬期施工时不得含有冰冻块。

C. 基土下为非湿陷性土层,砂土可随浇水随压(夯)实。每层虚铺厚度不应大于200mm。

② 控制要点

A. 砂垫层铺平后,应洒水湿润,并应采用机具振实。

B. 砂石垫层应摊铺均匀,不得有粗细颗粒分离现象。压实前应洒水使砂石表面保持湿润。

C. 用表面振动器振实时,要往复振捣。每层虚铺厚度为200~250mm,最佳含水量为15%~20%。

D. 用内部振动器振实时,每层虚铺厚度高于振动器插入深度,插入间距应根据振动器的振幅大小决定,振捣时不应插至基土上。振捣完毕后,所留孔洞要用砂填塞。

E. 用木夯或机械夯夯实时,要一夯压半夯全面夯实。每层虚铺厚度为150~200mm,最佳含水量为8%~12%。

F. 用压路机辗压时,要往复辗压,且不应小于三遍。每层虚铺厚度为250～350mm,最佳含水量为8%～12%。

　　G. 砂垫层和砂石垫层的质量检查,可用容积不小200cm³的环刀取样,测定其干密度,以不小于该砂料在中密状态时的干密度数值为合格。中砂在中密状态的干密度,一般为1.55～1.60g/cm³。砂石垫层的质量检查,可在垫层中设置纯砂检查点,在同样施工条件下,按上述方法检验。

　　③砂垫层和砂石垫层施工质量验收应符合表1.1.6的规定。

　　4)碎石垫层和碎砖垫层

　　① 基本要求

　　A. 碎石垫层和碎砖垫层厚度由设计确定,且不应小于100mm。

　　B. 碎石的最大粒径不得大于垫层厚度的2/3。碎砖的粒径不应大于60mm。如利用工地断砖,须经事先敲打,过筛备用。

　　② 控制要点

　　A. 碎石垫层应摊铺均匀,表面空隙应用粒径为5～25mm的细石子撒在嵌缝上。压实前应洒水使碎石表面保持湿润。采用机械辗压或人工夯实时,将碎石分散挤紧,压(夯)至碎石表面平整、坚实、稳定,不松动为止。

　　B. 碎砖垫层应分层摊铺均匀,每层虚铺厚度不大于200mm,经适当洒水后进行夯实。采用人工或机械夯实时,应夯至表面平整,夯实后的厚度均应为150mm,约为虚铺厚度的3/4。

　　C. 在已铺设好的碎砖垫层上,不得用锤击的方法进行碎砖加工或重行敲打。

　　③碎石垫层和碎砖垫层施工质量验收应符合表1.1.6的规定。

　　5) 三合土垫层

　　① 基本要求

　　A. 三合土垫层用石灰、砂(亦可掺入少量黏土)与碎砖的拌合料铺设而成,厚度由设计确定。

B. 熟化石灰颗粒粒径不得大于 5mm;砂应用中砂,不得含有草根等有机物质;碎砖不应采用已风化、酥松和含有有机杂质的砖料,颗粒粒径不应大于 60mm。

C. 三合土的体积比应符合设计要求。

D. 三合土垫层应分层夯实。

② 控制要点

A. 三合土垫层采取先拌合后铺设的方法时,其体积比宜为 1:3:6(熟化石灰:砂:碎砖)或按设计要求配料。加水拌合均匀后,每层虚铺厚度不大于 150mm,铺平夯实后每层厚度宜为 120mm。

B. 三合土垫层采取先铺设后灌浆的方法时,碎砖先分层铺设,并适当洒水湿润。每层虚铺厚度不大于 120mm,并应铺平拍实,然后灌以 1:2～1:4(体积比)的石灰砂浆,再行夯实。

C. 三合土垫层可采用人工夯或机械夯,夯打应密实,表面平整。在最后一遍夯打时,应灌浓石灰浆,待表面晾干后方可进行下道施工工序。

③ 三合土垫层施工质量验收应符合表 1.1.6 的规定。

6) 炉渣垫层

① 基本要求

A. 炉渣垫层采用炉渣,或水泥与炉渣,或水泥、石灰与炉渣的拌合料铺设,厚度由设计确定,且不应小于 80mm。

B. 炉渣内不应含有有机杂质和未燃尽的煤块。粒径不应大于 40mm,粒径在 5mm 和 5mm 以下的不得超过总体积的 40%。

水泥应为普通硅酸盐水泥或矿渣硅酸盐水泥。

石灰在使用前 5 天用水淋化,并经用筛孔为 5mm 的筛过筛后制成石灰浆;或采用熟化石灰,熟化石灰应在生石灰(石灰中的块灰不应小于 70%)使用前 3～4 天洒水粉化,并过筛,其粒径不得大于 5mm。

炉渣或水泥炉渣垫层用的炉渣,使用前应浇水闷透;水泥石灰炉渣垫层用的炉渣,使用前应用石灰浆或用熟化石灰浇水拌合闷透;闷的时间均不得少于 5 天。

C. 炉渣垫层的拌合料应按设计要求配料。如设计无要求,水泥与炉渣拌合料的体积比宜为1:6(水泥:炉渣),水泥、石灰与炉渣拌合料的体积比宜为1:1:8(水泥:石灰:炉渣)。

D．垫层铺设前,其下一层应经湿润;铺设时应分层压实,铺设后应养护,待其凝结后方可进行下一道施工工序。

② 控制要点

A．炉渣垫层的拌合料必须拌合均匀,颜色一致,加水量应严格控制,使铺设时表面不致出现泌水现象。

B．炉渣垫层铺设前,应将基层清扫干净并洒水湿润,铺设后应压实拍平。

C．垫层厚度大于120mm时,应分层铺设,每层压实后的厚度不应大于虚铺厚度的3/4。

D．铺设时,采用振动器、滚筒或木拍等工具压实拍平。采用滚筒压实时,压至表面泛浆且无松散颗粒为止;采用木拍压实时,应按拍实、拍实找平、轻拍泛浆、抹平等四道工序完成。

E．垫层施工完毕,应防止水浸,做好养护工作。常温条件下,水泥炉渣垫层至少养护2天;水泥石灰炉渣垫层至少养护7天,待其凝固后方可进行下一工序的施工。

③炉渣垫层施工质量验收应符合表1.1.6的规定。

7) 水泥混凝土垫层

① 基本要求

A．水泥混凝土垫层是用强度等级不小于C10的混凝土铺设而成,厚度由设计确定,且不得小于60mm。

B．水泥可采用硅酸盐水泥、普通硅酸盐水泥、矿渣硅酸盐水泥。

砂的质量应符合行业标准《普通混凝土用砂质量标准及检验方法》(JGJ 52)的规定。

石的质量应符合行业标准《普通混凝土用碎石或卵石质量标准及检验方法》(JGJ 53)的规定,其粒径不应大于垫层厚度的2/3。

C．混凝土的配合比,应通过计算和试配确定。浇筑时的坍落度宜为10~30mm。

D．水泥混凝土施工,应符合国家现行标准《混凝土结构工程施工质量验收规范》(GB 50204)的有关规定。

　　E.水泥混凝土试块的制作,应在现场按规定留置。

　　② 控制要点

　　A.浇筑混凝土垫层前,应清除基层面上的杂物,其下一层表面应湿润。

　　B.浇筑大面积混凝土垫层时,应纵横每6~10m设中间水平桩以控制厚度。

　　C.大面积浇筑混凝土时,应分区段进行。分区段应结合变形缝位置、不同材料面层的连接部位和设备基础的位置进行划分,并应与设置的纵向、横向缩缝的间距相一致。

　　室内地面的水泥混凝土垫层,应设置纵向缩缝和横向缩缝;纵向缩缝间距不得大于6m,横向缩缝不得大于12m。

　　D.浇筑混凝土垫层前,应按设计要求和施工规定埋设锚栓、木砖等预留孔洞。

　　E.混凝土浇筑完毕后,应在12小时内用草帘等加以覆盖和浇水养护。

　　F.混凝土的抗压强度达到$1.2N/mm^2$(MPa)以后,方可在其上做面层等。

　　③水泥混凝土垫层施工质量验收应符合表1.1.6的规定。

8) 找平层

　　① 基本要求

　　A.找平层应采用水泥砂浆或水泥混凝土铺设。

　　B.找平层所用材料的质量应符合现行国家或行业标准的规定。

　　C.水泥砂浆体积比或水泥混凝土强度等级应符合设计要求,且水泥砂浆体积比不应小于1:3(或相应的强度等级);水泥混凝土强度等级不应小于C15,其试块的制作应按规定在现场留置。

　　D.铺设找平层前,当其下一层有松散填充料时,应予铺平振实。

　　E.有防水要求的建筑地面工程,铺设前必须对立管、套管和地漏与楼板节点之间进行密封处理;排水坡度应符合设计要求。

② 控制要点

A．在铺设找平层前,应将下一基层表面清理干净。当找平层下有松散填充料时,应予铺平振实。

B．采用水泥砂浆或水泥混凝土铺设找平层,其下一层为水泥混凝土垫层时,应予湿润;当表面光滑时,尚应划毛或凿毛。铺设时先刷一遍水泥浆,其水灰比宜为 0.4~0.5,随刷随铺设找平层。

C．在预制钢筋混凝土板上铺设找平层前,必须认真做好板缝间的灌缝填嵌这一重要工序,以确保灌缝的施工质量。施工时应按下列要求进行:

(A)对预制钢筋混凝土板的安装,板与板之间缝隙宽度不应小于 20mm,且不应出现死缝。板在安装前,在砌体或梁上用 1:2.5 水泥砂浆(体积比)找平;安装时应边坐浆边安装,坐浆要坐满垫实,使板与支座粘结牢固。

(B)填嵌时,应认真清理板缝内的杂物,浇水清洗干净并保持湿润。

(C)灌缝材料采用细石混凝土,石子粒径不得大于 10mm;灌缝的细石混凝土强度等级不得小于 C20,并尽可能使用膨胀水泥或掺膨胀剂拌制。

(D)细石混凝土宜采用机械搅拌和机械振捣。浇筑时混凝土的坍落度应控制在 10mm,振捣应密实,灌缝高度应低于板面 10~20mm,表面不宜压光。

(E)板与板之间缝隙宽度大于 40mm 时,板缝内应设置 $\phi 6$ 钢筋或按设计要求配置钢筋。施工时板缝底应吊模,用角钢或木楞把棱角吊入板缝内 5~10mm,形成"∧"形槽。

(F)浇筑完板缝混凝土后,应及时覆盖并浇水养护 7 天,混凝土强度等级达到 C15 时,方可继续施工。

(G)当板缝间分两次灌缝时,可先灌体积比为 1:2 或 1:2.5(水泥:砂)的水泥砂浆,再浇筑细石混凝土。

(H)在施工工序上可采取楼层隔层灌缝的办法,即下层的灌缝工艺安排在上面楼层预制钢筋混凝土板安装好后进行,以防止灌缝混凝土过早承受施工荷载的影响,确保板间粘结强度。考虑沉降对板缝产生的影响,亦可在主体完工后自上而下逐层灌缝施工。

D.在预制钢筋混凝土板上铺设找平层时,板端之间尚应按设计要求采取防止裂缝的构造措施。

E.有防水要求的楼面工程,在铺设找平层前,应检查地漏标高,并对立管、套管和地漏等穿过楼板处的节点采用水泥砂浆或细石混凝土将四周粘牢堵严,进行密封处理。

F.在水泥砂浆或水泥混凝土找平层上铺涂防水类卷材或防水类涂料隔离层时,找平层表面应洁净、干燥,含水率不应大于9%,并应涂刷基层处理剂。

③找平层施工质量验收应符合表1.1.6的规定。

9) 隔离层

① 基本要求

A.隔离层采用的材料应符合设计要求,其材质应经有资质的检测单位认定。

B.在水泥类找平层上铺设沥青类防水卷材或涂刷防水涂料作为防水隔离层时,其表面应坚固、洁净、干燥。铺设前,还应涂刷与防水材料性能相适应的基层处理剂。

C.当采用掺有防水剂的水泥类找平层作为防水隔离层时,其掺量和强度等级(或配合比)应符合设计要求。

D.**厕浴间和有防水要求的建筑地面必须设置防水隔离层。楼层结构必须采用现浇混凝土或整块预制混凝土板,混凝土强度等级不应小于C20;楼板四周除门洞外,应做混凝土翻边,其高度不应小于120mm。施工时结构层标高和预留孔洞位置应准确,严禁乱凿洞。**

E.水泥类防水隔离层的防水性能和强度等级必须符合设计要求。

F.**防水隔离层严禁渗漏,坡向应正确、排水通畅。**

② 控制要点

A.在铺设隔离层前,其下一层表面应平整、洁净和干燥,并不得有空鼓、裂缝和起砂现象。

　　B. 当隔离层采用沥青胶结料(沥青或沥青玛琋脂)时,其技术指标应符合现行国家规范《屋面工程质量验收规范》(GB 50207)的有关规定,并应符合设计要求。

　　C. 沥青玛琋脂采用同类沥青与纤维、粉状或纤维和粉状混合的填充料配制。

　　D. 沥青胶结料防水层一般涂刷两层,每层厚度为1.5～2mm。

　　E. 沥青胶结料防水层可在气温不低于20℃时涂刷,如温度过低,必须采取保温措施。在炎热季节施工时,为防止烈日曝晒引起沥青流淌,应采取遮阳措施。

　　F. 防水类卷材的铺设应展平压实,挤出的沥青胶结料要趁热刮去。铺贴好的油毡面不得有皱折、空鼓、翘边和封口不严等缺陷。油毡的搭接长度,长边不小于100mm,短边不小于150mm。搭接缝处必须用沥青胶结料封严。

　　G. 防水类涂料的涂刷可采用喷涂或涂刮分层分遍进行。施工时,每遍施工方向应互相垂直,并待前一层干燥或成膜后再进行后一层施工。涂布应厚薄均匀一致,表面应平整。

　　H. 铺涂防水类材料时,宜预先制定施工程序。穿过楼板的管道在板面四周处,应将防水材料向上铺涂,并应超过套管的上口;在靠近墙面处,防水材料亦应向上铺涂,并应高出面层200～300mm,或按设计要求的高度铺涂。阴阳角以及穿过楼板的管道在板面管道根部处尚应增加防水材料的铺涂。

　　铺涂完毕后,应做蓄水检验,蓄水深度宜为20～30mm,以在24小时内无渗漏为合格,检验中应做好记录。

　　I. 当隔离层采用水泥砂浆或水泥混凝土找平层作为地面与楼面防水要求时,应在水泥砂浆或水泥混凝土中掺防水剂做成为水泥类的刚性防水层。

　　J. 在沥青类(即掺有沥青的拌合料,以下同)隔离层上铺设水泥类面层或结合层前,其表面应洁净、干燥,并应涂刷同类的沥青胶结料,胶结料的厚度宜为1.5~2.0mm,以提高胶结性能。涂刷沥青胶结料的温度不低于160℃,并应随即将经预热至50~60℃的粒径为2.5~5mm的绿豆砂均匀撒入沥青胶结料内,要求压入1~1.5mm深度。对表面过多的绿豆砂应在胶结料冷却后扫去。绿豆砂应采用清洁、干燥的砾砂或浅色人工砂粒,必要时在使用前可进行水冲筛选和晒干。

③隔离层施工质量验收应符合表1.1.6的规定。

10)填充层

① 基本要求

A.填充层应按设计要求选用材料,其密度和导热系数应符合国家有关产品标准的规定,配合比必须符合设计要求。

B.填充层的下一层表面应平整。当为水泥类时尚应洁净、干燥,并不得有空鼓、裂缝和起砂等缺陷。

C.用松散材料铺设填充层时,应分层铺平拍实;采用板、块状材料铺设填充层时,应分层错缝铺贴、压实,无翘曲。

② 控制要点

A.松散填充材料应分层铺平拍实,每层虚铺厚度不宜大于150mm。拍实后不得直接在填充层上行车或堆放重物。

B.沥青膨胀珍珠岩或沥青膨胀蛭石应用机械搅拌,色泽一致,无沥青团。

C.整体填充材料应分层铺平拍实,表面应平整。用2mm长直尺检查,直尺与填充层表面之间的空隙,如在填充层上做找平层时,不应小于7mm,空隙只允许平缓变化。

D.板状填充材料应分层错缝铺贴,每层应采用同一厚度的板块。铺设厚度应符合设计要求。

E.用沥青粘贴板块时,应边刷,边贴,边压实,务必使沥青饱满,防止板块翘曲。

F.用水泥砂浆粘贴板块时,板间缝隙应用保温灰浆填实并勾缝。保温灰浆的配合比一般为1∶1∶10(水泥∶石灰膏∶同类保温材料的碎粒,体积比)。

③ 填充层施工质量验收应符合表1.1.6的规定。

1.1.4 施工质量验收

基层铺设工程施工质量验收见表1.1.6。

基层铺设工程施工质量验收　　　　表1.1.6

检验项目		标　　准	检验方法
基土	主控项目	基土严禁用淤泥、腐殖土、冻土、耕植土、膨胀土和含有机物质大于8%的土作为填土	观察检查和检查土质记录
		基土应均匀密实,压实系数应符合设计要求,设计无要求时,不应小于0.90	观察检查和检查试验记录
	一般项目	基土表面的允许偏差应符合表1.1.1的规定	
垫层	灰土垫层 主控项目	灰土体积比应符合设计要求	观察检查和检查配合比通知单
	一般项目	熟化石灰颗粒粒径不得大于5mm;黏土(或粉质黏土、粉土)内不得含有有机物质,颗粒粒径不得大于15mm	观察检查和检查材质合格记录
		灰土垫层表面的允许偏差及检验方法应符合表1.1.1的规定	
	砂石垫层 主控项目	砂和砂石不得含有草根等有机杂质;砂应采用中砂;石子最大粒径不得大于垫层厚度的2/3	观察检查和检查材质合格证明文件及检测报告
		砂垫层和砂石垫层的干密度(或贯入度)应符合设计要求	观察检查和检查材质合格记录
	一般项目	表面不应有砂窝、石堆等质量缺陷	观察检查
		砂垫层和砂石垫层表面的允许偏差及检验方法应符合表1.1.1的规定	
	碎石垫层 主控项目	碎石的强度均匀,最大粒径不应大于垫层厚度的2/3;碎砖不应采用风化、酥松、夹有有机杂质的砖料,颗粒粒径不应大于60mm	观察检查和检查材质合格证明文件及检测报告
		碎石、碎砖的垫层的密实度应符合设计要求	观察检查并检查检测报告
	一般项目	碎石、碎砖垫层的表面允许偏差及检验方法应符合表1.1.1的规定	

续表

检验项目			标　　准	检验方法
垫层	三合土垫层	主控项目	熟化石灰颗粒粒径不得大于5mm；砂应用中砂，并不得含有草根等有机物质；碎砖不应采用风化、酥松和夹有有机杂质的砖料，颗粒粒径不应大于60mm	观察检查和检查材质合格证明文件及检测报告
			三合土的体积比应符合设计要求	观察检查和检查配合比通知单
		一般项目	三合土垫层表面的允许偏差及检验方法应符合表1.1.1的规定	
	炉渣垫层	主控项目	炉渣内不应含有有机杂质和未燃尽的煤块，颗粒粒径不应大于40mm，且颗粒粒径5mm及其以下的颗粒，不得超过总体积的40%；熟化石灰颗粒粒径不得大于5mm	观察检查和检查材质合格证明文件及检测报告
			炉渣垫层的体积比应符合设计要求	观察检查和检查配合比通知单
		一般项目	炉渣垫层与其下一层结合牢固，不得有空鼓和松散炉渣颗粒	观察检查和用小锤轻击检查
			炉渣垫层表面的允许偏差及检验方法应符合表1.1.1的规定	
	水泥混凝土垫层	主控项目	水泥混凝土垫层采用的粗骨料，其最大粒径不应大于垫层厚度的2/3；含泥量不应大于2%；砂为中粗砂，其含泥量不应大于3%	观察检查和检查材质合格证明文件及检测报告
			混凝土的强度等级应符合设计要求，且不应小于C10	观察检查和检查配合比通知单及检测报告
		一般项目	水泥混凝土垫层表面的允许偏差及检验方法应符合表1.1.1的规定	
找平层		主控项目	找平层采用碎石或卵石的粒径不应大于其厚度的2/3，含泥量不应大于2%；砂为中粗砂，其含泥量不应大于3%	观察检查和检查材质合格证明文件及检测报告
			水泥砂浆体积比或水泥混凝土强度等级应符合设计要求，且水泥砂浆体积比不应小于1:3(或相应的强度等级)；水泥混凝土强度等级不应小于C15	观察检查和检查配合比通知单及检测报告
			有防水要求的建筑地面工程的立管、套管、地漏处严禁渗漏，坡向应正确、无积水	观察检查和蓄水、泼水检验及坡度尺检查

续表

检验项目		标　　准	检验方法
找平层	一般项目	找平层与其下一层结合牢固,不得有空鼓	用小锤轻击检查
		找平层表面应密实,不得有起砂、蜂窝和裂缝缺陷	观察检查
		找平层的表面允许偏差及检验方法应符合表1.1.1的规定	
隔离层	主控项目	隔离层材质必须符合设计要求和国家产品标准的规定	观察检查和检查材质合格证明文件及检测报告
		厕浴间和有防水要求的建筑地面必须设置防水隔离层。楼层结构必须采用现浇混凝土或整块预制混凝土板,混凝土强度等级不应小于C20;楼板四周除门洞外,应做混凝土翻边,其高度不应小于120mm。施工时结构层标高和预留孔洞位置应准确,严禁乱凿洞	观察和钢尺检查
		水泥类防水隔离层的防水性能和强度等级必须符合设计要求	观察检查和检查检测报告
		防水隔离层严禁有渗漏,坡向应正确,排水通畅	观察检查和蓄水、泼水检验,或用坡度尺检查及检查检验记录
	一般项目	隔离层厚度应符合设计要求	观察检查和用钢尺检查
		隔离层与其下一层粘结牢固,不得有空鼓;防水涂层应平整、均匀,无脱皮、起壳、裂缝、鼓泡等缺陷	用小锤轻击检查和观察检查
		隔离层表面的允许偏差及检验方法应符合1.1.1的规定	
填充层	主控项目	填充层的材料质量必须符合设计要求和国家产品标准的规定	观察检查和检查材质合格证明文件、检测报告
		填充层的配合比必须符合设计要求	观察检查和检查配合比通知单
	一般项目	松散材料填充层铺设应密实;板块状材料填充层应拍实、无翘曲	观察检查
		填充层表面的允许偏差及检验方法应符合表1.1.1的规定	

1.2 整体面层

整体面层是相对于采用分层分块的材料,而在制作上采用现浇材料和一定的施工工艺,一次性整体做成的地面面层。为防止地面变形和增强其耐久性及美观效果,可采取人工分格、添加耐磨擦材料或颜料。传统的做法有水泥砂浆面层、水泥混凝土面层、水磨石面层等等。整体地面的施工特点是:在现场湿作业施工,材料在现场配制,作业工序较多,施工工期长。优点是做成的地面整体性较好,不受地面形状限制,耐磨擦,耐污染;缺点是施工质量不稳定,施工过程污染环境,局部维修困难或修补后影响整体效果。但是相对于板块面层而言,造价低廉,可用于室内外多种地面装修。

整体面层铺设工程包括水泥混凝土(含细石混凝土)面层、水泥砂浆面层、水磨石面层、水泥钢(铁)屑面层、防油渗面层和不发火(防爆的)面层等分项工程的施工。

1.2.1 施工原则

(1) 整体面层工程的施工及质量检查验收,除执行行业或企业的技术标准外,尚应符合《建筑地面工程施工质量验收规范》(GB 50209)的规定。

(2) 整体面层的铺设宜在室内装饰工程基本完成后进行,并应事先做好建筑地面工程的基层处理工作。

(3) 当铺设水泥类垫层、找平层和结合层时,若其下一层为水泥类材料层,其表面应粗糙、洁净和湿润,不得有积水;若其下一层为预制钢筋混凝土板,则应将其已压光的板面划(凿)毛或涂刷界面处理剂。

当水泥砂浆类垫层、水泥混凝土面层、水磨石面层等铺设在水泥类基层上时,其基层的抗压强度不得小于$1.2N/mm^2$(MPa),表面应粗糙、洁净和湿润,无积水。在铺设前应刷界面处理剂,并随刷随铺。

(4) 铺设整体面层,应符合设计要求和关于变形缝的设置要求:

1) 建筑地面的沉降缝、伸缩缝和防震缝,应与结构相应缝的位置一致,且应贯通建筑地面的各构造层;

2) 沉降缝和防震缝的宽度应符合设计要求,缝内应清理干净,并以柔性密封材料填嵌后用板封盖,封盖应与面层齐平。

(5) 踢脚线施工时,除按本章同类面层施工要求操作外,尚应注意下列两点:

1) 当采用掺有水泥的拌合料进行踢脚线施工时,严禁采用石灰砂浆打底;

2) 踢脚线宜在面层基本完工及墙面最后一遍抹灰(或刷涂料)前完成。当墙面采用机械喷涂抹灰时,应先做踢脚线。

(6) 厕浴间和有防水要求的建筑地面结构层标高,应结合房间内外标高差、坡度流向以及隔离层能否裹住地漏等进行施工。面层铺设后不应出现倒泛水和地漏处有渗漏。

(7) 楼梯踏步的高度,应以楼梯间结构层的标高结合楼梯上、下级踏步与平台、走道连接处面层的做法,进行划分。铺设后每级踏步的高度与上一级踏步和下一级踏步的高度差不应大于10mm。

(8) 室外散水、明沟、踏步、台阶、坡道等各构造均应符合设计要求,施工时应符合基土和同类垫层、面层的施工规定。

水泥混凝土的散水和明沟,应设置伸缩缝,其间距宜按各地气候条件和传统做法确定,但间距不应大于10m;房屋转角处应设置伸缩缝;水泥混凝土的散水、明沟和台阶与建筑物连接处应设置伸缩缝进行技术处理;上述缝宽应为20mm,缝内应填沥青胶结材料。

(9) 整体面层的抹平工作应在水泥初凝前完成,压光工作应在水泥终凝前完成。

(10) 整体面层施工后,养护时间不应少于7天;抗压强度应达到5MPa后,方准上人行走;抗压强度达到设计要求后,方可正常使用。

（11）整体面层的允许偏差应符合表1.2.1的规定。

整体面层的允许偏差和检验方法　　　表1.2.1

序号	项目	允许偏差（mm）						检验方法
		水泥混凝土面层	水泥砂浆面层	普通水磨石面层	高级水磨石面层	水泥钢（铁）屑面层	防油渗混凝土和不发火（防爆的）面层	
1	表面平整度	5	4	3	2	4	5	用2m靠尺和楔形塞尺检查
2	踢脚线上口平直	4	4	4	3	4	4	拉5m线和用钢尺检查
3	缝格平直	3	3	3	2	3	3	

1.2.2　材料质量要求及施工作业条件

（1）材料质量要求

1）水泥。水泥的品种、等级应符合设计要求，强度等级不应小于32.5级。验收时，检查出厂合格证、试验报告、出厂水泥28天强度补报单和生产许可证。

2）石子（碎石或卵石）。水泥混凝土采用的粗集料，其最大粒径不应大于面层厚度的2/3，细石混凝土面层采用的石子粒径不应大于15mm。针、片状颗粒含量（按重量计）要求：当水泥混凝土的强度等级低于C30时，针、片状颗粒含量不大于25%；当混凝土强度等级高于或等于C30时，针、片状颗粒含量不大于15%。含泥量应小于2%。

3）砂子（中砂或粗砂）。砂子的品种、规格应符合设计要求。含泥量应小于3%，泥块含量应小于2%。冬期施工时，不得有冰冻块。

4）水磨石用石粒。石粒的品种、规格应符合设计要求，应采用坚硬可磨的白云石、大理石加工而成的石粒,粒径一般为6～15mm。石粒应有棱角,洁净、无杂质,验收时区分不同的品种规格、色彩,分类验收、存放。水磨石所用颜料应为耐光、耐碱的矿物原料,不得使用酸性颜料。

5) 钢(铁)屑。屑粒的品种、规格应符合设计要求。粒径应为1～5mm,过大的颗粒和成卷状螺旋形的应予破碎,小于1mm的颗料应予筛去。钢(铁)屑中不应有其他杂物,使用前应清除钢(铁)屑上的油脂,并用稀酸溶液除锈,再以清水冲洗后烘干使用。

6) 不发火(防爆的)面层用集料。采用的砂和碎石,应选用大理石、白云石或其他石料加工而成,并以金属或石料撞击时不发生火花为合格。采用的砂,应质地坚硬,多棱角,表面粗糙并有颗粒级配,其粒径宜为0.15～5mm,含泥量不应大于3%,有机物含量不应大于0.5%。采用的石料和硬化后的试件,均应在金刚砂轮上作磨擦试验,在试验中没有发现任何瞬时的火花,即认为合格。试验时应按规定的方法进行。

(2) 施工准备

1) 熟悉图纸

① 了解地面的各构造层的要求和组成形式。

② 掌握单位工程地面施工包括的具体项目;除室内各层地面外,并含室外散水、明沟、踏步、台阶、坡道等。

③ 了解地面各层所用的材料、建筑产品的品种、规格、配合比及强度等级。

④ 掌握预埋管(线、件)的设置分布情况。

⑤ 掌握室内地面的绝对标高、坡高、走向、各部位尺寸;预埋件及预留孔的位置和尺寸。

2) 根据工程实际编制施工(技术措施)方案并进行技术交底

① 施工(技术措施)方案的编制,必须根据工程进展的实际情况、施工图设计特点、工艺要求、施工方法、规范和标准的规定,以及新型材料的应用等进行。

② 施工前认真做好技术交底工作。

3）抄平放线

①按设计要求以室内＋500mm标高控制线为基准,通过测量标定室内地坪的绝对标高和有水房间地面的坡度、坡向等。

② 抄平放线前,应校正水准仪,确保测量的精度。

③ 抄平放线标定的基准点,应有明显的水准点标志,为施工提供准确的数据和依据。

4）做好材料检查验收及复验。

（3）作业条件

1）建筑地面下的沟槽、暗管等工程已完工,楼地面预制空心楼板的板缝、板端已做有效处理,预埋在地面内的各种管线已安装固定,穿过地面的管洞已堵严,屋面防水和室内门框、墙顶抹灰已完成,并经检验合格做好隐蔽记录。

2）整体面层的施工应待基层检验合格后方可施工上一层。地面工程各层铺设前与相关专业的分部（子分部）工程、分项工程以及设备管道安装工程之间,应做好交接检验。

3）施工环境温度的控制应符合下列规定：

① 采用掺有水泥、石灰的拌合料铺设以及用石油沥青胶结料铺贴时,不应低于5℃；

② 采用有机胶粘剂粘贴时,不应低于10℃；

③ 采用砂、石材料铺设时,不应低于0℃。

1.2.3 施工管理控制要点

（1）工艺流程

基层处理→确定标高（水磨石面层弹线分格）→贴饼、冲筋（或镶分格条）→材料搅拌→铺设面层材料→振捣或搓压（水磨石磨光）→养护或打蜡→检查验收。

（2）管理要点

1）做好原材料质量监控,观察检查和检查材质合格证明及检测报告。

2）施工前,检查各项准备工作和现场作业条件。尤其是重点检查材料的配合比、计量工具的使用、对工人的技术交底等情况。检查预制混凝土空心楼板板缝的处理是否符合设计要求,清理是否干净;板段缝隙是否采取了可靠的处理措施;埋入地面的管线固定是否牢固,有无防止地面开裂的措施等;这些检查过程都应及时做好隐蔽验收记录。

3) 施工中,重点检查抹灰层面标高、水平度的控制、工序层次、振捣或搓压、磨光质量、工序间隔时间、表面强度、观感质量等。管理方面,着重监督技术交底、工序交接检验、成品保护和施工企业承诺的质量保证措施的落实情况,检查企业对质量等级评定是否真实,手续是否齐全。

4) 季节性施工时,应及时掌握施工环境变化情况,督促施工单位提前做好各种防护措施。

(3) 控制要点

1) 水泥混凝土面层

水泥混凝土面层是以水泥混凝土作面层材料,经振捣、滚压后,再进行人工抹平、压光而成的。其厚度和强度等级、配合比均由设计确定。

水泥混凝土面层常有两种做法:一种是采用细石混凝土作面层,另一种是采用水泥混凝土垫层兼面层的做法。

① 基本要求

A. 水泥混凝土面层施工要求和质量检查,除应执行《建筑地面工程施工质量验收规范》(GB 50209)外,尚应符合现行的国家标准《混凝土结构工程施工质量验收规范》(GB 50204)的有关规定。

B. 水泥混凝土面层的强度和厚度应符合设计要求。

C. 水泥混凝土面层铺设不得留施工缝。当施工间隙超过允许时间规定时,应以接槎进行处理。

D. 面层施工后,养护时间不得少于7d;抗压强度达到5MPa后,方可上人行走;抗压强度达到设计要求后,方可正常使用。

② 控制要点

A．基层处理。清理基层表面的浮浆和落地灰等,使基层粗糙、洁净,并湿润,但不得有积水现象。刷素水泥浆(水灰比为0.4~0.5)或界面处理剂。

B．混凝土应采用机械搅拌,必须拌合均匀。

C．铺设前应按标准水平控制线用木板隔成宽度不大于3m的条形区段,以控制面层厚度。

D．铺设时,随刷素水泥浆,随铺混凝土,并用刮尺找平。

E．水泥混凝土面层宜采用机械振捣,必须振捣密实。采用人工捣实时,滚筒要交叉滚压3~5遍,直至表面泛浆为止。然后进行抹平和压光。

F．水泥混凝土面层不宜留置施工缝。当施工间歇超过规定的允许时间后,在继续浇筑混凝土时,应对已凝结的混凝土接槎进行处理,用钢丝刷刷到石子外露,表面用水冲洗,并涂以水灰比为0.4~0.5的水泥浆,再浇筑混凝土捣实压平,使新旧混凝土接缝紧密,不显露接头的接槎。

G．混凝土面层应在水泥初凝前完成抹平工作,水泥终凝前完成压光。

H．浇筑钢筋混凝土楼板或水泥混凝土垫层兼面层时,宜采用随捣随抹的方法。当面层表面出现泌水时,可用水泥和砂干拌后在其上撒匀,并进行表面压实抹光,水泥和砂的体积比宜为1:2~1:2.5(水泥:砂)。

I．水泥混凝土面层浇筑完成后,应在12h内加以覆盖和浇水,养护时间不少于7d,浇水次数应能保持混凝土具有足够的湿润状态。

J．当建筑地面要求具有耐磨损、不起灰、抗冲击、高强度时,宜采用耐磨混凝土面层。耐磨混凝土面层是将耐磨面料铺设在新拌水泥混凝土基层上以形成复合强化现浇整体面层,如图1.2.1所示。如在原有建筑地面上铺设时,应先铺厚度不小于30mm的水泥混凝土一层,再在混凝土未硬化前即铺设耐磨混凝土面层。

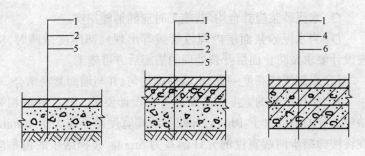

图 1.2.1 耐磨混凝土构造
1—耐磨混凝土面层;2—水泥混凝土垫层;3—细石混凝土结合层;
4—细石混凝土找平层;5—基土;6—钢筋混凝土楼板或结构整浇层

(A)耐磨混凝土面层厚度应符合设计要求,一般为10～15mm,但不应大于30mm。

(B)面层铺设在水泥混凝土垫层或结合层上,垫层或结合层的厚度不应小于50mm。当有较大冲击作用时,宜在垫层或结合层内加配防裂钢筋网,一般采用 $\phi 4@150$～200mm 双向网格,并应放置在上部,其保护层控制为20mm。

(C)当有较高清洁美观要求时,宜采用彩色耐磨混凝土面层。

(D)耐磨混凝土面层,应采用随捣随抹的方法。

(E)对复合强化的现浇整体面层下基层的表面处理同水泥砂浆面层。

(F)对设置变形缝的两侧100～150mm 范围内的耐磨层应进行局部加厚3～5mm 处理。

③水泥混凝土面层的施工质量验收应符合表1.2.4 的规定。

2) 水泥砂浆面层

① 基本要求

A.水泥砂浆面层的厚度应符合设计要求,且不应小于20mm。

B.水泥砂浆面层的体积比(强度等级)必须符合设计要求。

C．水泥砂浆应拌合均匀,施工时应随铺随拍实。

D．当水泥砂浆面层内埋设管线等出现局部厚度减薄时,应按设计要求做防止面层开裂处理的措施后方可施工。

E．踢脚线应高度一致,出墙厚度均匀,并与墙面紧密结合。

F．楼梯踏步的宽度和高度应符合设计要求。楼层梯段相邻踏步高度差不应大于10mm,每踏步两端宽度差不应大于10mm;旋转楼梯踏步两端宽度的允许偏差为5mm。楼梯踏步的齿角应整齐,防滑条应顺直。

② 控制要点

A．基层处理方法同水泥混凝土面层。

B．水泥砂浆应采用机械搅拌,拌合均匀,颜色一致,搅拌时间不小于2min。水泥砂浆的稠度(以标准圆锥体沉入度计,以下同),当在炉渣垫层上铺设时,宜为25～35mm;当在水泥混凝土垫层上铺设时,应采用干硬性水泥砂浆,以手捏成团稍出浆为准。

C．施工时,先刷水灰比为0.4～0.5的水泥浆,随刷随铺随拍实,并应在水泥初凝前用木抹子搓平压实。

D．面层压光宜用钢皮抹子分三遍完成,且应逐遍加大用力压光。当采用地面抹光机压光时,在压第二、第三遍中,水泥砂浆的干硬度应比手工压光时稍干一些。压光工作应在水泥终凝前完成。

E．当水泥砂浆面层干湿度不适宜时,可采取淋水或撒布干拌的1:1水泥和砂(体积比,砂须过3mm筛)进行抹平压光工作。

F．当面层需分格时,应在水泥初凝后进行弹线分格。先用木抹子搓一条约一抹子宽的面层,用钢皮抹子压光,并用分格器压缝。分格缝应平直,深浅要一致。

G．水泥砂浆面层如遇管线等致使局部面层厚度减薄,且厚度在10mm及其以下时,必须在该处采取防止开裂措施,并在确认符合设计要求后方可铺设面层。

H．水泥砂浆面层铺好后1d内应用砂或锯末覆盖,并在7～10d内每天浇水不少于一次;如室温大于15℃时,在开始3～4d内应每天浇水不少于两次;也可采取蓄水养护方法,蓄水深度宜为20mm。

冬季养护时,对生煤火保温应注意:室内不能完全封闭,应有通风措施,做到空气流通,使二氧化碳气体可以逸出,以免影响水泥水化作用的正常进行和面层的结硬,造成水泥砂浆面层因松散、不结硬而引起起灰、起砂等的质量通病。

Ⅰ.当水泥砂浆面层采用干硬性水泥砂浆铺设时,其干硬性水泥砂浆体积比宜为1:2.8~1:3.0(水泥:砂),水灰比宜为0.36~0.4;面层水泥净浆,水灰比为0.67。施工工艺是:将基层处理好,刷一遍水泥浆,先摊铺一层20mm厚的干硬性水泥砂浆,经整平、滚压、刮平、打毛,再在面层洒1~1.5mm厚水泥净浆,用钢皮抹子收光,随上浆随压光,一般不压第二道,收光18h后浇水养护7d。

经测试,干硬性水泥砂浆与普通塑性水泥砂浆对比,抗压强度可提高一倍以上,面层抗磨耐久性提高2~3倍,水泥可节约7%~15.5%。

J.采用石屑代砂铺设水泥石屑面层时,施工除按本节规定采用外,尚应符合下列要求:

(A)石屑粒径宜为3~5mm,含粉量(含泥量)不应大于3%;

(B)水泥宜采用硅酸盐水泥或普通硅酸盐水泥,强度等级不宜小于32.5级;

(C)水泥石屑的体积比宜为1:2(水泥:石屑),水灰比宜控制在0.4。当采用强度等级时,不应小于M30;

(D)面层压光工作不应小于两次,并应重视做好养护工作。

③水泥砂浆面层的施工质量验收应符合表1.2.4的规定。

3) 水磨石面层

① 基本要求

A.水磨面层应采用水泥与石粒的拌合料铺设。面层厚度由设计确定,一般为12~18mm,且按石粒粒径确定。水磨石面层的颜色和图案应符合设计要求。水磨石面层构造和分格嵌条设置如图1.2.2、图1.2.3所示。

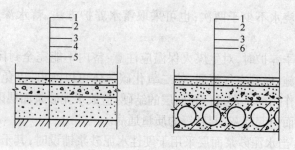

图1.2.2 水磨石面层构造
1—水磨石面层;2—1:3水泥砂浆基层;3—水泥混凝土垫层;
4—灰土垫层;5—基土;6—楼层结构层

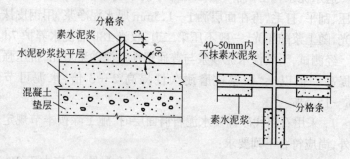

图1.2.3 分格嵌条设备

B. 白色或浅色的水磨石面层,应采用白水泥;深色的水磨石面层,宜采用硅酸盐水泥、普通硅酸盐水泥或矿渣硅酸盐水泥;同颜色的面层应使用同一批水泥。同一彩色面层应使用同厂、同批的颜料;其掺入量宜为水泥重量的3%~6%或由试验确定。

C. 水磨石面层的结合层所用水泥砂浆的体积比宜为1:3,相应的强度等级不应小于M10,水泥砂浆稠度(以标准圆锥体沉入度计)宜为30~35mm。

D. 水磨石面层的石粒,应采用坚硬可磨白云石、大理石等岩石加工而成,石粒应洁净无杂物,其粒径除特殊要求外应为6~15mm,水泥强度等级不应小于32.5级;颜料应采用耐光、耐碱的矿物原料,不得使用酸性颜料。

E．水磨石面层拌合料的体积比应符合设计要求,且为1:1.5～1:2.5(水泥:石粒)。施工现场宜做样板,符合要求后再展开大面积施工。

F．分格条应采用铜条或玻璃条,亦可用彩色塑料条。分格嵌条的规格见表1.2.2。

水磨石面层分隔嵌条规格(mm) 表1.2.2

种 类	铜 条	玻 璃 条
长×宽×厚	1200×10×1～1.2	不限×10×3

G．普通水磨石面层磨光遍数不应少于3遍。高级水磨石面层的厚度和磨光遍数由设计确定。

H．在水磨石面层磨光后,涂草酸和上蜡前,其表面不得污染。

② 控制要点

A．一般应先完成平顶、墙面粉刷,后做水磨石面层和踢脚线。也可在水磨石面层磨光第二遍后进行平顶、墙面粉刷,但面层必须采取保护措施。

B．铺抹水泥砂浆基层的方法同水泥砂浆面层。

C．水磨石面层宜在水泥砂浆基层的抗压强度达到1.2MPa后方可铺设。

D．水磨石面层铺设前,应在水泥砂浆基层上按面层分格,或按设计要求和图案设置分格嵌条。用于分格的铜条应事先调直。

E．镶嵌分格条时,应用靠尺板定准捋直捋齐,在嵌条两边用水泥稠浆粘牢,水泥浆高度应比嵌条低3mm。分格嵌条顶面应齐平一致,严禁有接头,可作为铺设面层的标准将分格条稳定好后,浇水养护3～4d再铺设面层的水泥与石粒拌合料。

F．水泥与石粒的拌合料调配工作必须计量正确。先将水泥与颜料过筛干拌后,再掺入石粒拌合均匀后加水搅拌,拌合料的稠度宜为60mm。

G．铺设前,在基层表面刷一遍与面层颜色相同的、水灰比为

0.4~0.5的水泥浆做结合层,随刷随铺水磨石拌合料。水磨石拌合料的铺设厚度要高出分格嵌条1~2mm,铺设应平整,用滚筒滚压密实。待表面出浆后,再用抹子抹平。在滚压过程中,如发现表面石子偏少,可在水泥浆较多处补撒石子并拍平。次日开始养护。

H. 在铺设水磨石拌合料时,亦可将拌合料铺平后,立即在其上面均匀地撒一遍已洗净的干石粒(数量以占铺设面积的1/3~1/4全部铺平铺开为限),然后用铁抹子把干石粒全部拍入浆内,再用滚筒滚压密实,用抹子抹压平整,使后撒的干石粒全部揉合至水泥浆内,直至现浇水磨石表面达到抹平、压实,无蜂洞和明显的坑泡为止。磨完后以石粒显露清晰、分布均匀为好。

I. 在同一面层上采用几种颜色图案时,应先做深色,后做浅色,先做大面,后做镶边,待前一种色浆凝固后,再做后一种。

J. 开磨前应先试磨,以表面石粒不松动方可开磨。一般开磨时间见表1.2.3。

水磨石面层开磨时间　　　表1.2.3

序号	平均湿度(℃)	开磨时间(d)	
		机 磨	人 工 磨
1	20~30	2~3	1~2
2	10~20	3~4	1.5~2.5
3	5~10	5~6	2~3

K. 当水磨石面层采用软磨法施工时,其面层的抗压强度达到100~130MPa即可开磨,石粒也不会松动。软磨法改变了凭经验或由试磨确定开磨的方法,可加快施工进度,提高工效,保证质量。软磨法施工是将开磨头遍的时间提前,则使进度加快,以后还有擦素灰浆、磨光等工序,不会影响面层的光洁度,也不会发生分格嵌条的松动。

L. 水磨石面层应使磨石分次磨光。头遍用60~90号粗金刚石磨,边磨边加水,要求磨匀磨平,使全部分格嵌条外露。磨后将泥浆冲洗干净,用同色水泥浆涂抹,以填补面层表面所呈现的细小孔隙和凹痕,经适当养护后再磨。第二遍用90~120号金刚石磨,要求磨到表面光滑为止,其他同头遍。第三遍用180~240号金刚石磨,磨至表面石粒显露,平整光滑,无砂眼细孔,用水冲洗后,涂抹草酸溶液(热水:草酸=1:0.35重量比,溶化冷却后用)一遍。第四遍用240~300号油石磨,磨至出白浆且表面光滑为止,用水冲洗晾干。

M. 普通水磨石面层磨光遍数不应少于三遍,高级水磨石面层应适当增加磨光遍数及提高油石的号数。

N. 水磨石面层上蜡工作,应在不影响面层质量的其他工序全部完成后进行。可用川蜡500g、煤油2000g放到桶里熬到130℃(冒白烟);用时加松香水300g、鱼油50g调制,将蜡包在薄布内,在面层上薄薄涂一层,待干后再用钉有细帆布(或麻布)的木块代替油石,装在磨石机的磨盘上进行研磨,直到光滑洁亮为止。上蜡后铺锯末进行养护。

O. 采用切割分格现浇水磨石面层的施工方法是,不预先在水泥浆基层上设置分格嵌条,而是在现浇水磨石面层磨光头遍上浆,待浆干后,用大理石切割机按面层上弹出的分格线切割出深5mm的分格缝,再嵌以调配好的水泥颜色浆,经细磨、酸洗、上蜡等工序。切割分格与嵌条分格有相同效果,但具有缩短工期,提高工效,保证质量,并消除一些质量通病等优点。

切割分格施工时应注意下列要求:

(A)对大面积水磨石面层按一次铺设量分区段嵌条,并以此控制面层的厚度。分区段嵌条的施工与镶嵌分格条相同;

(B)切割分格线时,切割机贴紧靠尺匀速切割向前推进,保证线路顺直;

(C)切割深度5mm的分格缝,经清理干净并湿润后,用调配好的色浆将缝嵌实填平,养护后继续磨第二、第三遍。

③水磨石面层的施工质量验收应符合表1.2.4的规定。

4)水泥钢(铁)屑面层

① 基本要求

A. 水泥钢(铁)屑面层采用的水泥强度等级不应小于32.5级;钢(铁)屑的粒径应为1～5mm;钢(铁)屑中不应有其他杂质,使用前应去油除锈,冲洗干净并晾干。

B. 水泥钢(铁)屑面层配合比应通过试验确定。当采用振动法使水泥钢(铁)屑拌合料密实时,其密度不应小于2000kg/m³,稠度不应大于10mm。

C. 面层和结合层的强度等级必须符合设计要求,面层抗压强度不应小于40MPa;结合层体积比为1:2(相应的强度等级不应小于M15)。

D. 水泥钢(铁)屑面层铺设时应先铺一层厚20mm的水泥砂浆结合层,面层的铺设应在结合层的水泥初凝前完成。

E. 面层与下一层结合必须牢固,无空鼓。

② 控制要点

A. 水泥钢(铁)屑面层配合比按设计要求通过试配,以水泥浆能填满钢(铁)屑的空隙为准。

B. 按确定的配合比,先将水泥和钢(铁)屑干拌均匀后,再加水拌合至颜色一致,稠度适度。

C. 铺设水泥钢(铁)屑面层时,应先铺一层厚20mm水泥砂浆结合层,将水泥与钢(铁)屑拌合料按厚度要求刮平并随铺随振实。抹平工作应在结合层和面层的水泥初凝前完成;压光工作亦应在结合层和面层的水泥终凝前完成。面层要求压实,表面光滑平整,无铁板印痕。压光时严禁洒水。

D. 面层铺好后24h,即应洒水进行养护,或用草袋覆盖浇水养护,不得用水直接冲洗。养护期为5～7d。

E. 当在水泥钢(铁)屑面层进行表面处理时,可采用环氧树脂胶泥喷涂或涂刷。

(A)环氧树脂稀泥采用环氧树脂及胺固化剂和稀释剂配制而成;

(B)表面处理时,需待水泥钢(铁)屑面层基本干燥后进行;

(C)先用砂纸打磨表面,清扫干净。在室内温度不低于20℃

情况下,涂刷环氧树脂稀胶泥一遍;

(D)涂刷应均匀,不得漏涂;

(E)涂刷后可用橡皮刮板或油漆刮刀轻轻将多余的胶泥刮去,在气温不低于20℃的条件下,养护48h后即成。

③水泥钢(铁)屑面层的施工质量验收应符合表1.2.4的规定。

5)防油渗面层

① 基本要求

A.防油渗混凝土所用的水泥应采用硅酸盐水泥或普通硅酸盐水泥,其强度等级应为32.5或42.5级;碎石应采用花岗石或石英石,严禁使用有松散多孔和吸水率大的石子,粒径为5～15mm,最大粒径不应大于25mm,含泥量不应大于1%,空隙率应小于42%;砂应为中砂,洁净无杂物,其细度模数应为2.3～2.6;掺入的外加剂和防油渗剂应符合产品质量标准的规定。防油渗涂料应具有耐油、耐磨、耐火和粘结性能。

B.防油渗混凝土的强度等级和抗渗性能必须符合设计要求,且强度等级不应小于C30;经试验测得的最大不透油压力为1.5MPa。防油渗涂料粘结强度不应小于3MPa。

C.防油渗面层设置防油渗隔离层(包括与墙、柱连接处的构造)时,应符合设计要求。

D.防油渗混凝土面层厚度应符合设计要求,防油渗混凝土的配合比应按设计要求的强度等级和抗渗性能通过试验确定。

E.防油渗混凝土面层应分区段浇筑,区段划分及分区段缝应符合设计要求。

F.凡露出面层的电线管、接线盒、预埋套管和地脚螺栓等的处理,以及与墙、柱、变形缝、孔洞等连接处泛水均应符合设计要求。

G.防油渗面层采用防油渗涂料时,材料应按设计要求选用,涂层厚度宜为5～7mm。

② 控制要点

A.防油渗混凝土面层分区段浇筑时,按柱网进行划分的面积不宜大于50m²。分格缝应设置纵向、横向伸缩缝,纵向分格缝间距为3~6m,横向分格缝间距为6~9m,且应与建筑轴线对齐。

B．防油渗混凝土拌合料应正确,外加剂按要求稀释后以规定配比掺合。拌合要均匀,搅拌时间宜为2min,浇筑时坍落度不宜大于10mm。

C．整浇水泥层上铺设(涂刷)防油渗面层时,其基层表面必须平整、洁净、干燥,不得有起砂现象。铺设(涂刷)时,尚应满涂防油渗水泥浆结合层。

D．混凝土浇筑时,振捣应密实,不得漏振。

E．分格缝的深度为面层的总厚度,上下贯通,其宽度为15~20mm。缝内应灌注防油渗胶泥材料,亦可采用弹性多功能聚胺酯类涂膜材料嵌缝,缝的上部留20~25mm深度采用膨胀水泥砂浆封缝。防油渗胶泥配制按产品使用说明。

F．防油渗隔离层的设置,除按设计要求外,施工时应按下列采用:

(A)防油渗隔离层宜采用一布二胶防油渗胶泥玻璃纤维布,其厚度为4mm。

(B)玻璃纤维布采用无碱网格布。采用的防油渗胶泥(或弹性多功能聚胺酯类涂膜材料)的厚度为1.5~2.0mm,防油渗胶泥的配制按产品使用说明。

(C)在水泥层上设置隔离层和在隔离层上铺设防油渗混凝土面层时,其下一层表面应洁净。铺设时均应涂刷同类的底子油。防油渗胶泥底子油的配制,应将已熬制好的防油渗胶泥自然冷却至85~90℃,边搅拌边缓慢加入按配合比所需要的二甲苯和环已酮的混合溶液(切勿近水),搅拌至胶泥全部溶解即成底子油。如暂时存放,需置于有盖的容器中,以防止溶剂挥发。

(D)隔离层施工时,在已处理的基层上将加温的防油渗胶泥均匀涂沫一遍。随后用玻璃布粘贴覆盖,覆盖的搭接宽度不得小于100mm;与墙、柱连接处的涂刷应向上翻边,其高度不得小于30mm。一布二胶防油渗隔离层完成后,经检查符合要求方可进行下道工序的施工。

　　G．当防油渗混凝土面层的抗压强度达到5MPa时,应将分格缝内清理干净并晾干,涂刷一遍同类底子油后,应趁热灌注防油渗胶泥。

　　H．由于掺外加剂的作用,防油渗混凝土初凝前有缓凝的现象,初凝后有早强现象,施工过程中应引起注意。

　　I．混凝土浇筑后,应根据温度、湿度进行养护。养护期不少于7d,尽量采用蓄水养护。

　　J．防油渗面层采用防油渗涂料时,涂料按设计要求选用具有耐油、耐磨、耐火和粘结性能好的涂料,抗拉粘结强度不应小于0.3MPa。涂料的涂刷(喷涂)不得小于三遍,厚度宜为5～7mm。其配合比及施工,应按涂料的产品特点、性能等要求而定。

　　③防油渗面层的施工质量验收应符合表1.2.4的规定。

　　6）不发火（防爆的）面层

　　① 基本要求

　　A．不发火（防爆的）面层应采用水泥类的拌合料铺设,其厚度应符合设计要求。

　　B．不发火（防爆的）面层采用的碎石应选用大理石、白云石或其他石料加工而成,并以金属或石料撞击时不发生火花为合格;砂应质地坚硬、表面粗糙,粒径宜为0.15～5mm,含泥量不应大于3%,有机物含量不应大于0.5%;水泥应采用普通硅酸盐水泥,其强度等级不应小于32.5级;面层分格的嵌条应采用不发生火花的材料配制。

　　C．不发火（防爆的）面层采用的石料和硬化后的试件,应在金刚砂轮上做摩擦试验。

　　D．不发火（防爆的）面层的强度等级应符合设计要求。

　　② 控制要点

　　A．原材料加工和配制时,应随时检查,不得混入金属细粒或其他易发生火花的杂质。

　　B．铺设不发火（防爆的）面层,基层的表面应坚固、密实、平整、干燥、洁净,表面应粗糙和湿润,并不得有积水现象;当在预制钢筋混凝土板上铺设时,应在已压光的板上划毛或凿毛,或涂刷界面处理剂。

C．各类不发火(防爆的)面层的铺设应按同类面层的施工要点采用。

③不发火(防爆的)面层的施工质量验收应符合表1.2.4的规定。

1.2.4 施工质量验收

整体面层工程施工质量验收见表1.2.4。

整体面层工程施工质量验收   表1.2.4

检验项目		标　　准	检 验 方 法
水泥混凝土面层	主控项目	水泥混凝土采用的粗骨料,其最大粒径不应大于面层厚度的2/3,细石混凝土面层采用的石子粒径不应大于15mm	观察检查和检查材质合格证明文件及检测报告
		面层的强度等级应符合设计要求,且水泥混凝土面层强度等级不应小于C20;水泥混凝土垫层兼面层强度等级不应小于C15	检查配合比通知单及检测报告
		面层与下一层应结合牢固,无空鼓、裂纹	用小锤轻击检查
	一般项目	面层表面不应有裂纹、脱皮、麻面、起砂等缺陷	观察检查
		面层表面的坡度应符合设计要求,不得有倒泛水和积水现象	观察和采用泼水或用坡度尺检查
		水泥砂浆踢脚线与墙面应紧密结合,设计一致,出墙厚度均匀	用小锤轻击、观察和用钢尺检查
		楼梯踏步的宽度、高度应符合设计要求。楼层梯段相邻踏步高度差不应大于10mm,每踏步两端宽度差不应大于10mm;旋转楼梯梯段的每踏步两端宽度的允许偏差为5mm。楼梯踏步的齿角应整齐,防滑条应顺直	观察和用钢尺检查
		水泥混凝土面层的允许偏差应符合表1.2.1的规定	

续表

检验项目		标　　准	检验方法
水泥砂浆面层	主控项目	水泥采用硅酸盐水泥、普通硅酸盐水泥，其强度等级不应小于32.5级，不同品种、不同强度等级的水泥严禁混用；砂应为中粗砂，当采用石屑时，其粒径应为1～5mm，且含泥量不应大于3%	观察检查和检查材质合格证明文件及检测报告
		水泥砂浆面层的体积比(强度等级)必须符合设计要求；且体积比应为1:2，强度等级不应小于M15	检查配合比通知单和检测报告
		面层与下一层应结合牢固，无空鼓、裂纹	用小锤轻击检查
	一般项目	面层表面的坡度应符合设计要求，不得有倒泛水和积水现象	观察和采用泼水或坡度尺检查
		面层表面应洁净，无裂纹、脱皮、麻面、起砂等缺陷	观察检查
		踢脚线与墙面应紧密结合，高度一致，出墙厚度均匀	用小锤轻击、用钢尺和观察检查
		楼梯踏步的宽度、高度应符合设计要求。楼层梯段相邻踏步高度差不应大于10mm，每踏步两端宽度差不应大于10mm；旋转楼梯段的每踏步两端宽度的允许偏差为5mm。楼梯踏步的齿角应整齐，防滑条应顺直	观察和用钢尺检查
		水泥砂浆面层的允许偏差应符合表1.2.1的规定	
水磨石面层	主控项目	水磨石面层的石粒，应采用坚硬可磨白云石、大理石等岩石加工而成，石粒应洁净无杂物，其粒径除特殊要求外应为6～15mm；水泥强度等级不应小于32.5级；颜料应采用耐光、耐碱的矿物原料，不得使用酸性颜料	观察检查和检查材质合格证明文件
		水磨石面层拌合料的体积比应符合设计要求，且为1:1.5～1:2.5(水泥:石粒)	检查配合比通知单和检测报告
		面层与下一层结合应牢固，无空鼓、裂纹	用小锤轻击检查

续表

检验项目		标　　准	检 验 方 法
水磨石面层	一般项目	面层表面应光滑;无明显裂纹、砂眼和磨纹;石粒密实,显露均匀;颜色图案一致,不混色;分格条牢固、顺直和清晰	观察检查
		踢脚线与墙面应紧密结合,高度一致,出墙厚度均匀	用小锤轻击,用钢尺和观察检查
		楼梯踏步的宽度、高度应符合设计要求。楼层梯段相邻踏步高度差不应大于10mm,每踏步两端宽度差不应大于10mm,旋转楼梯梯段的每踏步两端宽度的允许偏差为5mm。楼梯踏步的齿角应整齐,防滑条应顺直	观察和用钢尺检查
		水磨石面层的允许偏差应符合表1.2.1的规定	
水泥钢(铁)屑面层	主控项目	水泥强度等级不应小于32.5级;钢(铁)屑的粒径应为1~5mm;钢(铁)屑中不应有其他杂质,使用前应去油除锈,冲洗干净并晾干	观察检查和检查材质合格证明文件及检测报告
		面层和结合层的强度等级必须符合设计要求,且面层抗压强度不应小于40MPa;结合层体积比为1:2(相应的强度等级不应小于M15)	观察检查和检查材质合格证明文件及检测报告
		面层与下一层结合必须牢固,无空鼓	用小锤轻击检查
	一般项目	面层表面坡度应符合设计要求	用坡度尺检查
		面层表面不应有裂纹、脱皮、麻面等缺陷	观察检查
		踢脚线与墙面应结合牢固,高度一致,出墙厚度均匀	用小锤轻击,用钢尺和观察检查
		水泥钢(铁)屑面层的允许偏差应符合表1.2.1的规定	
防油渗面层	主控项目	防油渗混凝土所用的水泥应采用普通硅酸盐水泥,其强度等级应不小于32.5级;碎石应采用花岗石或石英石,严禁使用松散多孔和吸水率大的石子,粒径为5~15mm,其最大粒径不应大于20mm,含泥量不应大于1%;砂应为中砂,洁净无杂物,其细度模数应为2.3~2.6;掺入的外加剂和防油渗剂应符合产品质量标准规定。防油渗涂料应具有耐油、耐磨、耐火和粘结性能	观察检查和检查材质合格证明文件及检测报告

续表

检验项目		标　　准	检验方法
防油渗面层	主控项目	防油渗混凝土的强度等级和抗渗性能必须符合设计要求,且强度等级不应小于C30;防油渗涂料抗拉粘结强度不应小于0.3MPa	检查配合比通知单和检测报告
		防油渗混凝土面层与下一层应结合牢固、无空鼓	用小锤轻击检查
		防油渗涂料面层与基层应粘结牢固,严禁有起皮、开裂、漏涂等缺陷	观察检查
	一般项目	防油渗面层表面坡度应符合设计要求,不得有倒泛水和积水现象	观察和泼水或用坡度尺检查
		防油渗混凝土面层表面不应有裂纹、脱皮、麻面和起砂现象	观察检查
		踢脚线与墙面应紧密结合、高度一致,出墙厚度均匀	用小锤轻击,用钢尺和观察检查
		防油渗面层的允许偏差应符合表1.2.1的规定	
不发火(防爆的)面层	主控项目	不发火(防爆)面层采用的碎石应选用大理石、白云石或其他石料加工而成,并以金属或石料撞击时不发生火花为合格;砂应质地坚硬、表面粗糙,其粒径宜为0.15～5mm,含泥量不应大于3%,有机物含量不应大于0.5%;水泥采用普通硅酸盐水泥,其强度等级不应小于32.5级;面层分格的嵌条应采用不发生火花的材料配制。配制时应随时检查,不得混入金属或其他易发生火花的杂质	观察检查和检查材质合格证明文件及检测报告
		不发火(防爆的)面层的强度等级应符合设计要求	检查配合比通知单和检测报告
		面层与下一层应结合牢固、无空鼓、无裂纹	用小锤轻击检查
		不发火(防爆的)面层的试件,必须检验合格	检查检测报告
	一般项目	面层表面应密实,无裂缝、蜂窝、麻面等缺陷	观察检查
		踢脚线与墙面应紧密结合、高度一致、出墙厚度均匀	用小锤轻击,用钢尺和观察检查
		不发火(防爆的)面层的允许偏差应符合表1.2.1的规定	

43

1.2.5 常见质量缺陷与预控措施

整体面层工程常见质量缺陷与预控措施见表1.2.5。

整体面层工程常见质量问题与预控措施 表1.2.5

质量缺陷	预控措施
楼地面起砂	(1)严格控制水灰比。水泥砂子的品种、等级应符合设计要求。水泥强度等级不应小于32.5级;砂子应选用中砂,含泥量应小于3%,泥块含量应小于2%。用于地面面层的水泥砂浆的稠度不应大于35mm,用于混凝土和细石混凝土地面时的坍落度不应大于30mm。 (2)掌握好面层的压光时间。水泥砂浆地面的压光一般不应少于三遍。第一遍应在面层铺设后随即进行;第二遍压光应在水泥初凝后、终凝前完成;第三遍压光应在水泥终凝前,即上人时不出现明显脚印时为宜。切忌在水泥终凝后压光。 (3)做好成品保护。养护应从面层完工后12h开始洒水养护,养护时间不应少于7d;面层强度达到5MPa后,方准上人行走,达到设计强度以后,方可正常使用
面层空鼓	(1)面层施工前,认真清理基层表面的浮灰、浆膜及其他污物,并提前1d洒水润湿。光滑基层应凿毛处理,刷素水泥浆(水灰比为0.4～0.5)或界面处理剂,并随刷随铺抹面层。 (2)对于基层不平处(如门口处基层过高时),应予剔凿处理。基层表面平整度应符合施工质量验收规范的规定。 (3)控制好基层的施工质量。基层施工过程必须符合施工操作规程要求。基层必须经检查验收合格后方能做面层施工
地面裂缝	(1)重视原材料质量。水泥使用前必须进行复验,合格后才能使用。水泥用量大的地面,避免使用矿渣硅酸盐水泥。不同品种、不同强度等级水泥不得混合使用。砂子应选用中砂,含泥量应小于3%。 (2)水泥砂浆面层铺设前,应认真检查基层表面的平整度,对于基层高低不平处,应用水泥砂浆或细石混凝土事先找平,防止因面层铺设厚薄不一致、收缩不均匀产生裂缝。 (3)预制板与板之间嵌缝宽度大于40mm时,应设置ϕ6钢筋或按设计配筋灌缝处理。面积较大的水泥砂浆(或混凝土)楼面,应从垫层开始设置变形缝或设防裂纹钢筋网片,其间距和形式应符合设计要求。 (4)在温度高、空气干燥和有风季节,应及时采取措施做好养护工作

1.3 板块面层

板块面层是以板块材料为面层的一种地面作法。板块材料一般为成品或半成品，与整体地面相比减少了面层材料的制作工序，加快了施工速度。因板块材料的颜色、质感不同，丰富了地面装饰效果；因使用粘结材料不同，减少了湿作业，也给施工和维修带来方便。因此，采用板块材料作地面装修在装饰工程中应用较广。

板块面层工程包括砖面层、大理石面层、花岗石面层、预制板块面层、料石面层、塑料板面层、活动地板面层和地毯面层等面层分项工程的施工。

1.3.1 施工原则

(1) 板块面层的铺设应在室内装饰工程基本完成后进行，并应做好建筑地面工程的基层处理工作。

(2) 板块面层各类基层的标高、坡度、厚度等应符合设计要求，其施工原则同1.1.1基层铺设施工原则中的有关内容。基层表面应平整，其允许偏差应符合表1.3.1的规定。

(3) 当铺设活动地板、木板、拼花木板和塑料地板面层时，应待室内抹灰工程或暖气试压工程等可能造成建筑地面潮湿的施工工序完成后进行，并应在铺设上述面层之前，使房间干燥，避免在气候潮湿的情况下施工。

(4) 当铺设水泥类找平层和结合层，其下一层为水泥类材料时，其表面应粗糙、洁净和湿润，并不得有积水现象；当在预制钢筋混凝土板上铺设时，应在已压光的板面上划(凿)毛或涂刷界面处理剂。

(5) 铺设板块面层时，其水泥类基层的抗压强度不得小于1.2MPa。在铺设前应刷一遍水泥浆(水灰比为0.4~0.5)或界面处理剂，并随刷随铺。

(6) 地面铺装图案及固定方法等应符合设计要求。

(7) 天然石材在铺装前应采取防护措施，防止出现污损、泛碱等现象。

表 1.3.1 板块面层基层表面允许偏差和检验方法

序号	项目	允许偏差 (mm)							检验方法
		垫层		板层	找平层		填充层		
		木搁栅	拼花实木地板、拼花实木复合地板面层	其他种类面层	用沥青玛蹄脂做结合层铺设拼花木板、板块面层	用水泥砂浆做结合层铺设板块面层	用胶粘剂做结合层铺设拼花木板、塑料板、强化复合地板	松散材料	
1	表面平整度	3	3	5	3	5	2	7	用 2m 靠尺和楔形塞尺检查
2	标高	±5	±5	±8	±5	±8	±4	±4	用水准仪检查
3	坡度	不大于房间相应尺寸的 2/1000,且不大于 30								用坡度尺检查
4	厚度	在个别地方不大于设计厚度的 1/10								用钢尺检查

(8) 建筑地面镶边,当设计无要求时,应符合下列规定:

1) 有强烈机械作用下的水泥类整体面层与其他类型的面层邻接处,应设置金属镶边构件;

2) 采用水磨石整体面层时,应用同类材料以分格条设置镶边;

3) 条石面层和砖面层与其他面层邻接处,应用顶铺的同类材料镶边;

4) 采用木、竹面层和塑料板面层时,应用同类材料镶边;

5) 地面面层与管沟、孔洞、检查井等邻接处,均应设置镶边;

6) 管沟、变形缝等处的建筑地面面层的镶边构件,应在面层铺设前装设。

(9) 铺设板块面层的结合层和板块间的填缝采用的水泥砂浆,应符合下列规定:

1) 配制水泥砂浆应采用硅酸盐水泥、普通硅酸盐水泥或矿渣硅酸盐水泥,其水泥强度等级不宜小于32.5级。

2) 配制水泥砂浆的砂应符合国家现行标准《普通混凝土用砂质量标准及检验方法》(JGJ 52)的规定。

3) 配制水泥砂浆的体积比(或强度等级)应符合设计要求。

(10) 结合层和板块面层填缝的沥青胶结材料应符合国家现行有关产品标准和设计要求。

(11) 板块的铺砌应符合设计要求,当设计无要求时,宜避免出现板块小于1/4边长的边角料。

(12) 铺设水泥混凝土板块、水磨石板块、水泥花砖、陶瓷锦砖、陶瓷地砖、缸砖、料石、大理石和花岗石面层等的结合层和填缝的水泥砂浆,在面层铺设后,表面应覆盖、湿润,其养护时间不应少于7d。当板块面层的水泥砂浆结合层的抗压强度达到设计要求后,方可正常使用。

(13) 板块类踢脚线施工时,不得采用石灰砂浆打底。

1.3.2 材料质量要求及施工作业条件

(1) 材料质量要求

1) 板块面层所使用的陶瓷地砖的品种、规格、颜色应符合设计要求。其表面质量：应在距离砖 1m 远处，垂直目测，至少有 95% 的砖表面无缺陷（斑点、起泡、熔洞、磕碰、坯粉，图案模糊）为合格品；在距离砖 0.8m 远处垂直目测，至少有 95% 的砖表面无缺陷为优等品，不允许有裂纹和明显色差。陶瓷地砖的吸水率平均值应为 0.5%～10%（根据质材、品种不等），其尺寸偏差、表面质量、吸水率、破坏强度、耐磨性、光泽度以及化学性能指标，需进行复验时应按材料的技术标准要求取样检验测得。进场时，检查材料合格证及检测报告。

2) 大理石板地砖的品种、规格、花色应符合设计要求。其外观质量：同一批板材的花纹色调应基本调和，板材下面的外观缺陷（翘曲、裂纹、砂眼、凹陷、色斑、污点、正面棱缺陷长≤8mm 和宽≤3mm、正面角缺陷长≤3mm 和宽≤3mm），对优等品，不允许存在；一等品要求不明显；合格品对于前三种缺陷允许存在，但不影响使用，后两种棱角的缺陷允许各有 1 处。板材的抛光面应具有镜面光泽，能清晰地反映出景物。吸水率不大于 0.75%。大理石板材的尺寸允许偏差、吸水率、光泽度、干燥压缩强度、微量放射性元素以及其他化学性能指标，当需进行复验时，应按材料的技术标准要求取样检测，在进场时，应检查其材料合格证及检测报告。

3) 花岗石板的品种、规格、花色应符合设计要求。其表面质量：同一批板材的花纹色调应基本调和，板材正面的外观缺陷（缺棱、缺角、裂纹、色斑、色线、坑窝），优等品不允许存在，一等品允许存在，但不明显。板材正面应具有镜面光泽，能清晰地反映出景物，其光泽度应不低于 75 光泽单位。吸水率不大于 1.0%。板材的尺寸偏差、吸水率、光泽度、干燥压缩强度、微量放射性元素以及其他化学性能指标，当需进行复验时，应按材料的技术标准要求取样检验测。进场时，应检查其材料合格证及检测报告。

4) 塑料地板板块或卷材的品种、规格、颜色、等级应符合设计要求。板面应平整、光洁、无裂痕、色泽均匀、厚薄一致、边缘平直、密实无孔、无皱纹,板内不允许有杂物和气泡,并符合相应产品各项技术指标的规定。验收时,检查其材料进场合格证和检测报告。

5) 活动地板按抗静电功能划分为:不防静电板、普通抗静电板、特殊抗静电板;按面板块材划分为铝合金复合石棉塑料贴面板块、铝合金复合聚氰酯树脂抗静电贴面板块、镀锌钢板复合抗静电贴面板块等。活动地板的品种、规格、型号、颜色等应符合设计要求。地板表面应平整、坚实,并具有耐磨、耐污染、耐老化、防潮、阻燃和导静电等特点。面层承载力不应小于 7.5MPa,其体积电阻率宜为 $10^5 \sim 10^9 \Omega$。各项技术性能与技术指标应符合现行有关产品标准的规定。进场时,检查其材料合格证和检测报告。

6) 地毯面层包括纯羊毛地毯、混纺地毯、化纤地毯等。地毯的品种、规格、色泽、图案应符合设计要求。其材质与技术指标应符合现行国家标准的规定。其他材料有地毯胶粘剂、麻布、胶带、钢钉、圆(元)钉、倒刺板等,应适合不同类地毯施工的铺装要求。进场时,检查其材料合格证和检测报告。

(2) 施工作业条件

同 1.2.2(2)、(3) 整体面层施工作业条件的有关内容。

1.3.3 施工管理控制要点

(1) 工艺流程

1) 板块面层

基层处理→铺抹结合层砂浆(或刷底胶)→铺块料面层材料→养护(或打蜡)→勾缝→检查验收。

2) 活动地板面层

基层处理→分格弹线→安装支座、横梁组件→铺活动地板→清理→检查验收。

3) 地毯面层

基层处理→找平放线→裁割、预铺→铺贴→清理→检查验收。

(2) 管理要点

1）各种材料进场时,现场人员着重检查材料的外观质量和出厂质量证明。其中,大理石和花岗石进场,现场人员除检查外观质量外,尚应检查有关放射性指标的检测报告。当室内地面采用石材的总面积大于 $200m^2$ 时,应对不同产品分别进行放射性指标的复验。

2）施工前应检查地面基层处理、预制混凝土楼板嵌缝、屋面防水等完成情况,并检查穿过地面的套管是否已做完,管洞是否堵实,隔离层是否按设计要求做好,各项隐蔽工程是否经过验收、签字。

3）基层若清理不干净、地砖背面杂质未清理干净、地砖未浸水或未阴干、干硬性水泥砂浆太稀、铺贴工艺不熟练、素水泥浆有漏刮之处、养护时间短、地面过早使用,都会造成面层空鼓等质量缺陷;找平层弹线不准,或未按坡度弹线做找平层,铺设时未按坡度标筋施工,则容易造成地漏倒坡,等等。这些关键的细节事项都应加强监督检查。

4）活动地板施工应在室内各项工程完工和超过活动地板承载力的设备进入房间预定位置,以及相邻房间内部的其他工程内容全部完工后方可进行,不得交叉施工。铺设板块前,应注意检查活动地板面层下铺设的电缆、电线、管线等是否已验收,并办理完隐检手续。手续办完再铺设板块。铺设过程中应注意对面层的保护,随时清理污染物并擦抹干净,尤其是环氧树脂和乳胶液等。

（3）控制要点

1）砖面层

① 基本要求

A．砖面层应按设计要求采用缸砖、陶瓷地砖、水泥花砖或陶瓷锦砖等板块材在结合层上铺设。

B．有防腐蚀要求的砖面层采用的耐酸瓷砖、浸渍沥青砖和缸砖的材质、铺设以及施工质量验收,应符合现行国家标准《建筑防腐蚀工程施工及验收规范》(GB 50212)的规定。

C．面层所用板块的品种、质量必须符合设计要求。

D.采用胶粘剂在结合层上粘贴砖面层时,胶粘剂选用应符合现行国家标准《民用建筑工程室内环境污染控制规范》(GB 50325)的规定。

② 控制要点

A.在水泥砂浆结合层上铺贴缸砖、陶瓷地砖、水泥花砖面层时,施工应按下列要求进行:

(A)采用的水泥砂浆(含面层的填缝)要求,按"1.3.1施工原则"(9)中的有关规定。

(B)对水泥砂浆结合层下基层的要求和处理,按"1.1 基层铺设"的有关内容执行。

(C)在铺贴前,对砖的规格尺寸、外观质量、色泽等要进行预选,并预先在清水中浸泡或淋水湿润后晾干待用。

(D)铺贴时宜采用1:3或1:4干硬性水泥砂浆,砂浆要饱满。严格控制面层的标高。

(E)面砖的缝隙宽度:当紧密铺贴时不宜大于1mm;当虚缝铺贴时一般为5~10mm,或按设计要求。

(F)大面积施工时,应采取分段顺序铺贴,按标准拉线镶贴,并随时做好各道工序的检查和复验工作,以保证铺贴质量。

(G)面层铺贴24小时内,应根据砖面层的要求,分别进行擦缝、勾缝或压缝工作。缝的深度宜为砖厚度的1/3。擦缝和勾缝应采用同品种、同强度等级、同颜色的水泥。应随擦缝随即清理面层的水泥浆,并做好面层的养护和保护工作。

B.在水泥砂浆结合层上铺贴陶瓷锦砖时,施工应按下列要求进行:

(A)结合层采用的水泥砂浆和对其下基层的要求与处理,均应按上述相同的方法。

(B)结合层和陶瓷锦砖应分段同时铺贴。铺贴前应刷水泥浆,厚度为2~2.5mm,做到随刷、随铺贴、随用抹子拍实。

(C)陶瓷锦砖底面应洁净,每联陶瓷锦砖间、陶瓷锦砖与结合层之间及在墙角、镶边和靠墙处,均应紧密贴合,不得有空隙。在靠墙处不得采用水泥砂浆代替陶瓷锦砖填补。

(D)陶瓷锦砖面层在铺贴后,应淋水、揭纸,并采用白水泥擦缝,做好面层的清理和保护工作。

C.在沥青胶结料结合层上铺贴缸砖面层时,其下一层应符合本章"1.1 基层铺设"中的有关要求。缸砖要干净,铺贴时应在摊铺热沥青胶结料后随即进行,并应在沥青胶结料凝结前完成。缸砖间缝隙宽度为3~5mm,采用挤压方法将沥青胶结料挤入,再用胶结料填满。填缝前应将缝隙内清扫干净并使其干燥。

③砖面层的施工质量验收应符合表1.3.2的规定。

2)大理石面层和花岗石面层

① 基本要求

A.大理石、花岗石面层系采用天然大理石、花岗石(或碎拼大理石、碎拼花岗石)板材在结合层上铺设。

B.大理石、花岗石面层所用板块的品种、质量应符合设计要求。

C.天然大理石、花岗石的技术等级、光泽度、外观等质量要求应符合现行国家标准或行业标准的规定。

D.板材有裂缝、掉角、翘曲和表面有缺陷时应予剔除,品种不同的板材不得混杂使用;在铺设前,应根据石材的颜色、花纹、图案、纹理等按设计要求试拼编号。

E.铺砌应采用干硬性水泥砂浆,砂浆应拌匀使用,切忌用稀砂浆。

② 操作要点

A.大理石和花岗石面层,一般应在顶棚、立墙抹灰后进行,先铺面层后安装踢脚线。

B.大理石和花岗石在铺砌前,应做好切割和磨平的处理。按设计要求或实际的尺寸在施工现场进行切割。为保证尺寸准确,宜采用板块切割机切割:将划好尺寸的板材放在带有滑轮的平板上,推动平板即可切割板材。切割后,为使边角光滑、整洁,宜采用手提式磨光机打磨边角。

C．面层铺砌前对其下一层的基层处理，应按"1.1 基层铺设"中的有关内容执行。

D．大理石和花岗石板材在铺砌前，应先对色、拼花和编号。按设计要求（或设计图纸）的排列顺序，根据铺贴板材部位的工程实际情况进行试拼，核对楼、地面平面尺寸是否符合要求，并以大理石和花岗石的自然花纹和色调进行排列。试拼中应将色泽好的排放在显眼部位，色泽、花纹和规格较差的铺砌在较隐蔽处，尽可能使楼、地面的整体图面与色调和谐统一，体现大理石和花岗石饰面建筑的高级艺术效果。

E．面层铺砌前的弹线找中找方，应将相连房间的分格线连接起来，并弹出楼、地面标高线，以控制面层表面的平整度。

F．放线后，应先铺若干条干线作为基准，起标筋作用。一般先由房间中部向两侧采取退步法铺砌。凡有柱子的大厅，宜先铺砌柱子与柱子中间的部分，然后向两边展开。

G．采取先试铺后实铺的程序进行。即先将板材铺于已刮平的干硬性水泥砂浆层上，用橡胶锤敲木垫板，振实至标高后，将板块掀起，检查砂浆与板块结合情况。若发现有空虚处，应用砂浆填补、拍实。然后在板背满刮素水泥浆（也可在砂浆面层上均匀满浇一层 $1:4\sim1:0.5$ 的水泥浆），再铺设。

H．铺砌时要四角同时下落，并用橡胶锤敲击平实，注意随时找平找直，要求四角平整，纵横缝对齐。

I．铺砌的板材应平整，纵横顺直，镶嵌正确。板材间与结合层以及在墙角、镶边和靠墙、柱处均应紧密结合，不得有空隙。

J．大理石和花岗石面层的表面应洁净、平整、坚实，板材间的缝隙宽度不应大于 1mm 或按设计要求。

K．面层铺砌后，对其表面应加以保护，待结合层的水泥砂浆强度达到要求后，方可打蜡擦光。

③大理石、花岗石面层的施工质量验收应符合表 1.3.2 的规定。

3）预制板块面层

① 基本要求

A．预制板块面层采用的水泥混凝土板块、水磨石板块应在结合层上铺设。

B．预制板块的强度等级、规格、质量应符合设计要求；水磨石板块尚应符合国家现行行业标准《建筑水磨石制品》(JC 507)的规定。

C．砂结合层的厚度应为 20～30mm；当采用砂垫层兼做结合层时，其厚度不宜小于 60mm。水泥砂浆结合层的厚度应为 10～15mm。水泥砂浆按技术要求采用，亦可采用 1:4 干硬性水泥砂浆。

D．水泥混凝土板块面层的缝隙，应采用水泥浆（或水泥砂浆）填缝；彩色混凝土板块和水磨石板块应用同色水泥浆（或水泥砂浆）擦缝。

E．板块应按颜色和花纹进行分类，有裂缝、掉角、翘曲和表面上有缺陷的板块应予剔出，强度和品种不同的板块不得混杂使用。

② 操作要点

A．在砂结合层（或垫层兼做结合层）上铺设预制板块面层，在铺设面层前，砂结合层应洒水压实，并用刮尺找平，然后拉线逐块铺砌。

B．在水泥砂浆结合层上铺设预制板块面层前，应对其下一层的基层按"1.1 基层铺设"中的有关要求和规定进行处理。

C．预制板块在铺砌前应先用水浸湿，并在其表面无明水方时可铺设。

D．预制板块应分段同时铺砌，按标准挂线，随抹水泥浆随铺砌。铺砌方法一般从中线开始向两边分别铺砌，铺砌工作应在结合层的水泥砂浆凝结前完成。铺砌时要求预制板块面层平整、纵横顺直、镶边正确。

E．已铺砌的预制板块，要用木锤敲打结实，防止四角出现空鼓现象。

F.预制板块面层间的缝隙宽度应符合设计要求,且缝宽不宜大于6mm,水磨石板块面层缝宽不应大于2mm。

　　G.预制板块面层在水泥砂浆结合层上铺砌2d内用稀水泥浆或1:1(水泥:细砂)体积比的稀水泥砂浆填缝,填缝深度应达缝2/3,再用同色水泥浆擦缝,并用覆盖材料保护,至少养护3d。

　　③预制板块面层的施工质量验收应符合表1.3.2的规定。

4) 料石面层

① 基本要求

　　A.条石和块石面层所用石材的规格、技术等级和厚度应符合设计要求。条石的质量应均匀,形状为矩形六面体,厚度一般为80~120mm;块石形状为直棱柱体,顶面粗琢平整,底面面积不宜小于顶面面积的60%,厚度一般为100~150mm。

　　B.面层材质应符合设计要求;条石的强度等级应大于MU60,块石的强度等级应大于MU30。

　　C.不导电料石面层的石料应采用辉绿岩加工制成。填缝材料亦采用辉绿岩加工的砂嵌实。耐高温料石面层的石料,应按设计要求选用。

　　D.块石面层结合层铺设厚度应符合设计要求;砂垫层不应小于60mm,基土层应为均匀密实的基土或夯实的基土。

②操作要点

　　A.料石面层采用的石料应洁净。在水泥砂浆结合层上铺设时,料石在铺砌前应洒水湿润。

　　B.在料石面层铺砌时不宜出现十字缝。条石应按规格尺寸分类,并沿垂直于行走方向拉线铺砌成行。相邻两行的错缝应为条石长度的1/3~1/2。铺砌时方向和坡度要正确。

　　C.铺砌在砂垫层上的块石面层,石料的大面应朝上,缝隙互相错开,通缝不得超过两块石料。块石嵌入砂垫层的深度应小于石料厚度的1/3。

　　D.块石面层铺设后应先夯平,并以15~25mm粒径的碎石嵌缝,继续碾压至石粒不松动为止。

E. 在砂结合层上铺砌条石面层时，缝隙宽度应符合设计要求，且不宜大于5mm。石料间的缝隙，当采用水泥砂浆或沥青胶结料嵌缝时，应预先用砂填缝至1/2深度，再用水泥砂浆或沥青胶结料填缝抹平。

F. 在水泥砂浆结合层上铺砌条石面层时，石料间的缝隙应采用同类水泥砂浆嵌缝抹平，缝隙宽度不应大于5mm。

G. 结合层和嵌缝的水泥砂浆应按技术要求采用。

H. 在沥青胶结料结合层上铺砌条石面层时，其铺砌要求按砖面层的铺砌要求执行。

③ 料石面层的施工质量验收应符合表1.3.2的规定。

5）塑料板面层

① 基本要求

A. 塑料板面层所用的塑料板块和卷材的品种、规格、颜色、等级应符合设计要求和现行国家标准的规定。

B. 水泥类基层表面应平整、坚硬、干燥、密实、洁净、无油脂及其他杂质，不得有麻面、起砂、裂缝等缺陷。

C. 胶粘剂选用应符合现行国家标准《民用建筑工程室内环境污染控制规范》(GB 50325)的规定。其产品应按基层材料和面层材料使用的相容性要求，通过试验确定。

② 操作要点

A. 塑料板面层施工时，室内相对湿度不大于80%。

B. 在水泥类基层上铺贴塑料板面层时，其基层表面应平整、坚硬、干燥、无油脂及其他杂质(含砂粒)，含水率不大于9%。如表面有麻面、起砂、裂缝时，宜采用乳液腻子修补平整，每次涂刷的厚度不大于0.8mm，干燥后用0号铁砂布打磨，再涂刷第二遍腻子，直至表面平整后再用水稀释的乳液涂刷一遍，以增加基层的整体性和粘结力。基层表面用2m直尺检查时允许空隙不应大于2mm。

C. 塑料板在试铺前，应进行预热或除蜡处理。软质聚氯乙烯板宜放入75℃左右的热水中浸泡10～20min，至板面全部松软伸平后取出晾干待用。半硬质聚氯乙烯板一般用棉丝蘸上"丙酮：汽油"(1:8)混合溶液进行脱脂除蜡。

D．塑料板铺贴前应先试铺编号。铺贴时先将基层表面清扫洁净，涂刷一层薄而匀的底胶，干燥后，再在其表面弹线，分隔定位(图1.3.1)，并沿墙边留出200～300mm以作镶边，保证板块铺砌均匀，横竖缝顺直。

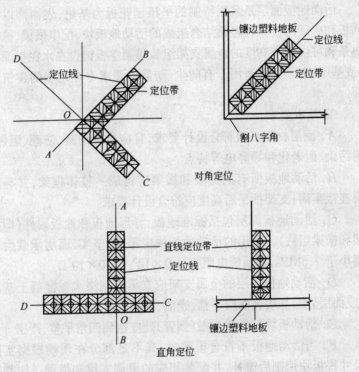

图1.3.1 定位方法

E．塑料板接缝处均应进行坡口处理。

F．塑料板铺贴时应按弹线位置沿轴线由中央向四周进行。涂刷的胶粘剂必须均匀，待胶层干燥至不粘手(约10～20min)即可铺贴；铺贴应一次就位准确，粘贴密实。

G．软质塑料板在基层上粘贴后，如须将缝隙焊接，一般须经

48h后方可施焊,并用热空气焊,空气压力应控制在0.08~0.1MPa,湿度控制在180~250℃。

H. 焊缝间应以斜槎连接,脱焊部分应予补焊,焊缝凸起部分应予修平。

③ 塑料板面层的施工质量验收应符合表1.3.2的规定。

6) 活动地板面层

活动地板面层是采用特制的平压刨花板为基材,表面饰以装饰板和底层用镀锌板经粘结组成的活动地板块,配以横梁、橡胶垫条和可供调节高度的金属支架组装成架空板铺设在水泥类面层(或基层)上。主要适用于有防尘、防静电要求专业用房的建筑地面。

① 基本要求

A. 面层材质必须符合设计要求,且应具有耐磨、防潮、阻燃、耐污染、耐老化和导静电等特点。

B. 活动地板所有的支架和横梁应构成一整体框架,并与基层连接牢固;支架抄平后高度应符合设计要求。

C. 活动地板面层包括标准地板、异形地板和地板附件(即支架和横梁组件)。采用的活动地板块应平整、坚实,面层承载力不得小于7.5MPa,其系统电阻为1.0×10^5~$1.0\times10^8\Omega$。

D. 活动地板面层的金属支架应支承在现浇水泥混凝土基层(或面层)上,基层表面应平整、光洁、不起灰。

E. 活动板块与横梁接触(搁置)处应达到四角平整、严密。

F. 当活动地板不符合模数时,其不足部分在现场根据实际尺寸将板块切割后镶补,并配装相应的可调支撑和横梁。切割边不经处理不得镶补安装,并不得有局部膨胀变形情况。

G. 活动地板在门口处或预留洞口处应符合设计构造要求,四周侧边应用耐磨硬质板材封闭或用镀锌钢板包裹,胶条封边应满足耐磨要求。

② 操作要点

A. 为使活动地板面层与通过的走道或房间的建筑地面面层

连接好,所通过的走道和房间地面面层的标高应根据所选用活动地板面金属支架的型号,相应地低于活动地板面面层的标高,否则应在连接处设置踏步或斜坡等构造。

B.活动地板面层的金属支架应支承在水泥类基层上,水泥混凝土基层应为现浇板,不应采用预制空心楼板。对于小型计算机机房,其基层地面混凝土强度等级不应小于C30;对于中型计算机机房,其基层地面混凝土强度等级不应小于C50。

C.基层表面应平整、光洁、干燥、不起灰。安装前清扫干净,并根据需要在其表面涂刷1~2遍清漆或防尘漆,涂刷的漆膜不允许有脱皮现象。

D.活动地板面层,应待室内各项工程完工和超过地板块承载力的设备进入房间预定位置,以及相邻房间内部也全部完工后,方可进行安装。不得交叉施工,亦不可在室内加工活动地板和地板附件。

E.铺设活动地板面层的标高,应按设计要求确定。当房间平面为矩形时,其相邻墙体应相互垂直,垂直度应小于1/1000;与活动地板接触的墙面的直线度每米不应大于2mm。

F.安装前应做好活动地板数量计算的准备工作。

G.根据房间平面尺寸和设备等情况,应按活动地板模数选择板块的铺设方向。当平面尺寸符合活动地板块模数,而室内无控制柜设备时,宜由里向外铺设;当平面尺寸不符合活动地板模数时,宜由外向里铺设。当室内有控制柜设备且需要预留洞口时,铺设方向和先后顺序应综合考虑选定。

H.铺设活动地板面层前,室内四周的墙面应划出标高控制位置,并按选定的铺设方向和顺序设基准点。在基层表面上按板块尺寸弹出方格网线,标出地板的安装位置和高度,并标明设备安装的预留部位。

I.先将活动地板各部件组装好,以基准线为准,顺序在方格网交点处安装支架和横梁,固定支架的底座,连接支架和框架(图1.3.2)。在安装过程中要经常抄平,转动支座螺杆,用水平尺调整每个支座面的高度至全室等高,并尽量使每个支架受力均匀。

J. 在所有支座柱和横梁构成的框架成为一体后,应用水平仪抄平。然后将环氧树脂注入支架底座与水泥类基层间的空隙内,使之连接牢固,亦可用膨胀螺栓或射钉连接。

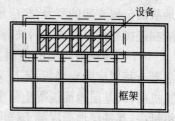

图1.3.2 活动地板面层安装

K. 在横梁上铺放缓冲胶条时,应采用乳液与横梁粘合。铺设活动地板块时,从一角或相邻的两个边依次向外或向另外二个边铺装活动地板。为了铺平,可调换活动地板位置,以保证四角接触处平整、严密,但不得采用加垫的方法。

L. 当铺设的活动地板不符合模数时,其不足部分可根据实际尺寸将板面切割后镶补,并配置相应的可调支撑和横梁。支撑方法有三种,见图1.3.3(a)(b)(c)。

根据设计要求,当房间四周墙面采用钉木带或角钢时,木带或角钢在墙面的定位高度应与支架调整后的标高相同,以保证活动地板面层的铺设平面,并在木带或角钢与地板块接触部分加橡胶垫条,将胶条粘贴在木带或角钢上。直接用支架安装时,宜将支架上托的四个定位销打掉三个,保留沿墙面的一个,使靠墙边的地板越过支架紧贴墙面。

M. 对活动地板块切割或打孔时,可用锯或钻加工,但加工后的边角应打磨平整,采用清漆或环氧树脂胶加滑石粉按比例调成腻子封边,或用防潮腻子封边,亦可采用铝型材镶嵌。活动地板块应在切割处理后方可安装,以防止板块吸水、吸潮,造成局部膨胀变形。

N. 在与墙边的接缝处,应根据缝的宽窄分别采用木条或泡沫塑料镶嵌。

O. 安装机柜时,应根据机柜支撑情况处理。如属于柜架支撑可随意码放;如四点支撑,则应使支撑点尽量靠近活动地板的框架。如机柜重量超过活动地板块额定承载力时,宜在活动地板下部增设一个金属支撑架。

P. 通风口处,应选用异形活动地板撑架。

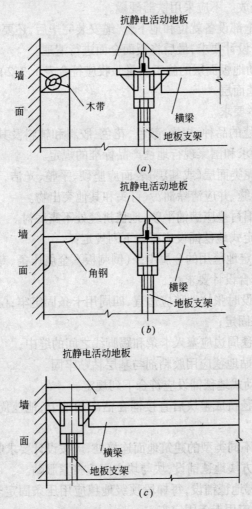

图 1.3.3 活动地板面层镶补的支撑方法
(a)四周墙面钉木带;(b)四周墙面钉角钢;(c)墙边直接用支架安装

Q. 活动地板下面需要装的线槽和空调管道,应在铺设地板块前先放在建筑地面上,以便下步施工。

R. 活动地板块的安装或开启,应使用吸板器或橡胶皮碗,并做到轻拿轻放。不应采用铁器硬撬。

S. 在全部设备就位和地下管、缆安装完毕后,还要抄平一次,调整至符合设计要求,最后将板面全面进行清理。

③ 活动地板面层的施工质量验收应符合表 1.3.2 的规定。

7) 地毯面层

① 基本要求

A. 地毯的品种、规格、颜色、花色、胶料和辅料及其材质必须符合设计要求和国家现行地毯产品标准的规定。

B. 水泥类面层(或基层)表面应坚硬、平整、光洁、干燥,无凹坑、麻面、裂缝,并应清除油污、钉头和其他突出物。

C. 海绵衬垫应满铺平整,地毯拼缝处不露底衬。

D. 固定式地毯铺设应符合下列规定:

(A)固定地毯用的金属卡条(倒刺板)、金属压条、专用双面胶带等必须符合设计要求;

(B)铺设时张拉地毯应适宜,四周用卡条固定牢;门口处应用金属压条等固定;

(C)地毯周边应塞入卡条和踢脚线之间的缝中;

(D)粘贴地毯应用胶粘剂与基层粘贴牢固。

E. 活动式地毯铺设应符合下列规定:

(A)地毯拼成整块后直接铺在洁净的地上,地毯周边应塞入踢脚线下;

(B)与不同类型的建筑地面连接处,应按设计要求收口;

(C)小方块地毯铺设,块与块之间应挤紧服贴。

F. 楼梯地毯铺设,每梯段顶级地毯应用压条固定于平台上,每级阴角处应用卡条固定牢。

② 卡条式地毯铺设要点

A. 地毯裁割

（A）首先应量准房间实际尺寸,按房间长度加长 20mm 下料。地毯的经线方向应与房间长向一致。地毯宽度应扣去地毯边缘后计算(有的地毯边缘织有扇贝形花纹,边缘部分约有 50mm 宽的圈绒比其他部位稀疏。为了易于铺设者辨认,离地毯约 50mm 处有一彩线,铺设前沿此线裁边)。根据计算的下料尺寸在地毯背面弹线。

（B）大面积地毯用裁边机裁割,小面积地毯用手握裁刀裁割。从地毯背部裁割时,吃刀深度掌握在正好割透地毯背部的麻线而不损伤正面的绒毛为准;从地毯正面裁割时,可先将地毯折叠,使叠缝两侧绒毛向外分开,露出背部麻线,然后将刀刃插入两道麻线之间,沿麻线进刀裁割。

（C）不锋利的刀刃须及时更换,以保证切口平整。

（D）裁好的地毯应立即编号,与铺设位置对应。准备拼缝的两块地毯,应在缝边注明方向。

B．钉倒刺板

（A）沿墙边或柱边钉倒刺板,倒刺板离踢脚线 8mm。

（B）钉倒刺板应用钢钉(水泥钉),相邻两个钉子的距离控制在 300~400mm。

（C）大面积厅、堂铺地毯,建议沿墙、柱钉双道倒刺板,两条倒刺板之间净距约 20mm。

（D）钉倒刺板时应注意不损坏踢脚线,必要时可用薄钢板保护墙面。

C．铺垫层

（A）垫层应按倒刺板之间的净间距下料,避免铺设后垫层折皱。覆盖倒刺板或远离倒刺板。

（B）设置垫层拼缝时应考虑到与地毯拼缝至少错开 150mm。

D．地毯拼缝

（A）拼缝前要判断好地毯编织的方向,以避免拼缝两边的地毯绒毛排列方向不一致。为此,在地毯裁下之前应用箭头在背面注明经线方向。

(B)纯毛地毯多用缝接,即将地毯翻过来,从背面对齐接缝,用线缝实后刷50~60mm宽的一道白胶,再贴上牛皮纸。

(C)麻布衬底的化纤地毯多用粘接,即将地毯胶刮在麻布上,然后将地毯对缝粘平。

(D)胶带接缝法以其简便、快速、高效的优点而得到越来越广泛的应用。在地毯拼缝位置的地面上弹一直线,按线将胶带铺好,两侧地毯对缝压在胶带上,然后用熨斗在胶带上熨烫使胶质熔化,随熨斗的移动随即把地毯紧压在胶带上(图1.3.4)。

图1.3.4　胶带接缝

(E)接缝以后用剪子把接口处不齐的绒毛修齐。

E．张平

(A)将地毯短边的一角用扁铲塞进踢脚线下的缝隙,然后用撑子把这一短边撑平后,再用扁铲把整个短边都塞进踢脚线下的缝隙内。

(B)将大撑子承脚顶住地毯固定端的墙或柱,用大撑子扒齿抓住地毯另一端,再接装连接管,通过大撑子头的杠杆伸缩,将地毯张拉平整。

(C)大撑子张拉的力量应适度,张拉后的伸长量一般控制在15.2~20mm/m之间,即1.5%~2%;伸长过大易撕破地毯,过小则达不到张平的目的;伸张次数视地毯尺寸不同而定,以将地毯展平为准。

(D)小范围的不平整可用小撑子展平;用手压住撑子,用扒齿抓住地毯,通过膝盖撞击撑子后部的胶垫将地毯推向前方,使地毯张平。

机织平绒地毯张平步骤如图1.3.5所示。

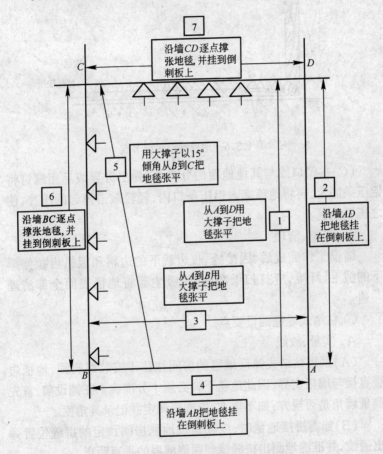

图1.3.5 平绒地毯张平步骤示意图

F.固定、收边

(A)地毯挂在倒刺板上时要轻轻敲击一下,使倒刺全部钩住地毯,以免因挂不实而使地毯松弛。

(B)地毯全部张拉平直后,应把多余的地毯边裁去,再用扁铲将地毯边缘塞入踢脚线和倒刺板之间。地毯铺设的墙根节点见图1.3.6。

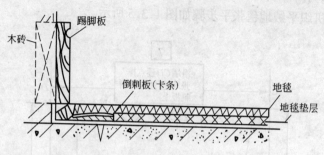

图 1.3.6 地毯铺设墙根节点

(C)在门口或与其他地面的分界处,弹出分界线后用螺钉将铝压条固定,再将地毯塞入铝压条口内,轻轻敲击弹起的压片,使之压紧地毯。

G．修整、清理

铺设工作完成后,因接缝、收边裁下的边料和因扒齿拉伸掉下的绒毛、纤维,应打扫干净,并用吸尘器将地毯表面全部清理一遍。

③ 粘结式地毯铺设要点

A．实量、放线

(A)采用粘结式铺设地毯的房间往往不安装踢脚线,地毯边缘直接与墙根交界,因此地毯下料必须十分准确。在铺设前,首先测量墙角是否规方;如不规方,应准确测定并记录其角度。

(B)如需拼接地毯时,应在铺设地毯房间预定的拼缝位置弹出通线,并准确地测出拼缝线到两侧墙根的垂直距离。

B．裁割地毯

(A)对于预定拼缝的地毯,必须沿地毯拼缝处的经纱裁割(只割断纬纱,不割断经纱)。对于带有泡沫橡胶背衬的地毯,应从地毯正面分开绒毛,找出地毯底面的经纱和纬纱后再进行裁割。

(B)起始边墙面与预定拼缝线不垂直时,按实际量出的角度裁割。

C.刮胶、铺设

(A)选用地毯厂商指定或批准的、与所用地毯匹配的地毯粘结胶。

(B)采用专用的V型齿抹子刮胶,以保证涂胶均匀,涂布量应参照产品说明书。

(C)部分刮胶的粘结方法适用于人流少的房间,首先在拼缝位置的地面上刮胶,然后沿墙边、柱边刮胶;刮胶宽度一般不小于150mm。

(D)满刮胶的粘结方法适用于人多的公共场合,刮胶次序也应是先刮拼缝位置,后刮房间边缘。

(E)胶液静停晾置时间对粘结质量至关重要,一般应在刮胶后晾置5~10min待胶液部分挥发再铺地毯。晾置时间的长短与粘胶品种、地面孔隙率、环境空气湿度有关;操作时可根据手的触感,以胶液变得干而粘时铺设为当。

(F)地毯铺设也应从拼缝处开始,再向两边展开;不须拼缝的房间则从房间中部向周边铺设。铺设时用撑子把地毯从中部向墙边、柱边撑平、拉直。

(G)地毯铺平后立即用25~50kg的毡辊滚压,将地毯下面的气泡擀出。

D.清理、保护

铺完地毯即应清理现场。粘结式地毯铺设后24h不允许闲杂人员进房走动,更不允许在新铺设的地毯上放置家具。

④ 楼梯地毯铺设要点

楼梯地毯的固定方式见图1.3.7所示。

A.压杆固定式楼梯地毯铺设

(A)埋设压杆紧固件。每级踏步的阴角各设两个紧固件,以楼梯宽度的中心线对称埋设。紧固件圆孔孔壁离楼梯踏步面和踢脚面的距离相等,并略小于地毯厚度。

(B)按每级踏步的踏步面、踢脚面实量宽度之和裁出地毯长度,如考虑更换磨损部位,可适当预留一定长度。

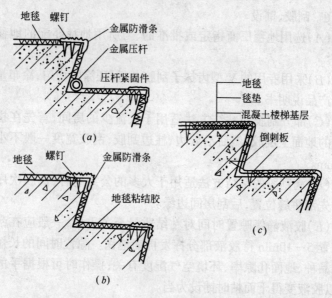

图1.3.7 楼梯地毯固定方式
(a)压杆固定;(b)粘结固定;(c)卡条(倒刺板)固定

(C)由上至下逐级铺设地毯。在顶级中地毯的端部用压条钉于平台上;在对应于每一级踏步紧固件的位置上,将地毯切开小口,让压杆的紧固件能从中伸出,在铺好地毯后将金属压杆穿入紧固件圆孔内,再拧紧调节螺钉。

(D)须安装金属防滑条的楼梯,在地毯固定好后,用膨胀螺钉(或塑料胀管)将金属防滑条固定在踏步板阳角边缘,钉距为150~300mm。

B.粘结固定式楼梯地毯的铺设

(A)按实际量出尺寸裁割地毯。

(B)一律采用满刮胶粘结。

(C)自上而下用胶抹子把粘结剂刮在楼梯的踏步面和踢脚面上,适当凉置后即将地毯粘上,然后用扁铲撑压,将地毯撑平、压实。

（D）要逐级刮胶、逐级铺设，避免大段刮完胶后再铺地毯，无处落脚。

（E）如须安金属防滑条，做法同压杆固定式。

（F）铺贴后 24h 内禁止上人。

C．卡条固定式楼梯地毯铺设

（A）将倒刺板钉在楼梯面和踢脚面之间阴角的两边，两条倒刺板之间要留 15mm 间隙（图 1.3.8），倒刺板上的朝天钉倾向阴角。

（B）毯垫应覆盖楼梯踏面，并包住阳角，盖在踏步踢面的宽度不应小于 15mm（图 1.3.8）。

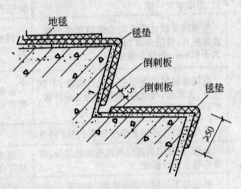

图 1.3.8 倒刺板与毯垫位置

（C）地毯每一级按踏步面与踢脚面宽度之和适当预留长度下料。

（D）最顶一级地毯端部用压条钉在平台上，然后自上而下逐级铺设。在每一级踏步的阴角处，用扁铲将地毯绷紧后压入两条倒刺板间的缝隙内。

（E）预留长度部分，可叠起钉在最下一级踏步的踢脚面上。

⑤地毯面层的施工质量验收应符合表 1.3.2 的规定。

1.3.4 施工质量验收

板块面层工程施工质量验收见表 1.3.2。

板块面层工程施工质量验收　　　　表 1.3.2

检验项目		标　准	检　验　方　法
砖面层	主控项目	面层所用板块的品种、质量必须符合设计要求	观察检查和检查材质合格证明文件及检测报告
		面层与下一层的结合(粘结)应牢固,无空鼓	用小锤轻击检查
	一般项目	砖面层的表面应洁净、图案清晰,色泽一致,接缝平整,深浅一致,周边顺直。板块无裂纹、掉角和缺楞等缺陷	观察检查
		面层邻接处的镶边用料及尺寸应符合设计要求,边角整齐、光滑	观察和用钢尺检查
		踢脚线表面应洁净、高度一致,结合牢固,出墙厚度一致	观察检查和用小锤轻击及钢尺检查
		楼梯踏步和台阶板块的缝隙宽度一致,齿角整齐;楼层梯段相邻踏步高度差不应大于 10mm;防滑条顺直	观察和用钢尺检查
		面层表面的坡度应符合设计要求,不倒泛水,无积水;与地漏、管道结合处应严密、牢固,无渗漏	观察、泼水或用坡度尺及蓄水检查
		砖面层的允许偏差应符合表 1.3.3 的规定	
大理石面层和花岗石面层	主控项目	大理石、花岗石面层所用板块的品种、质量应符合设计要求	观察检查和检查材质合格记录
		面层与下一层应结合牢固,无空鼓	用小锤轻击检查
	一般项目	大理石、花岗石面层的表面应洁净、平整,无磨痕,且应图案清晰,色泽一致,接缝均匀,周边顺直,镶嵌正确,板块无裂纹、掉角、缺楞等缺陷	观察检查
		踢脚线表面应洁净,高度一致,结合牢固,出墙厚度一致	观察检查和用小锤轻击及钢尺检查
		楼梯踏步和台阶板块的缝隙宽度应一致,齿角整齐,楼层梯段相邻踏步高度差不应大于 10mm,防滑条应顺直、牢固	观察和用钢尺检查

续表

检验项目		标 准	检 验 方 法
大理石面层和花岗石面层	一般项目	面层表面的坡度应符合设计要求,不倒泛水,无积水;与地漏、管道结合处应严密牢固,无渗漏	观察、泼水或用坡度尺及蓄水检查
		大理石和花岗石面层(或碎拼大理石、碎拼花岗石)的允许偏差应符合表1.3.3的规定	
预制板块面层	主控项目	预制板块的强度等级、规格、质量应符合设计要求;水磨石板块尚应符合国家现行行业标准《建筑水磨石制品》(JC 507)的规定	观察检查和检查材质合格证明文件及检测报告
		面层与下一层应结合牢固,无空鼓	用小锤轻击检查
	一般项目	预制板块表面应无裂缝、掉角、翘曲等明显缺陷	观察检查
		预制板块面层应平整洁净,图案清晰,色泽一致,接缝均匀,周边顺直,镶嵌正确	观察检查
		面层邻接处的镶边用料尺寸应符合设计要求,边角整齐、光滑	观察检查和用钢尺检查
		踢脚线表面应洁净,高度一致,结合牢固,出墙厚度一致	观察检查和用小锤轻击及钢尺检查
		楼梯踏步和台阶板块的缝隙宽度一致,齿角整齐,楼层梯段相邻踏步高度差不应大于10mm,防滑条顺直	观察检查和用钢尺检查
		水泥混凝土板块和水磨石板块面层的允许偏差应符合表1.3.3的规定	
料石面层	主控项目	面层材质应符合设计要求;条石的强度等级应大于Mu60,块石的强度等级应大于Mu30	观察检查和检查材质合格证明文件及检测报告
		面层与下一层应结合牢固,无松动	观察检查和用锤击检查
	一般项目	条石面层应组砌合理,无十字缝,铺砌方向和坡度应符合设计要求;块石面层石料缝隙应相互错开,通缝不超过两块石料	观察检查和用坡度尺检查
		条石面层和块石面层的允许偏差应符合表1.3.3的规定	

续表

检验项目		标　　准	检　验　方　法
塑料板面层	主控项目	塑料板面层所用的塑料板块和卷材的品种、规格、颜色、等级应符合设计要求和现行国家标准的规定	观察检查和检查材质合格证明文件及检测报告
		面层与下一层的粘结应牢固,不翘边,不脱胶,无溢胶	观察检查和用锤敲击及钢尺检查
	一般项目	塑料板面层应表面洁净,图案清晰,色泽一致,接缝严密,美观。拼缝处的图案、花纹吻合,无胶痕;与墙边交接严密,阴阳角收边方正	观察检查
		板块的焊接,焊缝应平整、光洁,无焦化变色、斑点、焊瘤和起鳞等缺陷,其凹凸允许偏差为±0.6mm。焊缝的抗拉强度不得小于塑料板强度的75%	观察检查和检查检测报告
		镶边用料应尺寸准确,边角整齐,拼缝严密,接缝顺直	用钢尺和观察检查
		塑料板面层的允许偏差应符合表1.3.3的规定	
活动地板面层	主控项目	面层材质必须符合设计要求,且应具有耐磨、防潮、阻燃、耐污染、耐老化和导静电等特点	观察检查和检查材质合格证明文件及检测报告
		活动地板面层应无裂纹、掉角和缺棱等缺陷。行走无声响,无摆动	观察和脚踩检查
	一般项目	活动地板面层应排列整齐,表面洁净,色泽一致,接缝均匀,周边顺直	观察检查
		活动地板面层的允许偏差应符合表1.3.3的规定	
地毯面层	主控项目	地毯的品种、规格、颜色、花色、胶料和辅料及其材质必须符合设计要求和国家现行地毯产品标准的规定	观察检查和检查材质合格记录
	一般项目	地毯表面应平整,拼缝处粘贴牢固,严密平整,图案吻合	观察检查
		地毯表面不应起鼓、起皱、翘边、卷边、显拼缝、露线和无毛边,绒面毛顺光一致,毯面干净,无污染和损伤	观察检查
		地毯同其他面层连接处,收口处和墙边、柱子周围应顺直、压紧	观察检查

表1.3.3 板块面层的允许偏差和检验方法

序号	项目	允许偏差（mm）											检验方法
		陶瓷锦砖面层高级水磨石板陶瓷地面砖面层	缸砖面层	水泥花砖面层	水磨石板块面层	大理石面层和花岗石面层	塑料板面层	水泥混凝土板块面层	碎拼大理石、碎拼花岗石面层	活动地板面层	条石面层	块石面层	
1	表面平整度	2.0	4.0	3.0	3.0	1.0	2.0	4.0	3.0	2.0	10.0	10.0	用2m靠尺和楔形塞尺检查
2	缝格平直	3.0	3.0	3.0	3.0	2.0	3.0	3.0	—	2.5	8.0	8.0	拉5m线和用钢尺检查
3	接缝高低差	0.5	1.5	0.5	1.0	0.5	0.5	1.5	—	0.4	2.0	—	用钢尺和楔形塞尺检查
4	踢脚线上口平直	3.0	4.0	—	4.0	1.0	2.0	4.0	1.0	—	—	—	拉5m线和用钢尺检查
5	板块间隙宽度	2.0	2.0	2.0	2.0	1.0	—	6.0	—	0.3	5.0	—	用钢尺检查

1.3.5 常见质量缺陷与预控措施

板块面层工程常见质量缺陷与预控措施见表1.3.4。

板块面层工程常见质量缺陷与预控措施　　表1.3.4

项目		质量缺陷	预控措施
地砖面层	陶瓷地砖	空鼓、起拱	(1)铺结合层水泥砂浆时,基层上水泥浆涂刷应均匀,不得漏刷;不积水,不干燥;随刷随铺。 (2)结合层砂浆必须采用干硬性水泥砂浆;粘结砂浆在砖背面刮浆须抹满、抹匀;铺贴后,砖块必须压紧。 (3)铺贴前,砖块应在清水中浸泡2~3h,取出后晾干即用。 (4)室内外地坪必须设置分仓缝断开。 (5)严格控制施工中上人的时间,加强保护和养护工作
		相邻两砖高低不平	(1)严格按规范标准选砖,剔除不合格产品。 (2)铺贴时要拍平、拍实。 (3)铺好地砖后,应拦、围出入口,加强保护,防止上人过早。常温下48h用锯末养护
		铺贴房间出现楔形	(1)室内墙面抹灰装饰时,房间地面的纵横净距尺寸必须调整一致,加强工序间的交验。 (2)地砖施工时严格按照控制线控制好纵、横缝隙的间距
		泛水过小或局部倒坡	(1)放准墙面上+500mm标高水平线,严格按照设计要求和施工规范找坡。 (2)地漏安装标高要正确,应根据放射状标筋的标高和坡度施工,使地漏低于周围面砖5mm。 (3)基层表面严格按施工标准处理好
	陶瓷锦砖	面层标高超高	(1)控制好各工序的标高,严格工序的交验工作,有错误及时纠补。 (2)按标筋上表面齐平,控制结合层砂浆不超高。 (3)标筋完成后,应以地面水平标高线加一块陶瓷锦砖厚度,复查标筋顶面是否符合要求
		缝格不均匀	施工前应严格检查陶瓷锦砖的规格,同一房间使用的陶瓷锦砖应规格一致、线路相同,不合格的产品应剔除
		缝隙不顺直、纵横交错	(1)揭纸后,拉线,用开刀将缝隙拨直、调匀。 (2)坚持按水平标高线,拉纵向、横向线进行检查,发现错缝立即纠正

续表

项目		质量缺陷	预控措施
地砖面层	陶瓷锦砖	有地漏房间地面积水	(1)放准墙面上+500mm标高水平线,严格按照设计要求和施工规范找坡。 (2)地漏安装标高要正确;应根据放射状标筋的标高和坡度施工,使地漏低于周围面砖5mm。铺贴后,再检查泛水坡度
		空鼓	(1)结合层水泥砂浆铺完后,应接着铺贴陶瓷锦砖;洒水湿润结合层,陶瓷锦砖背面应刷湿。 (2)每铺贴一块,应认真检查拍实到水泥浆挤出;加强成品保护,控制上人时间
		面层污染	(1)水泥浆擦缝留下的水泥余浆应及时、彻底擦干净。 (2)地砖铺贴好后,采取有效的产品保护措施,防止施工中的交叉污染
大理石面层、花岗石面层		板底空鼓	(1)用钢丝刷将基层表面洗刷干净,彻底清除灰渣和杂物,再用水冲洗干净后晾干。 (2)严格按照规范标准,采用干硬性砂浆。砂浆应拌匀、拌熟,切忌用稀砂浆。 (3)铺砂浆前先湿润基层,用水泥浆涂刷均匀后,随即铺贴结合层砂浆。 (4)结合层砂浆应拍实、揉平、搓毛。 (5)大理石或花岗石板块铺贴前,应清除出厂包装时板底粘结的保护层(专用背涂处理层除外),并浸湿、晾干。试铺后,浇水泥浆结合层正式铺贴。严禁采用撒干水泥面铺贴。定位后,将板块均匀轻击压实
		相邻板块间高低不平	(1)铺贴前,严格按规范要求挑选合格板块,剔除不合格产品;对厚薄不均匀的板块,应采用厚度调整器在板块背面用砂浆调整板厚。 (2)严格按照施工工艺标准操作,随时检查铺贴板块的平整度。应采用先试铺后实铺方法,浇浆宜均匀,板块正式落位后,用水平尺骑缝搁在相邻的板块上,边轻捶压实、边检查拨缝,直至板面齐平为止。严格按照规范要求,控制好上人堆物的时间
		铺板尽端出现楔形	(1)在房间墙面抹灰时必须控制方正。 (2)严格工序间的验收制度。挂线检查,不达标者,坚决返工。 (3)铺贴时严格按控制线铺贴

续表

项目	质量缺陷	预 控 措 施
塑料板面层	面层空鼓	(1)处理好基层表面,达到平整、光滑、坚硬、干燥、密实、洁净、无油脂及其他杂物。 (2)控制好基层含水率,一般不宜大于9%。 (3)掌握好粘贴时间。涂刷胶粘剂,应待稀释剂挥发后(即用手摸不粘手时)再进行粘贴。缺少经验时,应在施工前进行小面积试贴,待取得经验后再行铺贴。 (4)施工时,板面上的胶粘剂应满涂,四边不漏涂,确保边角粘贴密实。 (5)塑料板在粘贴前应做除蜡处理。对于半硬质聚氯乙烯板可用棉丝蘸上丙酮与汽油(1:8)的混合溶液进行脱脂除蜡。 (6)施工环境湿度应控制在15~30℃,相对湿度不大于80%
	色差大,软硬不一	(1)铺贴前,认真挑选好地板,同一房间、同一部位应采用同一品种、同一批号的塑料板。 (2)除蜡处理时,如采取在热水中浸泡的方法应由专人负责,一般在75℃热水中浸泡时间为10~20min,尽量控制好恒温,浸泡时间严格要一致。浸泡后取出晾干时的环境温度应与铺贴温度相同,最好堆放在待铺房间内备用
	表面不平整,有明显波浪状	(1)铺贴前,认真检查基层平整度,达到基层平整度要求后再铺贴。 (2)涂刷胶粘剂用的齿形刮板,齿形、齿距应恰当,使胶层的厚度薄而匀,并控制在1mm左右。不宜使用毛刷涂刷胶粘剂。 (3)施工环境温度和湿度要求同上
地毯面层	卷边、翻边	(1)在墙柱、边角处应钉好倒刺条,固定地毯。 (2)用粘结方法固定地毯时,选用优质地板胶,刷胶均匀,铺贴后应接平压实
	表面不平,起皱,鼓包	(1)铺设地毯的基层表面平整度不应大于4mm。 (2)铺设地毯时,必须用大撑子撑头,小撑子或专制紧张器拉平整后,方可固定。 (3)地毯铺设前和铺设后严防浸湿、雨淋受潮
	拼缝明显、收口不顺直	(1)地毯接缝处应用弯针做毛绒密实的缝合处理。 (2)收口处先弹线;收口条跟线钉直
	地毯表面出现霉点、霉斑	(1)首层地面必须做防潮层,进行防潮处理。 (2)地毯铺设时地面的含水率不得大于8%

1.4 木、竹面层

木、竹面层的铺设包括实木地板面层、实木复合地板面层、竹地板面层等(包括免刨、免漆类)分项工程的施工。

1.4.1 施工原则

(1) 木、竹面层铺设在水泥类基层上,其基层表面应坚硬、平整、洁净、干燥、不起砂。

(2) 木、竹面层与厕浴间、厨房等潮湿场所相邻的木、竹面连接处应做防水(防潮)处理。

(3) 木、竹面层搁栅下架空结构层(或构造层)的质量检验,应符合相应国家现行标准的规定。

(4) 木、竹面层的通风构造层包括室内通风沟、室外通风窗等,均应符合设计要求。

(5) 木、竹面层的允许偏差,应符合表1.4.1规定。

木、竹面层的允许偏差和检验方法 表1.4.1

序号	项目	允许偏差 (mm)				检验方法
		实木地板面层			实木复合地板、中密度(强化)复合地板面层、竹地板面层	
		松木地板	硬木地板	拼花地板		
1	板面缝隙宽度	1.0	0.5	0.2	0.5	用钢尺检查
2	表面平整度	3.0	2.0	2.0	2.0	用2m靠尺和楔形塞尺检查
3	踢脚线上口平齐	3.0	3.0	3.0	3.0	拉5m通线检查,不足5m拉通线和用钢尺检查
4	板面拼缝平直	3.0	3.0	3.0	3.0	
5	相邻板材高差	0.5	0.5	0.5	0.5	用钢尺和楔形塞尺检查
6	踢脚线与面层的接缝	1.0				用楔形塞尺检查

1.4.2 材料质量要求及施工作业条件

(1) 材料质量要求

1) 木地板面层板的品种、规格、颜色应符合设计要求。表面应平整,颜色、花纹应一致,且干燥、不腐朽、不变形、不开裂,其宽度、厚度应符合设计要求。木地板材料的各项技术性能、指标应符合现行有关产品标准的规定。进场时,应对照事先确定的材料样板进行抽样检查验收。

2) 竹地板的材质、品种、规格、颜色等应符合设计要求。表面应花纹清晰,色泽柔和,结构密实,光洁度好,无疤痕,无腐朽。含水率、耐温、耐磨、承压力、粘结力、静力压曲性以及耐冲击性等指标应符合现行国家或行业标准的规定。进场时,应对照事先确定的材料样板进行抽样检查验收。

3) 粘结材料,如聚醋酸乙烯乳液、氯丁橡胶胶粘剂、环氧树脂胶粘剂等的选用应经过技术鉴定,有产品合格证书,且须经过试验确定其粘结性能。

(2) 施工作业条件

1) 木、竹面层的铺设应在室内装饰工程基本完成后进行,并应做好建筑地面工程的基层处理工作。

2) 木、竹面层的施工,应待室内抹灰工程或暖气试压工程等可能造成建筑地面潮湿的施工项目完成后进行,并应在铺设面层之前,使房间干燥,避免在气候潮湿的条件下施工。

3) 其他作业条件同 1.2.2(2)、(3) 整体面层施工作业条件。

1.4.3 施工管理控制要点

(1) 工艺流程

1) 竹、木地板铺装

清理基层→弹线找平→安装木龙骨→安装毛地板→安装硬木地板(或竹地板)→调整找平→安装踢脚线→涂料涂刷→检查验收。

2) 强化复合木地板铺装

清理基层→弹线找平→铺泡沫底垫→试铺地板→刷胶、铺装地板→清理板面→安装踢脚线→检查验收

(2) 管理要点

1) 材料进场后,把好检查验收关。木、竹地板以及木搁栅、垫木、毛地板等采用木(竹)材的树种、选材标准和铺设时木材含水率以及防腐、防蛀处理等,均应符合现行国家标准《木结构工程施工质量验收规范》(GB 50206)的有关规定。所选用的材料,进场时应对其断面尺寸、含水率等主要技术指标进行抽检,抽检数量及结果应符合产品标准的规定。

2) 施工前,重点检查屋面防水、穿楼管线是否完成,预埋在地面内的各种管线是否已经固定好,室内抹灰和门框安装是否完毕,影响竹、木面层施工的水、暖、卫管道试水、试压是否完成;检查铺装竹、木面层施工需要的预埋件位置是否正确、得当。施工前的各项隐蔽工程应经检验并做好签证手续。现场施工机具及其他条件应具备开工要求。

3) 施工过程中,重点检查各道工序是否按工艺要求施工,每道工序交接前应进行交接检查验收。铺装过程应随时检查各层板的铺装牢固程度,检查时以用脚踏感觉无松动、无响声为好。铺装完毕后,用直尺检查其表面同一处的水平度、平整度。建设(监理)、施工单位应共同做好地板施工的隐蔽工程验收工作。

(3) 控制要点

1) 实木地板面层

实木地板面层是用单层面层或双层面层铺设而成。单层木板面层是在木搁栅上直接钉企口板。双层木板面层是在木搁栅上先钉一层毛地板,再钉一层企口板;木搁栅有空铺和实铺两种形式,空铺是将搁栅两头搁于墙体的垫木上,木搁栅之间加设剪刀撑;实铺是将木搁栅铺于混凝土结构层上或水泥混凝土垫层上,在木搁栅之间填以炉渣等隔音材料,并加设横向木撑。构造如图1.4.1所示。

实木地板的拼缝形式有:平缝、企口缝、嵌舌缝、高低缝、低舌缝等,如图 1.4.2 所示。

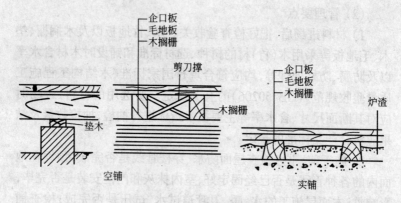

图 1.4.1 实木地板面层

图 1.4.2 木地板的拼缝形式

① 基本要求

A. 实木地板面层采用条材和块材实木地板或采用拼花实木地板,以空铺或实铺方式在基层上铺设。

B. 实木地板面层无论采用双层面层还是单层面层铺设,其厚度应符合设计要求。实木地板面层的条材和块材应采用具有商品检验合格证的产品,产品类别、型号、应用树种、检验规则以及技术条件等均应符合现行国家标准《实木地板块》(GBT 15036.1—6)的规定。

C. 实木地板面层所采用的材质和铺设时的木材含水率必须符合设计要求。木搁栅、垫木和毛地板等必须做防腐、防蛀处理。

D. 铺设实木地板面层时,木搁栅的截面尺寸、间距和固定方法等均应符合设计要求。木搁栅固定时,不得损坏基层和预埋管线。木搁栅应垫实钉牢,与墙面之间应留出30mm的缝隙,整体表面应平整。

E. 毛地板铺设时,木材髓心应向上,板缝不应大于3mm,与墙面之间应留8~12mm空隙,表面应刨平。

F. 实木地板面层铺设时,面板与墙面之间留8~12mm缝隙,然后用踢脚线盖住。

G. 采用实木制作的踢脚线,背面应开槽并做防腐处理。

② 操作要点

A. 空铺木地板

(A)安装木龙骨。首先在地垄墙上干铺油毡一层,然后铺压沿木和垫木。在沿木表面划出木龙骨的位置线,同时在木龙骨的端头划中线,用中线对准位置线摆放龙骨。摆放时,木龙骨端头距墙面不少于30mm,以利于防潮通风。

放好木龙骨后,用地垄上预留的12号铁丝将木龙骨进行绑扎。然后按木龙骨标高拉水平线,用水平尺调平、刨平,亦可对底部稍加砍削以便找平,但砍削深度不得超过10mm,并在砍削处涂防腐剂。木龙骨安装找平后,再用100mm长的铁钉,从木龙骨两侧斜向钉入,与下部的压沿木钉牢。在木龙骨之间,每隔100cm钉一道剪刀撑。

(B)铺设毛地板。铺双层木地板时,在木地板龙骨上先铺一层毛地板。铺设前,必须清除地板下空间的刨花、木屑等杂物,并在龙骨顶面弹出与龙骨成30°~45°角的铺钉线,如图1.4.3所示。

毛地板的拼缝方式,一般采用高低缝。铺钉时,应使木板的髓心向上,板间缝隙小于3mm;板的接头必须设在木龙骨上,留2~3mm缝隙,接头要间隔错开,不要全在一条龙骨上。木板与每根龙骨相交处,应钉两个钉子,钉的长度为板厚的2.5倍。钉头要砸扁,钉帽冲进板面内2mm,木板距墙面8~12mm。

毛地板钉完后,在板面上弹出方格网点并抄平、刨平,边刨边用直尺检测,使表面水平度与平整度达到控制标准后,方可用钉固定硬木面板。

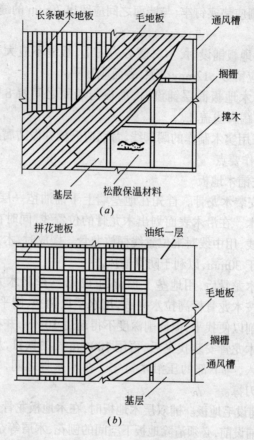

图1.4.3 毛地板铺钉
(a)长条木地板;(b)拼花木地板

(C)铺设面层板。对施工现场加工的面层板;条木地板和拼花木地板的铺设各有不同。

A)条木地板的铺钉。条木地板面层板是板宽小于120mm的长条木板,正面应刨平,侧面为企口;面层板与木龙骨垂直并顺进门方向铺设。

木板的接头,应安排在木龙骨的中线部位,并应间隔错开,逐块排紧,缝隙不得超过1mm。

圆钉的长度为木板厚度的 2~2.5 倍,钉帽要砸扁,钉子从板的凸榫边凹角处钉入,如图 1.4.4 所示。木地板与龙骨相交处只钉一个钉子即可。

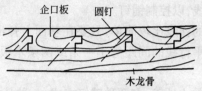

图 1.4.4　条木地板钉法

当为双层木地板在毛地板上铺钉条木地板时,先在毛地板上弹顺直的铺钉线,由中间向边缘铺钉(小房间可从门口开始);铺钉时,先钉一条面层板作基准,检验合格后,顺序向前展开。为使条木地板排紧,可在木龙骨或毛地板上钉上一个铁扒钉,在扒钉与面层板之间打入一对木锲块以挤紧,如图 1.4.5 所示。对于最后一块,可用明钉钉牢,钉帽要砸扁,冲入板内 3~5mm。

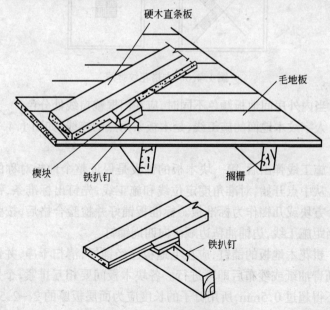

图 1.4.5　木地板排紧方法

如果是硬木条板,在铺钉前应在钉孔部位先钻孔,孔径为圆钉直径的 0.7~0.8 倍,然后穿钉子钉紧。

B)拼花木地面的铺钉。为了保证拼花木地面的图案准确,在铺钉前必须弹线,以控制铺钉。

席纹拼花的弹线比较简单,只要在基面上弹出木地板走向的平行线即可。平行线的间距等于一条或两条木板宽度,以便于按线铺钉。

方格花纹的木地面,有两种铺钉方式:一种是木板块与墙面成 45°角;另一种是木板块与墙面平行。在弹线时,以房间中心点为中心,弹出两条相互垂直的定位线,定位线方向即为木板块的排列方向。当定位线与墙面角度不同时,即可铺贴出不同方格的花纹,如图 1.4.6 所示。

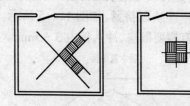

图 1.4.6　方格花纹弹线

当内外房间地板颜色不同时,应在门框裁口线处分色。

人字纹木地面的施工线,是木板条角点的连线,如图 1.4.7 所示。

施工线弹出后,第一块木板的铺设是保证整个地板对称的关键。从中点开始,对准角度定位线和施工线,先钉出标准条,铺出几个方块或几档作为标准板。标准板铺好并检验合格后,按弹好的档距施工线,边铺油毡边顺次向四周铺钉。

拼花木地板的铺钉,应在毛地板已经铺好,清扫干净,并铺一层沥青油纸或纱布后即可进行。各块木板间要相互排紧,个别缝隙不得超过 0.5mm,所用钉子的长度应为面层板厚的 2~2.5 倍,在侧面斜向打入毛地板内,钉头不可露出。当木板长度小于

300mm时,侧面应钉2颗钉子;大于300mm时,侧面应钉3颗钉子。

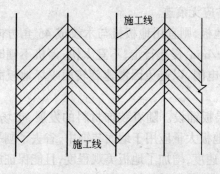

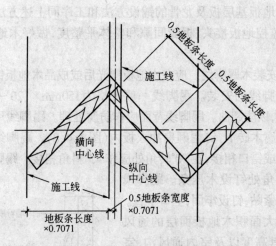

图1.4.7 人字纹施工线

镶边的方法有两种:一是用长条木地板圈边,再用短条木板横钉。镶边地板应做成榫接,末尾一块木地板不能榫接,应加胶粘接、钉牢。

(D)面层刨光、打磨。木地板铺设完毕,在板面弹出方格线,测好水平度。然后顺木纹方向用手工刨或刨地板机刨平、刨光,边刨边用直尺检查平整度。靠墙的地板应先行刨平、刨光,以便于安装踢脚线。

在刨光时,应注意消除板面刨痕、刨茬和毛刺。刨平后用细刨净面,检测平整度,最后用磨地板机顺木纹方向打磨,打磨厚度不宜超过 1.5mm,并应无痕迹。

如为拼花木地板,则宜用地板机与木纹成 45°角方向上刨光,转速要高于 5000r/min,慢速行走,不宜太快;停机不刨时,应先将地板机提起,再关电闸,以避免因慢速旋转而咬坏地板面;在边角处,可用手刨刨光。

(E)成品面层板铺设。随着装饰材料的发展,市场上各种成品规格的条形木地板大量应用于地面装饰中,省去了刨平、刷漆等工序,提高了施工速度,增加了地板美观程度,且能保证施工质量。成品面层地板基层板及龙骨的铺设方法和工序同上述方法。铺钉时,重点监控地板接头、板缝间隙和整体平整度,做好木地板成品保护。

(F)安装木踢脚线。应在木地板刨光后或成品木地板铺装完后进行木踢脚线的安装。踢脚线一般规格为150mm×(20~25)mm,背面开槽,以防翘曲。踢脚线背面应作防腐处理。踢脚线用钉钉牢于墙内防腐木砖上,钉帽砸扁冲入板内(图1.4.8)。踢脚线接缝处应作企口或错口相接,在 90°转角处应作 45°斜角相接。踢脚线与木板面层转角处钉设木压条。踢脚线要求与墙紧贴,钉设牢固,上口平直。

(G)大面积木地板面层的通风构造层,其高度以及室内通风沟、室外通风窗等均应符合设计要求。

(H)木地板面层的涂油和上蜡工序需待室内装饰工程完工后进行。

B.实铺木地面

(A)弹线、抄平。在基层上,按设计规定的龙骨间距和基层预埋件,弹出龙骨位置线。如预埋件漏

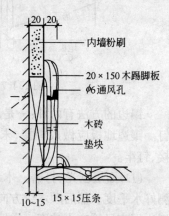

图1.4.8 木踢脚板

埋或偏差太大，应予修整。

（B）安装木龙骨。实铺木地面的龙骨，直接安放在基层上。当预埋件为∩型铁鼻子时，应将龙骨刻槽，槽深不大于10mm，用双股12号铁丝将龙骨绑在∩型铁鼻子上。在预埋铁件绑扎处龙骨的固定铁件为螺栓时，在螺栓处设调平垫木，固定好龙骨，拉水平线，用直尺调平龙骨上表面。当为双层龙骨时，待下层固定后，再用约75mm长的木螺丝将上层龙骨固定在下层龙骨上。

垫木应经过防腐处理。宽度要大于50mm，长度为龙骨底宽的1.5~2倍，龙骨调平后，在其两侧斜钉约65mm长的铁钉，将龙骨与垫木钉牢。

龙骨的接头，应采用平拉头，在每个接头的两侧，用长为600mm、厚25mm的双面木夹板夹住，每侧用3个约75mm长的钉子钉牢；亦可用6mm厚的扁铁双面钉夹。靠墙的龙骨端头，应距墙30mm，以利于防潮通风。

在铺钉龙骨时，应边钉边拉水平线或用长直尺抄平。个别不平处，如高差不大，可将龙骨上表面刨平。铺钉完毕，检查水平度合格后，按中距800mm钉剪刀撑或横撑。为防止钉剪刀撑时引起木龙骨走动，可在木龙骨上临时钉木拉条。剪刀撑应低于木龙骨表面，以便铺钉面板。在龙骨上面，每隔1m应凿开深10mm、宽20mm的通风小槽。

当龙骨间有保温隔音层时，应清除杂物，填入经干燥处理的松散保温隔音材料。保温隔音材料应低于龙骨上表面20~30mm。

（C）铺贴木地板。实铺木地板面的毛地板和面层板的铺钉与空铺木地板相同。

面层板的铺设可用钉接或粘结两种方式。当采用粘结式铺贴时，木地板的板块可以从厂家采购，也可以用单块条形木地板对缝拼接。

拼花木地板的拼缝形式，可采用裁口接缝或平头接缝，如图1.4.9所示。

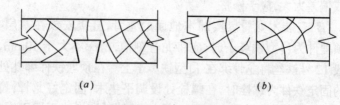

图 1.4.9 拼花木地板拼缝形式
(a)裁口接缝;(b)平头接缝

拼花木地板面层粘贴时,应根据设计图案和尺寸弹线。其施工线布置、弹施工线的方法,与前述钉接式拼花木地板相同。施工线弹好后,按所弹的施工线试铺,检查其拼缝高低、平整度、对缝位置等情况,经反复调整符合要求后,进行编号。施工时按编号从房间中间向四周铺贴。粘贴方法,有沥青玛琋脂粘贴和胶贴剂粘贴两种,在此不作详述。

③ 实木地板面层的施工质量验收应符合表 1.4.2 的规定。

2)强化复合木地板面层

强化复合木地板,是一种带装饰面层的复合板材,它铺设在地面上即可使用,免去了复杂的涂料工序,使地板施工更为简单快捷。强化复合木地板适用于卧室、起居室、客厅、餐厅等房间的相对湿度不大于 80% 的地面装饰;不适宜做浴室地面。常用规格为 1290mm×195mm×(6~8)mm,为企口型条板。

强化复合木地板采用悬浮法安装,可以直接铺装在木板、地毯、软 PVC 地面上,当地面为水泥砂浆、混凝土、地砖、硬 PVC 基层时,要铺设一层松软材料,如聚乙烯泡沫薄膜、波纹纸等,起防潮、减震隔声作用,并改善脚感。

强化复合木地板与地面基层之间不需用胶粘贴或用钉子固定,而是在地板块之间用胶粘结成整体。强化复合木地板地面构造如图 1.4.10 所示。

① 基本要求

A. 强化复合木地板面层的材料以及面层下的板或衬垫等材质应符合设计要求,并采用具有商品检验合格证的产品,其技术等级及质量要求均应符合国家现行标准的规定。

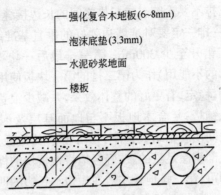

图 1.4.10 强化复合木地板地面构造

B．强化复合木地板所采用的木搁栅、垫木和毛地板等应做防腐、防蛀处理。

C．强化复合木地板面层铺设时，相邻条板端头应错开不小于 300mm 距离；衬垫层及面层与墙面之间应留不小于 10mm 的空隙。

② 操作要点

A．清理基层：地面必须干净、干燥、稳定、平整，达不到要求的应在安装前修补好。

B．弹线：复合木地板一般采取长条铺设，铺设前应将地面四周弹出垂直线，作为铺板的基准线，基准线距墙边不小于 10mm。

C．铺泡沫底垫：泡沫底垫是复合木地板的配套材料，一般规格为 3.3mm×1000mm（厚×宽）的卷材，按铺设长度裁切成块，比地面略短 1~2cm，留作伸缩缝。底垫平铺在地面上，不与地面粘结，铺设宽度应与面板相配合。底垫拼缝采用对接（不能搭接），留出 2mm 伸缩缝。

D．试铺：为了达到更好的效果，一般将地板条铺成与窗外光线平行的方向，在走廊或较小的房间，应将地板块与较长的墙壁平行铺设。

先试铺三排不要涂胶。排与排之间的长边接缝必须保持一条直线,所以第一排一定要对准墙边弹好的垂直基准线。地板块间的短接头相互错开至少 300mm,第一排最后一块板裁下的部分(小于 300mm 的不能用)作为第二排的第一块板使用,这样铺好的地板会更强劲、稳定,有更好的整体效果,并减少浪费。

E. 刷胶、铺板:复合木地板不与地面基层及泡沫底垫粘贴,只在地板块之间用胶粘结成整体。所以第一排地板只需在短头结尾处的凸榫上部满涂足量的胶,轻轻地将地板块的榫槽镶嵌到位,使结合严密即可,第二排地板块需在短边和长边的凹槽内涂胶,与第一排地板块的凸榫粘结,用小锤隔着垫木向里轻轻敲打,使二块板结合严密、平整,不留缝隙。板面余胶,用湿布及时揩擦干净,保证板面没有胶痕。

每铺完一排板,应拉线和用方尺进行检查,以保证铺板平直。

地板与墙面相接处,留出不小于 10mm 缝隙,用木楔子顶紧;地板条粘结后的 24h 内不要上人,待胶干透后把木楔子取出。

F. 安装踢脚线:安装前,先在墙面上弹出踢脚线上口水平线,在地板上弹出踢脚线厚度的铺钉边线。在墙内安装 60mm×120mm×120mm 防腐木砖,间距为 750mm;在防腐木砖外面钉防腐木块,再把踢脚线用圆钉钉牢在防腐木块上。圆钉长度为板厚的 2.5 倍,将钉帽砸扁冲入木板内。踢脚线的阴阳角交角处应割成 45°拼装。

踢脚线板面要垂直,上口呈水平线,在木踢脚线与地板交角处,可钉三角木条,以盖住缝隙。踢脚线的安装如图 1.4.11 所示。

G. 复合地板安装见图 1.4.12 所示。

③ 强化复合木地板面层的施工质量验收,应符合表 1.4.2 的规定。

3) 竹地板面层

① 基本要求

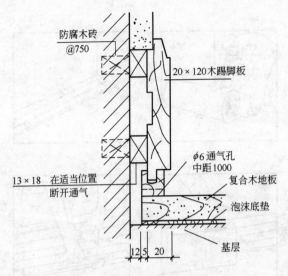

图1.4.11 木踢脚板安装

A. 竹子具有纤维硬、密度大、水分少、不易变形等优点。竹地板应经严格选材、硫化、防腐、防蛀处理,并采用具有商品检验合格证的产品,其技术等级及质量要求均应符合现行行业标准《竹地板》(LY/T 1573)的规定。

B. 竹地板面层所采用的材料,其技术等级和质量要求应符合设计要求。木搁栅、毛地板和垫木等应做防腐、防蛀处理。

C. 竹地板面层铺设的其他基本要求同1.4.3(3)1)①实木地板面层基本要求。

② 操作要点

A. 木搁栅和垫木的铺设

参照1.4.3(3)1)②A.中空铺木地板有关木搁栅和垫木铺设施工要点执行。

B. 毛地板铺设

若铺装双层地板,则下层的毛地板应按长地板下的毛地板施工要点执行。若铺装单层地板,则将竹材地板直接钉装在木搁栅上。

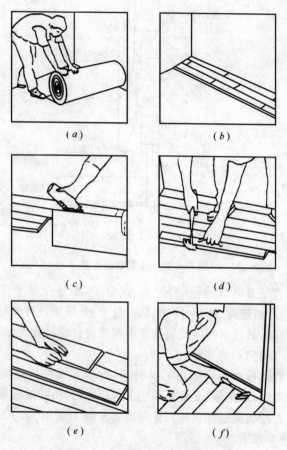

图1.4.12 复合地板安装示意图
(a)将泡沫底垫铺满整个区域；(b)从一角开始安装地板，并榫头朝外；
(c)向槽里抹胶，长面和两端都抹胶；(d)用榔头垫着木块向里轻轻敲打；
(e)最后一排按图示方法划线锯开；(f)最后安装踢脚线

C. 竹地板铺设

(A)竹地板铺设在毛地板上第一行应与墙面间留出12mm缝隙，用手枪钻钻孔，木螺丝固定，木螺丝长度为竹地板厚度的2~2.5倍，木螺丝帽应卧入竹地板0.5~1mm，用竹地板同色的油性腻子刮平。第二行拼装前应在榫槽处刷胶粘剂,拼装紧密,然后用手枪钻钻孔,木螺丝固定。

(B)单层竹地板与搁栅固定,应将竹地板用木螺丝固定在其下的每根搁栅上。拼装要求同上(A)项。

(C)竹地板榫槽处刷胶应均匀分布,不得漏涂,拼装要紧密无缝,拼装时挤出的胶粘剂应用湿棉丝擦净,面上不得有胶痕。

(D)整间房间内铺好的竹地板均应与四周墙面间留出12mm的缝隙,并用踢脚线或踢脚条封盖。踢脚线或踢脚条应固定在墙面上,不得用胶粘剂粘贴在竹地板上。

(E)竹地板固定应用的螺丝数量:竹地板长为600mm时不得少于2颗;长1000mm时不得少于3颗;长1500mm时不得少于4颗;长1500mm以上时的不得少于5颗。

(F)不铺竹地板时,毛地板的端头接缝应间隔错开,插入深度不得小于300mm。

(G)踢脚线或踢脚条与墙面及竹地板面紧靠,不得有缝隙,上沿应平直。

③竹地板面层的施工质量验收应符合表1.4.2的规定。

1.4.4 施工质量验收

木、竹面层铺设工程施工质量验收见表1.4.2。

木、竹面层铺设工程施工质量验收 表1.4.2

检验项目		标准	检验方法
实木地板面层	主控项目	实木地板面层采用的材质和铺设时的木材含水率必须符合设计要求。木搁栅、垫木和毛地板等必须做防腐、防蛀处理	观察检查,并检查材质合格证明文件及检测报告
		木搁栅安装应牢固、平直	观察、脚踩检查
		面层铺设应牢固;粘结无空鼓	观察、脚踩或用小锤轻击检查

续表

检验项目		标准	检验方法
实木地板面层	一般项目	实木地板面层应刨平、磨光,无明显刨痕和毛刺等现象;图案清晰,颜色均匀一致	观察、手摸和脚踩检查
		面层缝隙应严密,接头位置应错开、表面洁净	观察检查
		拼花地板接缝应对齐,粘、钉严密;缝隙宽度均匀一致,表面洁净,无溢胶	观察检查
		踢脚线表面光滑,接缝严密,高度一致	观察检查和用钢尺检查
		实木地板面层的允许偏差应符合表 1.4.1 的规定	
实木复合地板面层	主控项目	实木复合地板面层所采用的条材和块材,其技术等级及质量应符合设计要求。木搁栅、垫木和毛地板等必须做防腐、防蛀处理	观察检查,并检查材质合格证明文件及检测报告
		木搁栅安装应牢固、平直	观察、脚踩检查
		面层铺设应牢固;粘贴无空鼓	观察、脚踏或用小锤轻击检查
	一般项目	实木复合地板面层图案和颜色应符合设计要求,图案清晰,颜色一致,板面无翘曲	观察检查,用 2m 靠尺和楔形塞尺检查
		面层的接头应错开,缝隙严密,表面洁净	观察检查
		踢脚线表面光滑,接缝严密,高度一致	观察检查和用钢尺检查
		实木复合地板面层的允许偏差应符合表 1.4.1 的规定	
中密度(强化)复合地板面层	主控项目	中密度(强化)复合地板面层所采用的材料,其技术等级及质量应符合设计要求。木搁栅、垫木和毛地板等应做防腐、防蛀处理	观察检查,并检查材质合格证明文件及检测报告
		木搁栅安装应牢固、平直	观察、脚踩检查
		面层铺设应牢固	观察、脚踏检查
	一般项目	中密度(强化)复合地板面层图案和颜色应符合设计要求,图案清晰,颜色一致,板面无翘曲	观察检查,用 2m 靠尺和楔形塞尺检查
		面层的接头应错开,缝隙严密,表面洁净	观察检查
		踢脚线表面应光滑,接缝严密,高度一致	观察和钢尺检查
		竹地板面层的允许偏差应符合表 1.4.1 的规定	

1.4.5 常见质量缺陷与预控措施

木、竹面层工程常见质量缺陷与预控措施见表1.4.3。

木、竹面层工程常见质量缺陷与预控措施 表1.4.3

项目	质量缺陷	预控措施
实木地板面层	行走时有响声	(1)严格按照施工规范规定,控制好木材的含水率。做好收料检验,正确储藏,使用测定。 (2)严格按照设计的木搁栅截面、间距、稳固方法的要求进行隐蔽项目的监督和检查。 (3)严格按照规范标准选用铁钉,钉的数量要足够,钉入方向正确,钉合牢固。 (4)在铺设木搁栅、毛地板、木板面层等工序时,严格检验,控制质量,如有达不到标准的工序坚决返工
实木地板面层	拼缝不严	(1)企口榫应铺平,在顺板方向前侧钉扒钉,先用楔块顶紧,并使缝隙一致再钉子。 (2)在施工前对板材按标准严格挑选
实木地板面层	表面不平整	(1)严格检查基层工序,薄木板面层的基层表面平整度应不大于2mm。 (2)预埋件绑扎钢丝或螺栓紧固后,其木搁栅顶面应用水平仪抄平;如不平,应用垫木调整。 (3)木板面层下的木搁栅上,每档应做通风小槽,保持木材的干燥;保温(隔音)层的填料必须干燥,以防木板面层受潮膨胀起拱。 (4)控制木板面层的含水率,保证木板面层的含水率在标准范围内
中密度(强化)复合地板面层	行走时松软、有响声	(1)严格按照施工规范规定,控制好木材的含水率,做到收料检验,正确储藏,使用时测定。 (2)严格按照设计的木搁栅截面、间距、稳固方法的要求进行施工,加强对隐蔽项目的监督和检查。 (3)严格按照施工规范要求,选用复合木地板的材料。 (4)在铺设木搁栅、复合木地板时,严格检验,控制质量,如有达不到标准的工序坚决返工
中密度(强化)复合地板面层	表面不平整、起拱	(1)架空铺设时,基层表面的平整度应不大于2mm。在混凝土地面铺设应先进行找平处理。 (2)施工时,复合地板与墙面、复合地板与复合地板之间应按标准留出伸缩缝。 (3)架空铺设时,预埋件绑扎钢丝或螺栓紧固后,木搁栅顶面应用水平仪抄平;如不平,应用垫木调整。 (4)复合木地板面层施工前,基层干燥程度应达到85%以上,可采取在基层上涂刷3~5mm厚防水材料加以保护

2. 抹灰工程

抹灰是用砂浆等抹灰材料涂抹在房屋的墙、顶等表面上的一种装饰施工工艺；其作用是保护基体，使基体平整光洁，达到清洁美观的目的。通常把对室外的抹灰叫外抹灰，对室内的抹灰叫内抹灰。抹灰工程按使用材料和装饰效果，分为一般抹灰和装饰抹灰两大类。

2.1 一般抹灰

一般抹灰，常用石灰砂浆、水泥混合砂浆、水泥砂浆、聚合物水泥砂浆和麻刀石灰、纸筋石灰、石膏灰等材料。

2.1.1 施工原则

（1）按施工组织设计确定的施工顺序施工。一般采取自上而下，先室外后室内的顺序进行。

（2）明确抹灰等级和工序要求。一般抹灰，分为普通抹灰和高级抹灰两个等级。普通抹灰：做法是一遍底层，一遍中层，一遍面层三遍成活；高级抹灰：做法是一遍底层，数遍中层，一遍面层多遍成活。抹灰层组成见图 2.1.1 所示。

（3）各抹灰层厚度应根据基层材料、砂浆种类、墙体表面平整度和抹灰质量要求以及各地的气候情况决定。每遍抹灰厚度应符合表 2.1.1 要求。

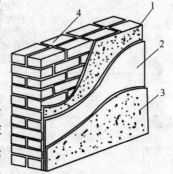

图 2.1.1 抹灰层组成
1—底层；2—中层；3—面层；4—基体

一般抹灰的每遍抹灰厚度要求　　表2.1.1

砂浆种类	每遍厚度（mm）
水泥砂浆	5~7
石灰砂浆、水泥混合砂浆	7~9
麻刀灰	不大于3
纸筋石灰、石膏灰	不大于2

抹灰层的平均总厚度应视具体部位、基层材料和设计要求的等级标准而定。平均总厚度应符合表2.1.2要求。

抹灰层平均总厚度要求　　表2.1.2

部位	基层材料及等级标准	抹灰层平均总厚度不大于(mm)
内墙	普通抹灰	20
	高级抹灰	25
顶棚	板条、现浇混凝土	15
	预制混凝土	18
	金属网	20
外墙		20
外墙勒脚及突出墙面部分		25
石墙		35

当抹灰总厚度≥35mm时，应采取加强措施。

（4）室内平整光滑的混凝土墙面、顶棚表面，如平整度较好，垂直偏差小，其表面可以不抹灰，用腻子分遍刮平，待各遍腻子粘结牢固后，再进行表面刷浆。

（5）当屋面防水工程及上层楼面抹灰尚未完成，且在进行室内抹灰时，必须采取保护措施。

（6）抹灰层与基层之间及各抹灰层之间必须粘结牢固。

（7）当要求抹灰层具有防水、防潮功能时，应采用防水砂浆。

(8) 各种砂浆抹灰层,在凝结前应防止快干、水冲、撞击、振动和受冻,在凝结后应采取措施防止玷污和损坏。

(9) 水泥砂浆抹灰层应在湿润条件下养护。

(10) 后道工序施工前,应对前一道工序进行检查验收,验收通过后方可进行下道工序施工。

(11) 冬期施工时,抹灰砂浆应采取保温措施。涂抹时,砂浆温度不宜低于5℃。当气温低于5℃时,室外抹灰所用的砂浆可掺入混凝土防冻剂,其掺入量由试验确定。涂料墙面的抹灰砂浆中,不得掺入含氯盐的防冻剂。冬期施工的抹灰层可采取加温措施加速干燥。采用热空气干燥时,应设通风设备排除湿气。

2.1.2 材料质量要求及施工作业条件

(1) 材料质量要求

抹灰工程所用材料的品种和性能应符合设计要求。水泥应具有产品合格证、试验报告。使用前应对其凝结时间和安定性进行复验,合格后方准使用。抹灰用的石灰膏的熟化期不应少于15天,罩面用的磨细石灰粉的熟化期不应少于3天。砂浆配合比应符合设计要求。

(2) 施工作业条件

1) 抹灰施工前,建设(监理)、施工单位应对基体或基层的质量进行检查验收(单位工程主体结构质量检查验收时,设计单位技术负责人应参加),合格后才能进行抹灰施工。对既有建筑进行抹灰前,应对基层进行处理并达到工程质量验收规范的相关规定。

2) 外墙抹灰前,应先安装好门窗框、护栏、预埋件等,并检查其安装位置是否正确,与墙体连接是否牢固。对门窗框与立墙交接处的缝隙用1:3水泥砂浆或水泥混合砂浆(加少量麻刀)分层嵌塞密实。对脚手架眼等墙体留洞应用砖添加砂浆或用细石混凝土嵌实;内墙抹灰之前,应检查门窗框安装是否符合要求,门窗框与墙交接处的缝隙处理方法同上。为防止损坏门框,应钉设木板条或铁皮予以保护。

3) 室外抹灰,外墙窗台、窗楣、雨篷、阳台、压顶和突出腰线等,上面应做流水坡度,下面应做滴水槽,滴水槽的深度和宽度均不应小于10mm,并整齐一致(图2.1.2)。除木门窗外,其他门窗框外侧与抹灰层交界处应留出5～8mm注密封胶的凹槽;室内抹灰,应待上下水、燃气等管道安装调试好后进行,抹灰前必须将管道穿越的墙洞和楼板洞用1:2水泥砂浆填嵌密实。散热器和密集管道等背后的墙面抹灰,应在散热器和管道安装前进行,抹灰面接槎应平顺。

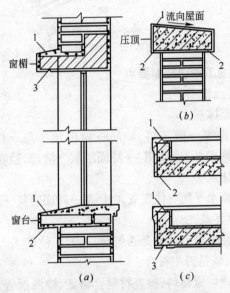

图2.1.2 流水坡度、滴水线(槽)示意图
(a)窗洞;(b)女儿墙;(c)雨篷、阳台、檐口
1—流水坡度;2—滴水线;3—滴水槽

4)不同墙体材料的相接处,如砖墙、混凝土墙与木隔墙等相接处,应先铺钉金属网后再抹灰,搭接宽度从缝边起两侧均不小于100mm(图2.1.3)。

5)抹灰前应将基体表面的油渍、灰尘、污垢等清除干净,对表面光滑的基体进行毛化处理,对凹凸不平太多的部位应事先进行凿平并用砂浆进行补齐。对基体提前一天浇水湿润。

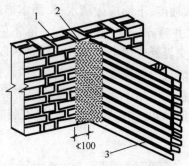

图 2.1.3 砖木交接处基体处理
1—砖砂浆(基体);2—钢丝网;3—板条墙

2.1.3 施工管理控制要点

(1) 工艺流程

1) 内墙面抹灰

找规矩、弹线→做灰饼、冲筋→做阳角护角→抹底灰、中层灰→抹窗台、踢角板(或墙裙)→抹面层灰→清理、验收。

2) 顶棚抹灰

找规矩、弹水平线→抹底灰、中层灰→抹面层灰→清理、验收。

(2) 管理要点

1) 检查施工管理体系是否健全,关键岗位技术人员是否熟知岗位职责,人、证是否相符合。

2) 对照进场原材料,检查材料合格证、检测报告、材料验收单是否对应、一致。须进行复验的材料,是否经过见证封样送检,有无准许使用的材料检验报告。

3) 检查磅称、砂浆搅拌机等计量工具和施工设备是否完好,施工过程有无记录。

4) 检查抹灰砂浆拌制是否按试验配比制作,砂浆拌合时间应满足拌合料均匀和和易性的要求。水泥砂浆是否在初凝前使用完毕。

5) 检查大面积施工抹灰是否与样板间要求相一致,施工过程是否按技术交底要求进行操作。

6) 检查施工技术人员是否随施工同步及时收集和整理技术资料。

7) 施工过程中,应按工艺操作要点做好工序质量监控。

(3) 控制要点

1) 内墙面抹灰操作要点

① 找规矩、弹线。首先根据设计图纸要求的抹灰等级或确定的样板间施工方案,按照基层表面平整、垂直情况找好规矩,即:四角规方、横线找平、立线吊直、弹出准线、墙裙线、踢脚线。经检查符合要求后确定抹灰厚度。

② 灰饼、标筋(冲筋)。为控制抹灰层厚度和平整度,必须用与抹灰材料相同的砂浆先做出灰饼和冲筋。

先用托线板检查墙面平整度和垂直度,大致决定抹灰厚度(最薄处一般不小于 7mm),再在墙的上角各做一个标准灰饼(遇有门窗口垛角处要补做灰饼),大小为 50mm 见方,厚度以墙面平整与垂直情况决定,然后根据这两个灰饼用托线板或挂垂线做墙面下角的两个标准灰饼(高低位置一般在踢脚线上口),厚度以垂线为准;再在灰饼左右墙缝里钉钉子,按灰饼厚度拴上小线挂通长,并沿小线每隔 1.2~1.5m 上下加做若干标准灰饼。待灰饼稍干后,在上下灰饼之间抹上宽约 100mm 的砂浆冲筋,用木杠刮平,厚度与灰饼相平(图 2.1.4),待稍干后即可进行底层抹灰。

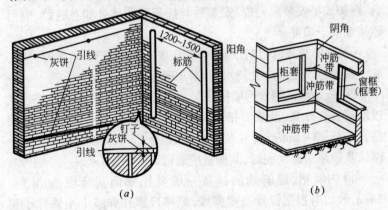

图 2.1.4 挂线做标准灰饼及冲筋
(a)灰饼、标筋(冲筋)位置示意;(b)水平横向标筋示意

③ 做阳角护角。室内墙面、柱面和门洞口的阳角护角做法应符合设计要求。如设计无要求,一般采用1:2水泥砂浆做暗护角,其高度不应低于2m,每侧宽度不小于50mm。

④ 基层为混凝土墙时,抹灰前应凿毛或薄刮一层素水泥浆。在加气混凝土或粉煤灰砌块基层抹灰时,应先洒水湿润,然后刷108胶水泥浆一道。

⑤ 在加气混凝土基层上所抹底灰的强度宜与加气混凝土强度相近,中层灰的配合比亦宜与底灰基本相同。底灰宜用粗砂,中层灰和面层灰宜用中砂。

⑥ 采用水泥砂浆面层时,须将底子灰表面扫毛或划出纹道,面层应注意接槎,表面压光不得少于2遍,罩面后次日进行洒水养护。

⑦ 在分层抹灰中,应使底层抹灰后间隔一定时间,让其晾干和水分蒸发后再涂抹后一层。水泥砂浆和水泥混合砂浆的抹灰层,应待前一层抹灰凝结后再抹后一层砂浆;石灰砂浆的抹灰层,应待前一层晾干至七、八成后,方可涂抹后一层。涂抹罩面灰应两遍成活,厚度约2mm。要注意水泥砂浆不能抹在混合砂浆或石灰砂浆层上,罩面石灰膏不得抹在水泥砂浆层上;抹灰的面层应在窗台、踢脚线等安装前完成,安装后与抹灰面相接处如有缝隙,应用砂浆或腻子填补。

⑧ 纸筋灰或麻刀灰罩面时,宜在底子灰干至五、六成时进行,底子灰如过于干燥应先浇水湿润,罩面分两遍压实赶光。

⑨ 板条墙或钢丝网墙抹底层和中层灰时,宜用麻刀石灰砂浆或纸筋石灰砂浆,砂浆要挤入板条或钢丝网缝隙中,各层分遍成活,每遍厚3~6mm,待底灰达七、八成干后再抹第二遍灰。钢丝网抹灰砂浆中掺水泥时,其掺量应通过试验确定。

⑩ 内墙裙、踢脚线的抹灰一般要比罩面灰墙面凸出3~5mm,收口时根据设计高度弹线,把靠尺靠在弹线上用铁抹子切齐,收边清理。

⑪ 采用机械喷涂抹灰时,按工艺要求把砂浆、运输和喷涂有

机地衔接起来,搅拌均匀的砂浆经振动筛进入集料斗,再由灰浆泵吸入经输送管道至喷枪,然后经压缩空气加压,砂浆由喷枪口喷出,喷涂于墙面(或顶棚上),再经人工找平、搓实即完成底子灰的全部施工。

2) 顶棚抹灰控制要点

① 找规矩、弹水平线。抹灰前,根据墙面 500mm 水平控制线,向上在靠近顶棚四周的位置弹线,作为顶棚抹灰水平线。

② 抹底灰。在顶棚湿润的情况下,先刷 108 胶素水泥浆一道,随刷随打底,厚约 5mm,用力压实,随后用刮尺刮平,并用木抹子搓毛。

③ 抹中层灰时,厚约 6mm 左右,用刮尺刮平,并用木抹子搓平。

④ 面层抹灰,要待第二遍灰干至六、七成时才进行,最后要达到压实、压光的程度。

2.1.4 施工质量验收

一般抹灰工程施工质量验收见表 2.1.3。

一般抹灰工程施工质量验收　　　　表 2.1.3

检验项目	标　　　　准	检 验 方 法
主控项目	抹灰前基层表面的尘土、污垢、油渍等应清除干净,并应洒水湿润	检查施工记录
	抹灰所用材料的品种和性能应符合设计要求。水泥的凝结时间和安定性复验应合格。砂浆的配合比应符合设计要求	检查产品合格证书、进场验收记录、复验报告和施工记录
	抹灰应分层进行。当抹灰总厚度大于或等于 35mm 时,应采取加强措施。不同材料基体交接处表面的抹灰,应采取防止开裂的加强措施,当采用加强网时,加强网与各基体的搭接宽度不应小于 100mm	检查隐蔽工程验收记录和施工记录
	抹灰层与基层之间及各抹灰层之间必须粘结牢固,抹灰层间无脱层、空鼓,面层应无爆灰和裂缝	观察检查,用小锤轻击检查,检查施工记录

续表

检验项目	标　　　　准	检验方法
一般项目	普通抹灰表面应光滑、洁净、接槎平整，分格缝应清晰。高级抹灰表面应光滑、洁净、颜色均匀、无抹纹，分格缝和灰线应清晰美观	观察检查，手摸检查
	护角、孔洞、槽、盒周围的抹灰表面应整齐、光滑；管道后面的抹灰表面应平整	观察检查
	抹灰层的总厚度应符合设计要求，水泥砂浆不得抹在石灰砂浆层上，罩面石膏灰不得抹在水泥砂浆层上	检查施工记录
	抹灰分格缝的设置应符合设计要求，宽度和深度应均匀，表面应光滑，棱角应整齐	观察检查，尺量检查
	有排水要求的部位应做滴水线(槽)。滴水线(槽)应整齐顺直，滴水线应内高外低，滴水槽的宽度和深度均不应小于10mm	观察检查，尺量检查
	一般抹灰工程质量的允许偏差和检验方法应符合表2.1.4的规定	

一般抹灰的允许偏差和检验方法　　　　表 2.1.4

序号	项目	允许偏差(mm)		检验方法
		普通抹灰	高级抹灰	
1	立面垂直度	4	3	用2m垂直检测尺检查
2	表面平整度	4	3	用2m靠尺和塞尺检查
3	阴阳角方正	4	3	用直角检测尺检查
4	分格条(缝)直线度	4	3	拉5m线，不足5m拉通线，用钢直尺检查
5	墙裙、勒脚上口直线度	4	3	拉5m线，不足5m拉通线，用钢直尺检查

注：1. 普通抹灰，本表第3项阴角方正可不检查；
　　2. 顶棚抹灰，本表第2项表面平整可不检查，但应平顺。

2.1.5 常见质量缺陷与预控措施

一般抹灰工程常见质量缺陷与预控措施见表2.1.5。

一般抹灰工程常见质量缺陷与预控措施　　表2.1.5

项目	质量缺陷	预 控 措 施
内墙抹灰	空鼓、脱层、裂缝	(1) 抹灰前对凹凸不平墙面剔凿平整,凹陷处用1:3水泥砂浆找平。 (2) 基层表面的油污、油漆、隔离剂等,抹灰前应清除干净。 (3) 基层抹灰前浇水要浇透,常温下一般在前一夜浇水两遍。 (4) 砂浆的和易性、保水性差时,可掺入适量的石灰膏或加气剂、塑化剂。 (5) 抹灰要分层进行。 (6) 水泥砂浆、混合砂浆、石灰膏等不能前后覆盖,混杂涂抹。 (7) 底层砂浆终凝前不准抢抹第二层砂浆。 (8) 不同基层材料交汇处应铺钉钢板网,钢板网每边搭接长度应大于100mm。 (9) 门窗框必须用水泥砂浆填嵌密实,嵌塞应分遍进行
内墙抹灰	起泡、开花（爆灰）、抹纹明显	(1) 压光应在底子灰收水后终凝前进行。 (2) 用纸筋石灰罩面时,须待底子灰达五、六成干后进行。 (3) 石灰膏熟化时间应≥15d,罩面用的磨细石灰粉熟化时间应≥3d。 (4) 对已"开花"的墙面一般待未熟化石灰颗粒完全熟化膨胀后再开始处理。处理方法:挖去"开花"松散表面,重新用腻子刮平后喷浆或涂刷灰浆。 (5) 底层过干时浇水湿润,薄薄地刷一层纯水泥浆后再进行罩面。罩面压光时若发现面层灰太干,不易压光,应洒水后再压光。
外墙抹灰	开裂、脱落	(1) 见本表内墙抹灰"空鼓、脱层、裂缝的预控措施(1)～(3)"。 (2) 原材料应符合要求。 (3) 严格控制砂浆配合比。抹灰砂浆必须具有良好的和易性和保水性能,水泥砂浆保水性能差时,可掺入石灰膏、粉煤灰或塑化剂等,以改善其保水性。 (4) 长度较长（如檐口、勒脚等）和高度较高（如柱子、墙垛、窗间墙等）的室外抹灰,为了不显接槎及防止抹灰砂浆收缩开裂,应设分格缝。 (5) 夏季抹灰应避免在日光暴晒下进行。罩面灰成活后第二天应浇水养护,并坚持养护7天以上
外墙抹灰	接槎明显、色泽不均	(1) 外墙抹灰设计为毛面时,要掌握干湿程度,先以圆圈形搓抹,然后上下搓刮,方向要一致。 (2) 接槎位置应留在分格条处、腰线处、阴阳角处或水落管等处,阳角处抹灰应用反贴八字尺的方法操作。 (3) 外墙抹灰的面层灰中使用原材料应一致,水泥应用同一品种、同一强度等级、同一批量,且应留有余量;砂子亦应用同产地、同批量,并留有余量,且须有专人统一配料

续表

项目	质量缺陷	预 控 措 施
外墙抹灰	分格缝不平、缺棱错缝	(1) 拉通线弹出水平分格线,以保持平直度,竖向分格缝应统一吊线分块。 (2) 分格条宜使用变形小的材质,木质分格条应隔夜平放在水中浸泡。 (3) 水平分格条一般应粘在水平线下边,竖向分格条一般应粘在垂直线左侧,以便检查,防止发生错缝和不平现象。分格条两侧可用纯水泥浆固定,在水平线处应先抹下侧面;当天抹罩面灰起时,两侧可抹成45°坡,否则应抹成60°坡,且须待面层水泥砂浆达到一定强度后才能起出分格条
顶棚抹灰	混凝土顶棚抹灰空鼓、开裂	(1) 现浇或预制混凝土楼板板底表面必须清理干净。 (2) 抹灰前一天应喷水湿润,抹灰时再洒水一遍。 (3) 预制楼板要安装平整,板底高差控制在5mm以内。 (4) 预制楼板的安装必须拉开一定宽度的缝隙,并将其清扫冲洗干净后,加设钢筋或按设计要求进行处理;用细石混凝土浇捣时,应密实。 (5) 现浇楼板底面凸的地方要凿平,凹的地方用1:3水泥砂浆抹平,底层抹灰厚度应控制在5mm内
	板条顶棚抹灰空鼓、开裂、脱落	(1) 顶棚的木龙骨、木板条应采用烘干或风干的杉木、红松、白松等变形小的木材,含水率不应大于12%。 (2) 用料规格、构造节点等应按设计图纸施工。 (3) 龙骨及吊筋必须连接牢固,间距要均匀、平直,接头要错开。 (4) 灰板条的间隙为7~10mm,端头应留3~5mm,板条接头要错开,距离不小于500mm。 (5) 顶棚骨架完成后应进行中间检查,做好隐蔽验收。 (6) 顶棚抹灰的水灰比应尽量小,宜采用纸筋石灰浆或麻刀灰砂浆。 (7) 顶棚抹灰完成后,应关闭门窗,使抹灰层在潮湿空气中养护。 (8) 顶棚抹灰开裂后,可在裂缝表面用胶贴上一条20~30mm宽的尼龙纱布,再刮腻子喷浆或涂刷涂料

续表

项目	质量缺陷	预控措施
顶棚抹灰	钢板网顶棚抹灰空鼓、开裂	(1) 钢板网顶棚抹灰前应进行隐蔽验收,合格后方准抹灰,具体要求如下。 (2) 吊筋必须牢固,大龙骨间距一般不大于1500mm,小龙骨间距不大于400mm,顶棚上宜加一层$\phi 4\sim 6$mm冷拉钢筋,间距不大于160～200mm,钢板网搭接长度为30～50mm,用22号钢丝绑扎在钢筋上以防止回弹。 (3) 顶棚应按房间短向尺寸起拱,4m内为1/200,4m以上为1/250,四周应水平。 (4) 顶棚表面平整度应控制在8mm以内。 (5) 钢板网顶棚抹灰,底层与找平层采用基本相同的砂浆,一般情况下不宜使用混合砂浆,宜使用纸筋或麻刀石灰砂浆。若必须使用混合砂浆时,水泥用量不宜太大。抹灰后,宜关闭门窗,在潮湿空气的环境中养护。 (6) 当顶棚面积较大时,应采用加麻丝束的做法,以加强抹灰层的粘结强度。

2.2 装饰抹灰

装饰抹灰相对于一般抹灰而言更具有装饰效果,它是采用装饰性强的材料或加入各种颜料,采用不同的处理方法使建筑物或基体表面达到某种特定色调或光泽的一种施工工艺。装饰抹灰可用于室内外装饰,在装饰工程中通常用于外墙面装饰。装饰抹灰的种类很多,其底层多为1:3水泥砂浆打底,面层可为水刷石、斩假石、干粘石、假面砖等。本节将清水墙砌体勾缝列入装饰抹灰一并介绍。

2.2.1 施工原则

(1) 外墙抹灰应由屋檐开始自上而下进行,在檐口、窗台、阳台、雨罩等部位,应先做好泛水和滴水线(槽)。

(2) 装饰抹灰所用材料的产地、品种、批号应力求一致。同一墙面所用色调的砂浆,要做到统一配料,以求色泽一致。施工前应一次将材料干拌均匀过筛,并用纸袋储存,用时加水搅拌。

(3) 抹灰应分层进行。当抹灰总厚度≥35mm,以及不同材料基体交接处表面的抹灰,应采取防止开裂的加强措施。

(4) 尽量做到同一墙面不接槎,必须接槎时,应注意把接槎位置留在阴阳角或水落管处。室外抹灰为了不显接槎,防止开裂,一般应按设计尺寸分格处理。

(5) 墙面分格时,底层应分格弹线,粘分格条时要深度均匀、四周交接严密、横平竖直,接槎要齐,不得有扭曲现象。

(6) 抹灰层与基层之间及各抹灰层之间必须粘结牢固,抹灰层应无脱层、空鼓,面层应无爆灰和裂缝。

(7) 水刷石施工时应采取措施防止污染环境。

2.2.2 材料质量要求及施工作业条件

(1) 材料质量要求

装饰抹灰面层的厚度、颜色、图案以及所用材料的品种性能应符合设计要求。砂浆配合比应符合设计要求。抹灰面层材料配合比,应先做样板最后确定比例。

(2) 施工作业条件

1) 柱子、垛子、墙面、檐口、门窗口、勒脚等处,都要在抹灰前在水平和垂直两个方向拉通线,找好规矩。

2) 抹底子灰前基层应先浇水湿润,底子灰表面应扫毛或划出纹道,经养护一、二天后再罩面,次日浇水养护。夏季应避免在日光暴晒下抹灰。

用于加气混凝土基层的底灰宜采用混合砂浆。一般不宜粘贴较重(如面砖、石料等)的饰面材料;除护角、勒脚等,不宜大面积采用水泥砂浆抹灰。

3) 加气混凝土外墙面不平处,可先刷20%的108建筑胶水泥浆,再用1:1:6混合砂浆修补。为了保证饰面层与基层粘结牢固,施工前应先在基层喷刷1:3(胶:水)108建筑胶水溶液一遍。

4) 抹灰施工前,对基层的质量检查验收同"2.1.2 一般抹灰施工作业条件"。

2.2.3 施工管理控制要点

(1) 工艺流程

1) 水刷石

中层灰验收→弹线、粘贴分格条→抹面层石粒浆→刷洗面层→起分格条→浇水养护→清理、验收。

2) 干粘石

中层灰验收→弹线、粘贴分格条→抹粘结层砂浆→撒石粒压平→起分格条→浇水养护→清理、验收。

3) 清水砌体勾缝

放线、找规矩→开缝、修补→塞堵门窗口缝及脚手眼等→墙面浇水→勾缝→扫缝→找补漏缝→清理墙面。

(2) 管理要点

1) 检查施工管理体系是否健全,关键岗位技术人员是否熟知岗位职责,人、证是否相符合。

2) 对照进场原材料,检查材料合格证、检测报告、材料验收单是否对应、一致。须进行复验的材料,是否经过见证抽样送检,有无准许使用的材料检验报告。

3) 检查磅称、砂浆搅拌机等计量工具和施工设备是否完好,施工过程有无记录。

4) 检查抹灰砂浆的拌制是否按试验配比进行,砂浆拌合时间应满足拌合料均匀及和易性的要求。水泥砂浆是否在初凝前使用完毕。

5) 检查大面积施工抹灰是否与样板间要求相一致,施工过程是否按技术交底要求进行操作。

6) 检查施工技术人员是否随施工同步及时收集、整理技术资料。

7) 施工过程中,应按工艺操作要点做好工序质量监控。

(3) 控制要点

1) 水刷石

① 水刷石底层和中层抹灰操作要点与一般抹灰相同,检查验收合格后将抹好的中层灰表面划毛。

② 中层砂浆抹好后,按设计要求在中层砂浆表面弹出分格

线,并按线粘贴分格条(木分格条应事先用水浸透)。分格条应保持横平竖直,大面平整和交角严密。分格条在面层完工后适时取出。

③ 中层砂浆达到六、七成干时(终凝之后),根据中层抹灰的干燥程度浇水湿润。抹面层水泥石粒浆前,刮水灰比为 0.37～0.40 的水泥浆一遍,随即用钢抹子抹水泥石粒浆,边抹边拍打揉平。

④ 为使石粒颜色协调或在气候炎热季节避免面层砂浆凝结太快,便于操作,可在水泥石粒浆中掺加石灰膏,但掺量应控制在水泥用量的 50% 以内,水泥石粒浆或水泥石灰膏石粒浆稠度应为 50～70mm。石粒使用前要认真过筛并用清水洗净。

⑤ 面层开始凝固时即用刷子蘸水刷掉(或用喷雾器喷水冲掉)面层水泥浆,至石粒外露。冲刷时注意棱角的完整与方正。如表面的水泥浆已结硬,可用 5% 稀盐酸溶液洗刷,然后用水冲净。

⑥ 采用水刷小豆石时,根据各地地方材料的不同,可采用河石、海滩白色或浅色豆石,粒径一般在 8～12mm 左右,其操作方法与水刷石粒相同。

⑦ 水刷砂,一般选用粒径为 1.2～2.5mm 的粗砂,配合比是水泥:石灰膏:砂子 = 1:0.2:1.5。砂子须事先过筛洗净。有的为避免面层过于灰暗,可在粗砂中掺入 30% 的白石砂或石英砂。

⑧ 水刷石屑,一般选用加工彩色石粒下脚料,面层的配合比及施工方法与水刷砂相同。

⑨ 完成的水刷石,洒水养护不少于 7 天,分格条应在养护阶段轻轻取出。

2) 手工干粘石

① 干粘石装饰抹灰的基体处理方法与一般外墙抹灰方法相同。

② 打底后按设计要求弹线分格,贴分格条。粘分格木条的方法与水刷石相同。但粘木条时粘结高度应不超过面层厚度,否则

不易使面层平整。

③ 中层砂浆表面应先用水润湿,并刷水泥浆(水灰比为0.40~0.50)一遍,随即涂抹水泥砂浆或聚合物水泥砂浆粘结层。粘结层厚度一般为4~6mm。

④ 石粒粒径为4~6mm,用前应过筛,去掉粉末杂质并洗净晾干,盛在木框底部钉有16目筛网的托盘内。

⑤ 甩石粒操作时,一手拿盛料盘,一手拿木拍,用木拍从盛料盘铲石粒,反手往墙上甩。注意应将石料甩得均匀,扩散成密布的薄片。

甩石粒的顺序是,先上部及左右边角处,下部因砂浆水分大,宜最后甩。甩时要用托盘承接掉下来的石子,粘结上的石子要随即用铁抹子将石子拍入粘结层1/2深,要求拍实拍平,但不得把灰浆拍出,影响美观待有一定强度后洒水养护。

⑥ 干粘石施工24小时后便可淋水冲洗,将石粒表面粉尘冲洗干净,以保证粘石质量,使饰面洁净。

3) 机喷干粘石

① 当中层砂浆刚要收水时(用手轻压有凹痕并表面看不出水印),即可抹粘结层。

② 粘结层抹好后随即进行喷石粒,并将石粒拍实拍平。喷石粒时,喷头要对准墙面并保持距墙面300~400mm。喷石粒采用气压以$0.68~0.8N/mm^2$为宜。喷施过程,要做好喷石粒时散落下来的石粒回收工作。

③ 机喷干粘石的做法,亦可用于机喷石屑和机喷砂。

抹粘结砂浆前,为降低基层吸水量,便于喷粘石屑,先喷或刷胶水溶液进行基层处理。根据设计要求弹线,粘或钉分格条。

喷粘结砂浆时,按预先分格逐块喷抹,厚度为2~3mm。

喷抹粘结砂浆后,适时用喷斗从左向右,自下而上喷粘石屑。喷石屑时,喷嘴应与墙面垂直,距离300~500mm。石屑在装斗前应稍加水湿润,以避免粉尘飞扬,保证粘结牢固。

机喷砂操作要点与机喷石屑相同。

4）斩假石

① 斩假石墙面在基体处理后,即涂抹底层及中层砂浆。底层与中层表面应划毛。涂抹面层砂浆前,要认真浇水湿润中层抹灰,并满刮水灰比为 0.37~0.40 的纯水泥浆一道,按设计要求弹线分格,粘分格条。

② 斩假石面层砂浆一般用白石粒,并应统一配料干拌均匀备用。

③ 罩面时一般分两次进行。先薄薄地抹一层砂浆,稍收水后再抹一遍砂浆用刮尺赶平,使砂浆表面与分格条齐平。收水后再用木抹子打磨压实。

④ 面层抹灰完成后,不能受烈日暴晒或遭冰冻。养护时间常温下一般为 2~3 天。

⑤ 面层斩剁时,应先进行试斩,以石子不脱落为准。

⑥ 斩剁前,应先弹顺线,相距约 100mm,按线操作,以免剁纹跑斜。斩剁时必须保持墙面湿润,如墙面过于干燥,应予蘸水,但斩剁完部分,不得蘸水。

5）清水墙砌体勾缝

① 堵塞好门窗洞口,脚手眼等。

② 门窗口与墙体连接的缝隙要认真塞满压实。

③ 将缝楂接好,反复勾压,清理干净,然后认真检查,发现问题要及时处理。

④ 将缝划至深浅一致。

⑤ 勾缝前要认真检查,将窄缝、瞎缝进行开缝处理,不得遗漏。

⑥ 一段作业面完成后,要认真检查有无漏勾、丢缝。尤其注意门窗旁侧面,发现漏勾的应及时补勾。

⑦ 横竖缝交接处应平顺,深浅一致,无丢缝,水平缝、立缝应横平竖直。

⑧ 每段墙缝勾好后应及时清扫墙面,以免时间过长、灰浆过硬,难以清除,造成污染。

2.2.4 施工质量验收

装饰抹灰工程施工质量验收见表2.2.1。

装饰抹灰工程施工质量验收 表2.2.1

检验项目		标准	检验方法
装饰抹灰工程	主控项目	抹灰前基层表面的尘土、污垢、油渍等应清除干净,并应洒水润湿	检查施工记录
		装饰抹灰所用材料的品种和性能应符合设计要求。水泥的凝结时间和安定性复验应合格。砂浆的配合比应符合设计要求	检查产品合格证书、进场验收记录、复验报告和施工记录
		抹灰应分层进行。当抹灰总厚度大于或等于35mm时,应采取加强措施。不同材料基体交接处表面的抹灰,应采取防止开裂的加强措施,当采用加强网时,加强网与各基体的搭接宽度不应小于100mm	检查隐蔽验收记录和施工记录
		各抹灰层之间及抹灰层与基体之间必须粘结牢固,抹灰层应无脱层、空鼓和裂缝	观察检查,用小锤轻击检查,检查施工记录
	一般项目	水刷石表面应石粒清晰、分布均匀、紧密平整、色泽一致,应无掉粒和接楂痕迹。斩假石表面剁纹应均匀顺直、深浅一致,应无漏剁处;阳角处应横剁并留出宽窄一致的不剁边条,棱角应无损坏。干粘石表面应色泽一致、不露浆、不漏粘,石粒应粘结牢固、分布均匀,阳角处应无明显黑边。假面砖表面应平整、勾纹清晰、留缝整齐、色泽一致,应无掉角、脱皮、起砂等缺陷	观察检查,手摸检查
		装饰抹灰分格条(缝)的设置应符合设计要求,宽度和深度应均匀,表面应平整光滑,棱角应整齐	观察
		有排水要求的部位应做滴水线(槽)。滴水线(槽)应整齐顺直,滴水线内高外低,滴水槽的宽度和深度均不应小于10mm	观察检查,尺量检查
		装饰抹灰工程质量的允许偏差和检验方法应符合表2.2.2的规定	

续表

检验项目		标　　准	检验方法
清水砌体勾缝工程	主控项目	清水砌体勾缝所用水泥的凝结时间和安定性复验应合格。砂浆的配合比应符合设计要求	检查复验报告和施工记录
		清水砌体勾缝应无漏勾。勾缝材料应粘结牢固，无开裂	观察检查
	一般项目	清水砌体勾缝应横平竖直，交接处应平顺，宽度和深度应均匀，表面应压实抹平	观察检查，尺量检查
		灰缝应颜色一致，砌体表面应洁净	观察检查

装饰抹灰工程质量的允许偏差及检验方法　　表 2.2.2

序号	项目	允许偏差（mm）				检验方法
		水刷石	斩假石	干粘石	假面砖	
1	立面垂直度	5	4	5	5	用2m垂直检测尺检查
2	表面平整度	3	3	5	4	用2m靠尺和塞尺检查
3	阴阳角方正	3	3	4	4	用直角检测尺检查
4	分格条(缝)直线度	3	3	3	3	拉5m线检查，不足5m的拉通线并用钢直尺检查
5	墙裙、勒脚上口直线度	3	3	—	—	拉5m线检查，不足5m的拉通线并用钢直尺检查

2.2.5　常见质量缺陷与预控措施

装饰抹灰工程常见质量缺陷与预控措施见表 2.2.3。

装饰抹灰工程常见质量缺陷与预控措施　　表 2.2.3

项目	质量缺陷	预控措施
水刷石	墙面空鼓，石子脱落，石子不均，饰面浑浊不清晰	（1）水刷石用的石子粒径应符合设计要求。使用前应过筛，冲洗晾干，各类石子应用布遮盖好，防止污染。 （2）抹灰前应将基层清扫干净，施工前一天应浇水湿透，并修补严整。

续表

项目	质量缺陷	预控措施
水刷石	墙面空鼓,石子脱落,石子不均,饰面浑浊不清晰	(3) 待底灰达六、七成干时再薄刮一道素水泥浆,然后抹面层水泥石子浆,随刮随抹,不能间隔,否则素水泥浆凝固后,就不能起粘结层作用,反而造成空鼓,待抹上去的罩面石子浆表面稍收水后,用钢抹子拍平压光,然后用刷子蘸水刷去表面浮浆,这样应不少于三遍,达到石子大面朝外,表面排列紧密均匀为止。 (4) 正确掌握好水刷石表面喷洗时间,以用手指按已抹的石子浆无指痕为准,或用刷子刷石子以不掉为准。 (5) 刮风天不宜施工,以免混浊浆雾被风吹到已做好的水刷石墙面上。 (6) 根据操作时的气温控制水灰比,避免撒干水泥粉。 (7) 分格条应选用变形小的木材,粘贴前应绑扎成捆,隔夜浸水,以保证分格缝隙整齐和不掉石子;起条时应用铁皮尖插入分格条底上下摇动来起分格条,并应慢慢由一端取出,避免造成分格缝边缘石子脱落
	墙面阴阳角不垂直,有黑边	(1) 抹阳角时,一般先抹一侧,将水泥石子浆稍抹过转角,然后再抹另一侧。 (2) 墙面阴角应二次成活,先做一个平面,然后再做另一个平面,每次都应在阴角处弹线,作为抹灰依据,这可解决阴角不直问题,阴角喷洗时要注意喷头的角度和喷水时间,也可防止阴角处石子脱落、稀疏等现象。 (3) 完成后的水刷石,洒水养护不少于 7 天,分格条应在养护阶段用铁皮轻轻取出
干粘石	面层滑坠,接槎明显	(1) 底层灰一定要抹平直,误差控制在 5mm 以下。 (2) 根据施工季节、温度、材质的不同,严格掌握好对基层的浇水量;砖墙面吸水多,混凝土墙面吸水较少,加气混凝土墙面多为封闭孔,不易浇透,对不同材质的墙面应分别掌握好浇水量,使湿度均匀适宜。 (3) 防止灰层出现收缩裂缝。灰层终凝前应加强检查,发现收缩裂缝可用刷子掸点水再用抹子轻轻按平、压实、粘牢。 (4) 施工前熟悉图纸,检查分格是否合理、操作有无困难、是否会带来接槎质量问题。 (5) 遇有较大分格时,要事先计划好;必须一次抹一块,中间不留槎,而且抹面层后要紧跟粘石,以抹子用力拍平。 (6) 考虑脚手架搭设高度,能够一次抹完一块,避免接槎。 (7) 根据不同墙面,掌握好浇水量和面层灰浆稠度。 (8) 面层灰一定要抹平,并掌握好粘石的时间,随粘石粒随拍平。 (9) 技术不熟练者,可用滚子轻轻滚压到平整

续表

项目	质量缺陷	预控措施
干粘石	饰面浑浊不清、色调不一	（1）施工前必须将八厘或中八厘石粒全部过筛,将石粉筛出,同时将不合格的大块挑出,然后用水冲洗干净。 （2）彩色石粒拌和时要严格按比例掺合均匀,以保证粘石颜色一致。 （3）干粘石施工 24 小时后可淋水冲洗,既可对灰面层起养护作用,又能保证粘石质量
斩假石	饰面颜色不匀、色泽深浅不一	（1）同一饰面应选用同一品种、同一强度等级、同一细度原材料,并一次备齐。 （2）拌灰时应将颜料与水泥充分拌匀,然后加入石渣拌合,全部水泥石粒灰用量应一次备好。 （3）每次拌合石粒浆的加水量应准确,墙面湿润均匀,斩剁时蘸水,斩剁的碎屑要用钢丝刷刷掉,但不得蘸水刷洗,雨天不得施工,常温施工时,为使颜色均匀,应在水泥石粒浆中掺入分散剂和疏水剂
斩假石	剁纹不匀,纹理不清	（1）先在墙面弹顺线,然后沿顺线斩剁。 （2）剁斧应保持锋利,斩剁动作要迅速,先轻剁一遍,再顺着前一遍的斧纹、剁痕,均匀用力去剁,移动速度应一致,斩纹也应深浅一致,纹路应清晰,不得有漏剁。 （3）饰面不同部位应采用相应的剁斧和斩剁方法,纹路要相应平行,均匀一致

3. 门窗工程

门窗按材质分为木门窗、金属门窗、塑料门窗以及配件材料；按其功能可分为普通门窗、特殊门窗（保温门窗、隔声门窗、防火门窗、防爆门、防盗门）等；按其结构形式可分为推拉门窗、平开门窗、弹簧门窗、自动门窗等。

目前使用最普遍的门窗有木门窗、钢门窗、涂色镀锌钢板门窗、铝合金门窗和塑料门窗及特种门；随着装饰水平的提高和性能的增多，木质装饰门窗、金属玻璃拼花豪华门窗，以及高密封性、高强度、高隔声性并兼具防火、防盗和装饰功能的特殊门窗等已广泛应用。

3.1 木门窗制作与安装

木门的主要类型有：夹板门（又称满鼓门）、镶板门（实木板、胶合板或木纤维板）、木与玻璃组合门、木质拼板门、钢木混合门及木质特种门等；另有古典式各种花格门，可使用于体现民族风格的建筑和装饰工程中。

木窗的一般形式有平开窗、中悬窗、立转窗、推拉窗、提拉窗、百叶窗及装饰性花格窗等。

3.1.1 施工原则

（1）门窗制作应符合设计要求，工厂化加工应有出厂合格证。

（2）门窗安装前应对门窗洞口尺寸进行检验，门窗洞口应符合设计要求。门窗的品种、规格、开启方向、平整度等应符合国家现行有关标准规定，附件应齐全。

（3）门窗的固定方法应符合设计要求。门窗框、扇在安装过程中,应防止变形和损坏。

(4) 建筑外门窗的安装必须牢固。在砖砌体上安装门窗严禁用射钉固定。

(5) 木门窗与砖石砌体、混凝土或抹灰层接触处应进行防腐处理并应设置防潮层;埋入砌体或混凝土中的木砖应进行防腐处理。

(6) 门窗是建筑中的两个重要部分,要求开启方便,关闭紧密,坚固耐用,便于擦洗清洁和维修,而且选型和比例要求美观大方。

(7) 门窗工程验收时应检查下列文件和记录:

1) 门窗工程的施工图、设计说明及其他设计文件。

2) 材料的产品合格证书、性能检测报告、进场验收记录和复验报告。

3) 特种门及附件的生产许可文件。

4) 隐蔽工程验收记录(预埋件和锚固件,隐蔽部位防腐处理及填嵌处理)。

5) 施工记录或施工日志等。

3.1.2 材料质量要求及施工作业条件

(1) 材料质量要求

1) 普通木门窗材料质量应符合表3.1.1规定。

普通木门窗用木材的质量　　　　表3.1.1

木材缺陷		门窗扇的立梃、冒头、中冒头	窗棂、压条、门窗及气窗的线脚、通风窗立梃	门心板	门窗框
活节	不计个数,直径(mm)	<15	<5	<15	<15
	计算个数,直径	≤材宽的1/3	≤材宽的1/3	≤30mm	≤材宽的1/3
	任1延米个数	≤3	≤2	≤3	≤5
死节		允许,计入活节总数	不允许	允许,计入活节总数	

续表

木材缺陷	门窗扇的立梃、冒头、中冒头	窗棂、压条、门窗及气窗的线脚、通风窗立梃	门心板	门窗框
髓心	不露出表面的,允许	不允许	不露出表面的,允许	
裂缝	深度及长度≤厚度及材长的1/5	不允许	允许可见裂缝	深度及长度≤厚度及材长的1/4
斜纹的斜率(%)	≤7	≤5	不限	≤12
油眼	非正面,允许			
其他	浪形纹理、圆形纹理、偏心及化学变色,允许			

2) 制作高级木门窗,若设计无要求,所用木材质量应符合表3.1.2的规定。

高级木门窗所用木材质量 表3.1.2

木材缺陷		门窗扇的立梃、冒头,中冒头	窗棂、压条、门窗及气窗的线脚、通风窗立梃	门心板	门窗框
活节	不计个数,直径(mm)	<10	<5	<10	<10
	计算个数,直径	≤材宽的1/4	≤材宽的1/4	≤20mm	≤材宽的1/3
	任1延米个数	≤2	0	≤2	≤3
死节		允许,包括在活节总数中	不允许	允许,包括在活节总数中	不允许
髓心		不露出表面的,允许	不允许	不露出表面的,允许	
裂缝		深度及长度≤厚度及材长的1/6	不允许	允许可见裂缝	深度及长度≤厚度及材长的1/5
斜纹的斜率(%)		≤6	≤4	≤15	≤10
油眼		非正面,允许			
其他		浪形纹理、圆形纹理、偏心及化学变色,允许			

3) 含水率

① 制作木门窗应采用烘干的木材,含水率不应大于当地平衡含水率,一般不应大于12%。

② 当受条件限制,除东北的落叶松、云南松、马尾松、桦木等易变形的树种外,可采用气干木材,其制作时的含水率不应大于当地的平衡含水率。

4) 死节、虫眼处理措施:木门窗如有允许限值以内的死节及直径较大的虫眼时,应用同一树种的木塞加胶填补,对于清油制品,木塞的色泽和木纹应与整体一致。

5) 板材:室内装饰工程中的木门应采用厚木夹板、细木工板、中密度纤维板,在潮湿环境内须采用防水胶合板。

6) 安装五金处的要求:各连接接合处和安装五金件处,均不得有木节或已填补的木节。

7) 木螺丝、合页、插销、拉手、链钩、门锁等多种小五金及防腐剂,均应按设计要求选用,且有出厂合格证。

8) 涂料:应选用符合现行国家标准规定的环保型涂料。

9) 门窗工程应对下列材料及其性能指标进行复验:

① 人造木板的甲醛含量。

② 建筑外墙金属窗、塑料窗的抗风压性能、空气渗透性能和雨水渗漏性能。

(2) 施工作业条件.

1) 门窗框和扇进场后,及时将框靠墙(地)的一面涂刷防腐涂料,分类水平堆放平整,底层应搁置在垫木上,在仓库中垫木离地面高度不小于200mm,临时敞棚垫木离地面高度应不小于400mm,每层间垫木板,使其能自然通风。木门窗严禁露天堆放。

2) 安装前先检查门窗框和扇有无翘扭、弯曲、窜角、劈裂、榫槽结合松散等情况,如有这一类情况应修理后再进行拼装,并在门框上下边划出中线。

3) 门窗框安装,应在主体工程验收合格、门窗洞口防腐木砖埋设齐备后进行,且室内应已弹好的+500mm水平控制线,并用经纬仪或吊垂线在洞口位置标出同一部位门窗的边线和中线,以确定门窗水平和垂直方向的安装位置。

4) 门窗扇的安装应在饰面完成后进行。没有木门框的门扇,应在墙侧处安装预埋件。

5) 安装样板门窗。经建设(监理)、施工单位共同检查验收符合标准要求后,再进行全面施工。

3.1.3 施工管理控制要点

(1) 工艺流程

1) 木门窗制作

配料、截料→榫槽连接→拼装→刷底油→检查、验收。

2) 木门窗安装

检查洞口→校正门窗框→安装门窗框→钉木保护条→安装门窗扇→安装小五金→检查、验收。

(2) 管理要点

1) 检查木门窗构造是否符合下列要求:

① 木门基本构造

A. 门是由门框(门樘)和门扇两部分组成。当门的高度超过2.1m时,还要增加门上窗(又称亮子或腰窗)。各种门的门框构造基本相同,但门扇却各不一样。

B. 门框由冒头(横档)和框梃(框柱)组成。门框架各连接部位都是由榫眼连接的,框梃和冒头的连接,是在冒头上打眼,框梃上做榫。梃与中横框的连接是在框梃上打眼,中横框两端做榫。

C. 装饰木门的门扇有镶板式扇和蒙板式两类。镶板式门扇是做好门扇框后,将门心板嵌入门扇框上的凹槽中。这种门扇的木方用量较大,而板材用量较少;其门扇框是由上冒头、中冒头、下冒头、门扇梃组成。蒙板式门扇的门扇框,所使用的木方截面尺寸较小,而且是蒙在两块木夹板之间的,又称门扇骨架。门扇骨架是由竖向木方和横档木方组成,竖向与横档木方连接时,通常是用单榫结构。

② 木窗基本构造

A．木窗由窗框和窗扇组成。在窗扇上按设计要求安装玻璃，窗框由边框、上框、下框等组成。有上窗时，要设中横框，窗扇在窗框之间，玻璃安装于上下梃、窗扇梃、窗横(竖)芯等之间。

B．木窗的连接构造与门连接构造基本相同，都采用榫眼结合，按照规矩，是在梃上凿眼，冒头上开榫。如果采用先立窗框再砌墙的安装方法，应在上、下冒头两端留出走头(延长端头)；走头长120mm，窗梃和窗芯的连接，也是在梃上凿眼，窗芯上做榫。

2) 施工过程应按操作要点抓好工序质量监控。

(3) 控制要点

1) 木门窗制作

① 榫槽连接：门窗框及厚度大于50mm的门窗扇应采用双榫连接。框、扇拼装时，榫槽应严密嵌合，并用胶料胶结，同时用胶楔加紧。在潮湿地区，Ⅰ级品应采用耐水的酚醛树脂胶，Ⅱ、Ⅲ级品可采用半耐水的脲醛树脂胶。

② 三防要求：木门窗的防火、防腐、防虫处理应符合设计要求。

③ 窗扇拼装：窗扇拼装完毕，构件的裁口应在同一平面上。镶门心板的凹槽深度应于镶入门心板后，尚余2~3mm的间隙；扇线应符合设计要求。

④ 胶合板门、纤维板门和模压门不得脱胶。胶合板不得刨透表层单板，不得有戗槎。制作胶合板门、纤维板门时，边框和横楞应在同一平面上，面层边框及横楞应加压胶结，横楞和上、下冒头应各钻两个以上的透气孔，透气孔应畅通，以免受潮脱胶或起鼓。

⑤ 木门窗表面应洁净，不得有刨痕、锤印。门窗表面应光洁或砂磨。小料和短料胶合门窗、胶合板或纤维板门窗不允许脱胶，胶合板不允许刨透表层单板或有戗槎。

⑥ 木门窗的割角应准确，拼缝应严密平整。门窗框、扇裁口

应顺直,刨面应平整。

⑦ 木门窗上的槽、孔应边缘整齐,无毛刺。

⑧ 门窗制成后,应立即刷一遍底油(干性油),防止受潮变形。门窗与砖石砌体、混凝土或抹灰层的接触处,以及埋入砌体混凝土中的木砖均应进行防腐处理。沥青防腐材料不得用于室内木门窗防腐。除木砖外,上述的接触处均应设置防潮层。

⑨ 压纱条应平直、光滑、规格一致,与裁口齐平,割角连接充实,钉压牢固,门窗纱绷紧。

2) 购置成品木门窗的质量检查要点

木门窗(包括纱门窗)由专业加工厂制作供应时,进场前应核对门窗型号,检查门窗数量及门窗框、扇的加工质量和出厂合格证。加工质量包括缝隙大小、接缝平整度、几何尺寸、门窗平整度等,木材含水率应由生产厂家掌握,不得超过12%。

3) 木门窗安装

一般情况下,应先安装门窗框,后安装门窗扇。

① 门窗框安装前应校正至方正,钉好斜拉条(不得少于两根),无下坎的门框应加钉水平拉条,防止在运输和安装中变形。

② 在砖石墙上安装门窗框(或成套门窗)时,应以钉子固定在墙内的木砖上。每边的固定点应不少于两处,其间距应不大于1.2m。

③ 留置门窗洞口时,宜在预留门窗洞口留出门窗框走头(门窗框上、下坎两端伸出口外部分)的缺口;在门窗框调好就位后,封砌缺口。

当受条件限制,门窗框不能留走头时,应采取可靠措施将门窗框固定在墙内的木砖上,以防在施工或使用过程中发生安全事故。

④ 当门窗的一面镶贴脸板时,则门窗框凸出墙面。凸出的厚度应等于抹灰层或装饰面层的厚度。

⑤ 寒冷地区的门窗框(或成套门窗)与外墙砌体空间的间隙,应填塞保温材料,保温材料要饱满均匀。

⑥ 门窗框与砖石砌体、混凝土或抹灰层接触部位以及固定用木砖等均应进行防腐处理。

⑦ 门窗披水、盖口条、压缝条、密封条安装尺寸一致，平直光滑，结合牢固、无缝隙。

⑧ 门窗小五金的安装

A．小五金应安装齐全，位置适宜，固定可靠。

B．铰链距门窗上、下端宜取立梃高度的1/10，并避开上下冒头。安装后，应开关灵活。

C．小五金均应用木螺丝钉固定，不得用钉子代替。应先用锤子打入1/3深度，然后拧入，严禁打入全部深度。如为硬木时，应先钻2/3深度的孔，孔径应略小于木螺钉直径。

D．不宜在冒头与立梃的结合处安装门锁。

E．门窗拉手应位于门窗高度中点以上，窗拉手距地面以1.5~1.6m为宜，门拉手距地面以0.9~1.05m为宜。

4）成品保护

① 木门框临时保护：一般木门框安装后应用铁皮或木板皮保护，对于高级硬木门框宜用10mm厚木板条保护。

② 防止损坏和受潮：修刨门窗时应用木卡将门边卡牢，以免损坏门边。门窗框扇进场后应妥善管理，有条件的应入库，不论入库或露天存放，均应垫起，离开地面200~400mm，码放整齐，上面用苫布盖好，防止受潮。

③ 及时刷底油：进场进库后应及时刷底油一道，木框靠墙一边应刷木材防腐剂进行处理。

④ 门窗扇修整：调整和修理门窗扇时不得硬撬，以免损坏扇料和五金。

⑤ 严禁碰撞抹灰口角：安装门窗扇时，严禁碰撞抹灰口角，防止损坏墙面灰层。

3.1.4 施工质量验收

木门窗制作与安装工程施工质量验收见表3.1.3。

木门窗制作与安装工程施工质量验收　　表3.1.3

检验项目	标　　准	检　验　方　法
主控项目	1．木门窗的木材品种、材质等级、规格、尺寸、框扇的线型及人造木板的甲醛含量均应符合设计要求。设计未规定材质等级时，所用木材的质量应符合本节表3.1.1和表3.1.2的规定	观察检查，检查材料进场验收记录和复验报告
	2．木门窗应采用烘干的木材，含水率应符合《建筑木门、木窗》(JG/T 122)的规定	检查材料进场验收记录
	3．木门窗的防火、防腐、防虫处理应符合设计要求	观察检查，检查材料进场验收记录
	4．木门窗的结合处和安装配件处不得有木节或已填补的木节。木门窗如有允许限值以内的死节及直径较大的虫眼时，应用同一材质的木塞加胶填补。对于清漆制品，木塞的木纹和色泽应与制品一致	观察检查
	5．门窗框和厚度大于50mm的门窗扇应用双榫连接。榫槽应采用胶料严密嵌合，并应用胶楔加紧	观察检查，手扳检查
	6．胶合板门、纤维板门和模压门不得脱胶。胶合板不得刨透表层单板，不得有戗槎。制作胶合板门、纤维板门时，边框和横楞应在同一平面上，面层、边框及横楞应加压胶结。横楞和上、下冒头应各钻两个以上的透气孔，透气孔应通畅	观察检查
	7．木门窗的品种、类型、规格、开启方向、安装位置及连接方式应符合设计要求	观察检查，尺量检查，检查成品门的产品合格证书
	8．木门窗框的安装必须牢固。预埋木砖的防腐处理，木门窗框固定点的数量、位置及固定方法应符合设计要求	观察检查，手扳检查，检查隐蔽工程验收记录和施工记录
	9．木门窗扇必须安装牢固，并应开关灵活，关闭严密，无倒翘	观察检查，开启和关闭检查，手扳检查
	10．木门窗配件的型号、规格、数量应符合设计要求，安装应牢固，位置应正确，功能应满足使用要求	观察检查，开启和关闭检查，手扳检查

续表

检验项目	标 准	检验方法
一般项目	1. 木门窗表面应洁净,不得有刨痕、锤印	观察检查
	2. 木门窗的割角、拼缝应严密平整。门窗框、扇裁口应顺直,刨面应平整	观察检查
	3. 木门窗上的槽、孔边缘整齐,无毛刺	观察检查
	4. 木门窗与墙体间缝隙的填嵌材料应符合设计要求,填嵌应饱满。寒冷地区外门窗(或门窗框)与砌体间的空隙应填充保温材料	轻敲门窗框检查,检查隐蔽工程验收记录和施工记录
	5. 木门窗披水、盖口条、压缝条、密封条的安装应顺直,与门窗结合应牢固、严密	观察检查,手扳检查
	6. 木门窗制作的允许偏差和检验方法应符合表 3.1.4 的规定	
	7. 木门窗安装的留缝限值、允许偏差和检验方法应符合表 3.1.5 的规定	

木门窗制作的允许偏差和检验方法　　表 3.1.4

项次	项 目	构件名称	允许偏差(mm) 普通	允许偏差(mm) 高级	检验方法
1	翘曲	框	3	2	将框、扇平放在检查平台上,用塞尺检查
		扇	2	2	
2	对角线长度差	框、扇	3	2	用钢尺检查,框量裁口里角,扇量外角
3	表面平整度	扇	2	2	用 1m 靠尺和塞尺检查
4	高度、宽度	框	0;-2	0;-1	用钢尺检查,框量裁口里角,扇量外角
		扇	+2;0	+1;0	
5	裁口、线条结合处高低差	框、扇	1	0.5	用钢直尺和塞尺检查
6	相邻棂子两端间距	扇	2	1	用钢直尺检查

木门窗安装的留缝限值、允许偏差和检验方法　　表 3.1.5

项次	项目	留缝限值(mm) 普通	留缝限值(mm) 高级	允许偏差(mm) 普通	允许偏差(mm) 高级	检验方法
1	门窗槽口对角线长度差	—	—	3	2	用钢尺检查
2	门窗框的正、侧面垂直度	—	—	2	1	用1m垂直检测尺检查
3	框与扇、扇与扇接缝高低差	—	—	2	1	用钢直尺和塞尺检查
4	门窗扇对口缝	1~2.5	1.5~2	—	—	用塞尺检查
5	双扇大门对口缝	2~5	—	—	—	用塞尺检查
6	门窗扇与上框间留缝	1~2	1~1.5	—	—	用塞尺检查
7	门窗扇与侧框间留缝	1~2.5	1~1.5	—	—	用塞尺检查
8	窗扇与下框间留缝	2~3	2~2.5	—	—	用塞尺检查
9	门扇与下框间留缝	3~5	3~4	—	—	用塞尺检查
10	双层门窗内外框间距	—	—	4	3	用钢尺检查
11	无下框时门扇与地面间留缝 外门	4~7	5~6	—	—	用塞尺检查
11	无下框时门扇与地面间留缝 内门	5~8	6~7	—	—	用塞尺检查
11	无下框时门扇与地面间留缝 卫生间门	8~12	6~10	—	—	用塞尺检查
11	无下框时门扇与地面间留缝 大门	10~20	—	—	—	用塞尺检查

3.1.5 常见质量缺陷及预控措施

木门窗制作与安装工程常见质量缺陷及预控措施见表 3.1.6。

木门窗安装工程常见质量缺陷及预控措施　　表 3.1.6

序号	质量缺陷	预控措施
1	门窗框松动	（1）2m 以内的门窗框每边不少于 4 块木砖，12 厚的墙或轻质隔墙应采用混凝土预置砖。 （2）门窗洞口每边空隙不应超过 20mm，如超过，钉子要加长，并在木砖与框之中加木垫，保证钉子钉进木砖 50mm。 （3）门窗框与洞口的间隙超过 30mm 时应灌细石混凝土，不足 30mm 时应分层塞灰。 （4）每块木砖上应钉两个钉子

续表

序号	质量缺陷	预控措施
2	门窗框不方正	(1) 安装前检查框的四角是否结合牢固,两根立梃尺寸是否一致。 (2) 偏差在3mm以内的可采用刨削方法调整扇的立梃和冒头;偏差在3mm以上的应拆下重新调整和安装。 (3) 注意成品保护
3	门窗框表面粗糙	(1) 门窗框表面的毛刺、戗槎等疵病应在安装前修理、刨净好再安装。 (2) 门窗框安装就位后,应在立梃距地面500~800mm处镶钉铁皮护口或木条保护。 (3) 表面严重不平和碰坏的门窗框应更换
4	门窗框型号和开启方向错误	(1) 熟悉图纸,对号入座,型号、规格比较多时,应将门窗型号、开启方向标在洞口。 (2) 注意安装后的检查核对。 (3) 型号和开启方向安装错的,应拆下按要求重新安装
5	门窗开关不灵	(1) 掩扇前应检查立梃是否垂直。 (2) 保证合页进出、深浅一致,使上下合页轴保持在一个垂直线上。 (3) 选用五金件要有配套螺丝,安装应平直
6	门窗扇偏口过大或过小	(1) 修刨时要留有偏口,一般控制在2~3mm左右,并保持一致。 (2) 偏口过小时应将多余部分重修刨掉,过大时应调换门窗扇边梃后重新安装
7	扇下坠	(1) 螺丝用锤钉入的深度不得超过长度1/3,拧入的深度不得少于螺丝长的2/3。 (2) 固定合页的螺丝应拧紧使扇框牢固。 (3) 修刨时要留有下坠余量,严重下坠时应重新拼装后再安装,并选用合适的合页

3.2 金属门窗安装

金属门窗主要包括:钢门窗、涂色镀锌钢板门窗和铝合金门窗等。

3.2.1 钢门窗安装

钢门窗具有采光好、强度高等优点，缺点是密闭性较差。钢门窗分为实腹钢门窗和空腹钢门窗两类。

(1) 施工原则

1) 门窗制作应符合设计要求，且必须在专业工厂加工制作，并有出厂合格证。

2) 钢门窗安装应采用预留洞口的施工方法。不得采用边安装边砌口或先安装后砌口的施工方法。一般每边间隙为15～20mm，当墙面为大理石装饰面和有窗台板时，间隙为50mm。

3) 门窗的品种、规格、开启方向、平整度等应符合国家现行有关标准规定，附件应齐全。

4) 门窗的固定方法应符合设计要求。门窗框、扇在安装过程中，应防止变形和损坏。

5) 建筑外门窗的安装必须牢固。在砖砌体上安装门窗严禁用射钉固定。

6) 门窗是建筑中的两个重要部分，要求开启方便，关闭紧密，坚固耐用，便于擦洗清洁和维修，而且选型和比例要求美观大方。

7) 门窗工程验收时应检查下列文件和记录：

① 门窗工程的施工图、设计说明及其他设计文件。

② 材料的产品合格证书、性能检测报告、进场验收记录和复验报告。

③ 特种门及附件的生产许可文件。

④ 隐蔽工程验收记录(预埋件和锚固件，隐蔽部位防腐处理及填嵌处理)。

⑤ 施工记录或施工日志等。

(2) 材料质量要求及施工作业条件

1) 材料质量要求

① 钢门窗品种、型号应符合设计要求，五金件配套齐全，有产

品出厂合格证。

② 钢门窗进场前应在厂内根据设计图纸和《钢窗检验规则》等有关规定,逐樘进行检验。检验内容有钢门窗的品种型号、数量、规格、尺寸及开启方向均应符合设计要求。其外形应平整、方正、顺直、无翘曲变型,不得有开焊或漏焊现象。对钢门窗零件与附件的规格、数量及配套情况,进行检查清点。经检查验收合格后,方可安装使用。

③ 水泥、砂、防锈涂料、各种型号的螺丝、焊条、扁铁、木楔、铁纱等也应有出厂合格证明或复试报告。

2) 施工作业条件

① 熟悉图纸,了解钢门窗的拼接组合方式,弄清钢门窗开启形式和方向等。

② 结构质量经验收合格后,工种之间办好交接手续。

③ 安装前应检验门窗预留洞口是否规正,尺寸能否满足安装间隙要求。

④ 已按图纸所示尺寸弹好窗中线,并弹好室内 + 500mm 的水平控制线。

⑤ 钢门窗安装应在室内外抹灰之前进行。

⑥ 检查钢门窗的预埋铁脚、洞眼数量和位置是否正确,门窗洞口高、宽是否合适。未留置或留置不准的应进行校正剔凿,并将其清理干净。

⑦ 检查预制钢筋混凝土过梁及钢门窗之间的连接铁件是否预埋,位置是否正确,对于未设连接铁件或位置不准者,应按钢窗安装要求补装齐全或按要求进行纠正。

⑧ 对钢门窗进行检验,窗框扇出现翘曲、变形和脱焊等应事先进行校正和修理。对其表面处理后进行补焊,焊后刷防锈涂料、防锈涂料涂刷要均匀,不得漏刷。

⑨ 对于组合钢门窗,应提前做试拼样板,经建设(监理)、施工单位共同检查验收符合标准要求后,再进行大量组装。

⑩ 水泥、砂子、焊条、铁脚、扁铁、砂布、金属纱、防锈涂料及各

种型号的螺丝等辅助材料已准备就绪。

(3) 安装管理控制要点

1) 钢门窗安装必须是后塞口施工,不允许先立樘后进行墙体砌筑或浇筑,以防止在土建施工过程中,挤碰变形,影响使用。

2) 钢门窗安装施工,不应损坏墙体和危及建筑物主体结构安全。

3) 检验平整、方正。

4) 在安装施工中,钢门窗樘应竖立搬运和吊装,吊运尺码较大的门窗时,为了预防变形,可用钢管或方木安设撑托。不得将扁担穿入门窗框内挑抬。

5) 钢门窗及零附件质量必须符合设计要求和规范规定,安装的位置、开启方向,必须符合设计要求。

6) 门窗地脚与预埋件宜采用焊接,如不采用焊接,应在安装完地脚后,用水泥砂浆或豆石混凝土将洞口缝隙填实。

7) 钢门窗扇安装应关闭严密,开关灵活、无阻滞、回弹和倒翘。

8) 双层钢窗的安装间距必须符合设计要求。

9) 附件安装应齐全、牢固,位置正确,启闭灵活、适用。

10) 钢门窗框和墙体间缝隙填嵌应饱满密实,表面平整;嵌填材料和方法应符合设计要求和有关规定。

11) 按下列要求做好成品保护:

① 按规格、型号分类堆放规整。钢门窗进场后,应按规格、型号分类堆放规整,然后挂牌标明其规格、型号和数量,并用苫布盖好,不得乱堆乱放,防止钢窗变形及生锈。

② 运输时要轻放并采取保护措施。钢门窗运输时要轻放,并采取保护措施,避免摔压、磕碰,以免变形损坏。

③ 抹灰时溅留在钢窗及钢门框扇上的砂浆应及时清理干净。

④ 禁止将脚手架系绑在已安装的框扇上。

(4) 施工质量验收

钢门窗施工质量验收应符合表 3.2.1 的规定。

3.2.2 涂色镀锌钢板门窗安装

涂色镀锌钢板门窗(简称为彩板钢门窗)具有良好的保温、隔声、防震、气密性、防水性、抗腐蚀性及耐久性等性能。具有外形美观,色彩鲜艳,以及完全不用焊接(采用塑料插接),组装快速等特点。但是彩板钢门窗制造难度大,易出废品,原材料较紧缺,造价较高,接近铝合金门窗价格。

(1) 施工原则

同3.2.1(1)钢门窗安装施工原则。

(2) 材料质量要求及施工作业条件

1) 材料质量要求

同3.2.1(2)1)钢门窗安装材料质量要求。

2) 施工准备及作业条件

① 施工准备

A. 对照图纸检验洞口尺寸是否符合要求。

B. 检验洞口内预埋铁件的位置和数量是否准确。若有问题,应提前修好、补齐。

C. 应备齐连接铁脚、自攻螺钉、膨胀螺栓、塑料垫片、密封胶条、电焊条、射钉、建筑密封膏、玻璃条等辅助材料。

D. 应准备好电焊机、冲击钻、射钉、手锤、扁铲、钢凿、丝锥、刮刀、板手、螺丝刀、毛刷、对拨木楔、钢卷尺、钢板尺、水平尺、靠尺、塞尺、透明塑料软管、线坠、粉线包等。

② 作业条件

A. 内、外墙和洞口的粉刷,已基本结束。

B. 已按设计图纸核对门窗规格和开启方向,检查门窗及其附件的质量无误。

C. 门窗预留洞口已清理好,并按图纸规定弹出门窗安装位置。

D. 其余同3.2.1(2)2)钢门窗安装作业条件。

(3) 安装管理控制要点

除同3.2.1(3)钢门窗安装管理控制要点的相应内容外,成品保护应按以下要点控制：

1) 涂色镀锌钢板门窗可在主体结构完成后，先安装门窗副框，待装饰结束后再安装门窗主框(外框)，这样可以避免门窗外框受污染。

2) 在施工过程中，应注意保护门窗框，避免碰撞变形，并须防止灰浆溅污门窗框、扇。不得随便揭掉胶条。

3) 清擦门窗框、扇时，切忌划伤彩板门窗表面的涂层。

(4) 施工质量验收

涂色镀锌钢板门窗施工质量验收应符合表3.2.1的规定。

3.2.3 铝合金门窗安装

铝合金门窗具有密闭性好、装饰性佳、稳定性高、耐久性强、重量较轻、易于加工等特点。

(1) 施工原则

同3.2.1(1)钢门窗安装施工原则。

(2) 材料质量要求及施工作业条件

1) 材料质量要求

① 铝合金门窗材料和产品应有出厂证明文件或测试报告。

A. 产品应有出厂证明文件或测试报告，材料、品种类型、规格、尺寸、性能应符合设计要求，五金配件配套齐全，并具有产品的出厂合格证、准用证，以及抗压强度、气密性、水密性测试报告。

B. 土建材质也应符合设计要求，防腐材料、保温材料、水泥、砂、连接铁脚、连接板、焊条、密封膏、嵌缝材料、防锈漆、铁纱或钢纱等应有合格证且符合图纸要求。

② 五金件及附件应符合设计要求。铝合金门窗选用的五金件和其他配件必须符合相关规范的规定和设计要求。金属零、附件应采用不锈钢轻金属或其他表面防腐处理的材料。

③ 组合门窗应符合规范要求。组合门窗应采用中竖框、中横框或拼樘料的组合形式，其构造应满足曲面组合的要求。

④ 外观质量要求

A. 门窗产品进场或安装前必须进行检验，不得将扭曲变形、节点松脱、装饰表面有明显损伤和附件缺损等不合格产品用于工程上。每樘门窗的局部擦伤、划伤不应超过各等级(优等品、合格品)的有关控制规定。

B．门窗上相邻构件的着色表面,不应有明显的色差。

C．门窗表面应无铝屑、毛刺、油班或其他污迹存在;装配连接处不应有外溢的胶粘剂。

2) 安装作业条件

① 经检验,洞口应符合设计要求。洞口几何尺寸、洞口位置,预留孔洞或预埋铁件的位置、数量及标高应符合设计要求。如有问题应提前进行剔凿处理。

② 配件齐全:五金配件应配套、齐全;辅助材料,如密封材料及其他材料,包括铁脚步、不锈钢螺钉、射钉、钢钉、镀锌铆钉、铝质拉铆钉等均应齐全。

③ 弹好中线及水平线,并弹好室内 + 500mm 水平控制线。

④ 检验铝合金门窗两侧连接铁脚位置与墙体预留孔洞位置是否吻合,若不符合应提前剔凿处理,并应及时将孔洞内杂物清理干净。

⑤ 拆包检验:按图纸要求核对型号和检验铝合金门窗的质量,如发现有劈棱窜角、翘曲不平、偏差超标、严重损伤、划痕严重、外观色差大等等,应找有关人员协商解决,经修整、鉴定合格后才能安装。

⑥ 保护膜如有缺损应补粘。

⑦ 熟悉安装技术标准、图纸要求、操作规程及质量标准。

(3) 安装管理控制要点

1) 铝合金门窗装入洞口后应横平竖直,外框与洞口应形成弹性连接牢固,不得将门窗外框直接埋入墙体;与混凝土墙体连接时,门窗框的连接件与墙体可用射钉或膨胀螺栓固定;与砖墙连接时,应预先在墙内埋置混凝土块,然后按上述办法处理。

2) 铝合金门窗框的连接件应伸出铝框,内外锚固,连接件应采用不锈钢件或经防锈处理的金属件,其厚度不小于 1.5mm,宽度不小于25mm;数量、位置按有关规范规定。

3）铝合金门窗横向及竖向组合时,应采取套插方式,搭接形成曲面组合,搭接长度宜为10mm,并用密封胶密封。

4）铝合金门窗框与墙体间隙填塞,应按设计要求处理,如设计无要求时,应采用矿棉条或聚氨酯(PU)泡沫塑料等软质保温材料填塞,框四周缝隙须留5~8mm深的槽口用密封胶密封。

5）铝合金门窗安装玻璃时,要在门窗槽内放置弹性垫块(如胶木等),不准玻璃与门框直接接触,玻璃与门窗槽搭接量应不少于6mm,玻璃与框槽前后间隙应用橡胶条或密封胶将四周压牢或填满。

6）铝合金外门窗安装好后,应经喷淋抽检试验,不得有渗漏现象。

7）铝合金推拉窗顶部应设限位装置,其数量和间距应保证窗扇抬高或推拉时不脱轨。

8）成品保护要点

① 安装前的成品保护。

A. 铝合金门窗应入库存放,下边应垫起、垫平,离开地面,码放整齐,防止变形,对已装好披水的窗,注意存放时的支垫,防止损坏披水。

B. 门窗保护膜要封闭好,再进行安装。

C. 若采用中性水泥砂浆或豆石混凝土堵缝时,堵后应及时将水泥砂浆刷净。防止砂浆固化后不易清理,并损坏表面涂膜。铝合金门窗在堵缝前应对与水泥砂浆接触的面涂刷防腐剂,作防腐处理。

D. 抹灰前应将铝合金门窗包扎或粘贴塑料薄膜保护,在门窗安装前及室内外湿作业未完成以前,不能破坏塑料薄膜。防止砂浆对其面层的侵蚀。

E. 铝合金门窗的保护膜应到交工前才撕去,要轻撕,且不可用铲刀铲,防止将表面划伤,影响美观。

F. 如铝合金表面有胶状物时,应使用棉丝沾专用溶剂擦拭干净。如发现局部划痕,用小毛刷沾染色液染补。

　　G.架子搭拆,室外抹灰,钢龙骨安装,管线施工运输过程,严禁碰、砸铝合金门窗边框。

　　H.建立严格的成品保护制度。

　　②安装后的成品保护。

　　A.防污染

　　(A)门窗应采用预留洞口方式。门窗安装应安排在地面、墙面湿作业完成之后进行。

　　(B)无保护胶带的窗框,抹门窗套水泥砂浆时,门窗框上应贴纸或用塑料薄膜遮盖保护,以防框子被水泥浆污染,亦可采取先粉刷门窗套后安装门窗框等措施。

　　(C)窗框四周嵌防水密封胶时,操作应仔细,油膏不得污染门窗框。

　　(D)外墙面涂刷和室内顶棚、墙面喷涂时,应用塑料薄膜封严门窗。

　　(E)内墙面裱糊作业,切勿将胶粘剂涂刷到门窗上。

　　(F)室内建筑垃圾,应从垃圾通道或装入盛灰容器内向下转运,不得从窗口向下倾倒。

　　(G)楼地面和楼梯间水磨石,应采用"细水浓浆"施工法,再用胶皮刮板把浓浆集中堆存,用临时管道排出室外或稍干燥后向下转运。忌用"深水扫浆"法,浆液不得从楼梯间向下扫,以免浆液污染门窗。

　　(H)不得在室内拌合水泥砂浆,以防水泥砂浆玷污门窗。

　　(I)管道试压泄漏,清洗室内地坪时,不得从窗口倾倒污水;

　　(J)不得在门窗上乱涂乱画。

　　(K)施工期间,不应在室内燃烧木柴取暖或焚烧杂物,熏黑门窗;亦不得在室内生炉火做饭,煤烟污染门窗。

　　B.防撞击、划痕

　　(A)门窗框铁脚与预埋铁件焊接,不得在门窗上打火,甚而烧伤门窗框。

（B）利用门窗洞作料具进出口时,门窗边框、窗下框和中竖框均应钉木板保护框,以防碰伤框边。

（C）搭拆转动脚手杆和跳板,不得在窗框扇上拖拽材料。安装管线及设备时,应防止物料撞坏门窗。

（D）不得在门窗框扇上拉挂安全网;内外脚手杆,不得搁支在门窗框扇上。严禁在窗扇上站人。

（E）门窗扇安装后,应随即安装五金配件,关窗锁门,以防风吹损坏门窗。如门扇未装锁,钢(含塑料)窗扇未装撑挡,应用木楔塞紧门窗扇,以防开启,并有专人管理。

（F）不得在门窗上锤击,钉钉子或刻划;清洁门窗时,不得用刀刮或硬物擦磨。

（G）已安装的门窗扇应采取必要的防风、防雨措施,避免损坏门窗,防止雨水浸湿木地板及内部装饰。

(4) 施工质量验收

铝合金门窗施工质量验收应符合表3.2.1的规定。

金属门窗安装施工质量验收　　　　表3.2.1

检验项目	标　　准	检验方法
主控项目	1. 金属门窗的品种、类型、规格、尺寸、性能、开启方向、安装位置、连接方式及铝合金门窗的型材壁厚应符合设计要求。金属门窗的防腐处理及填嵌、密封处理应符合设计要求	观察检查;尺量检查;检查产品合格证书、性能检测报告、进场验收记录和复验报告;检查隐蔽工程验收记录
	2. 金属门窗框和副框的安装必须牢固。预埋件的数量、位置、埋设方式、与框的连接方式必须符合设计要求	手扳检查;检查隐蔽工程验收记录
	3. 金属门窗扇必须安装牢固,并应开关灵活、关闭严密,无倒翘。推拉门窗扇必须有防脱落措施	观察检查;开启和关闭检查;手扳检查
	4. 金属门窗配件的型号、规格、数量应符合设计要求,安装应牢固,位置应正确,功能应满足使用要求	观察检查;开启和关闭检查;手扳检查

续表

检验项目	标　　准	检验方法
一般项目	1. 金属门窗表面应洁净、平整、光滑、色泽一致，无锈蚀。大面应无划痕、碰伤。漆膜或保护层应连续	观察检查
	2. 铝合金门窗推拉门窗扇开关力应不大于100N	用弹簧秤检查
	3. 金属门窗框与墙体之间的缝隙应填嵌饱满，并采用密封胶密封。密封胶表面应光滑、顺直、无裂纹	观察检查；轻敲门窗框检查；检查隐蔽工程验收记录
	4. 金属门窗扇的橡胶密封条或毛毡密封条应安装完好，不得脱槽	观察检查；开启和关闭检查
	5. 有排水孔的金属门窗，排水孔应畅通，位置和数量应符合设计要求	观察检查
	6. 钢门窗安装的留缝限值、允许偏差和检验方法应符合表3.2.2的规定	
	7. 涂色镀锌钢板门窗安装允许偏差和检验方法应符合表3.2.3的规定	
	8. 铝合金门窗安装允许偏差和检验方法应符合表3.2.4的规定	

钢门窗安装的留缝限值、允许偏差和检验方法　　表3.2.2

项次	项　　目		留缝限值(mm)	允许偏差(mm)	检验方法
1	门窗槽口宽度、高度	≤1500mm	—	2.5	用钢尺检查
		>1500mm	—	3.5	
2	门窗框口对角线长度差	≤2000mm	—	5	用钢尺检查
		>2000mm	—	6	
3	门窗框的正、侧面垂直度		—	3	用1m垂直检测尺检查
4	门窗横框的水平度		—	3	用1m水平和塞尺检查
5	门窗横框标高		—	5	用钢尺检查
6	门窗竖向偏离中心		—	4	用钢尺检查
7	双层门窗内外框间距		—	5	用钢尺检查
8	门窗框、扇配合间隙		≤2	—	用塞尺检查
9	无下框时门扇与地面间留缝		4—8	—	用塞尺检查

涂色镀锌钢板门窗安装的允许偏差和检验方法　　表3.2.3

项次	项目		允许偏差(mm)	检验方法
1	门窗槽口宽度、高度	≤1500mm	2	用钢尺检查
		>1500mm	3	
2	门窗槽口对角线长度差	≤2000mm	4	用钢尺检查
		>2000mm	5	
3	门窗框的正、侧面垂直度		3	用垂直检测尺检查
4	门窗横框的水平度		3	用1m水平尺和塞尺检查
5	门窗横框标高		5	用钢尺检查
6	门窗竖向偏离中心		5	用钢尺检查
7	双层门窗内外框间距		4	用钢尺检查
8	推拉门窗扇与框搭接量		2	用钢直尺检查

铝合金门窗安装的允许偏差和检验方法　　表3.2.4

项次	项目		允许偏差(mm)	检验方法
1	门窗槽口宽度、高度	≤1500mm	1.5	用钢尺检查
		>1500mm	2	
2	门窗槽口对角线长度差	≤2000mm	3	用钢尺检查
		>2000mm	4	
3	门窗框的正、侧面垂直度		2.5	用垂直检测尺检查
4	门窗横框的水平度		2	用1m水平尺和塞尺检查
5	门窗横框标高		5	用钢尺检查
6	门窗竖向偏离中心		5	用钢尺检查
7	双层门窗内外框间距		4	用钢尺检查
8	推拉门窗扇与框搭接量		1.5	用钢直尺检查

(5) 常见质量缺陷及预控措施

钢门窗安装常见安装质量缺陷及预控措施见表3.2.5。

钢门窗安装的常见质量缺陷及预控措施　表3.2.5

序号	质量缺陷	预控措施
1	钢门窗翘曲	(1) 安装前认真检查,不合格品严禁使用。 (2) 运输、堆放时应直立,坡度不应大于20°。 (3) 安装前必须校正,校正合格后方可使用
2	开关不灵活	(1) 安装时应用铁脚固定牢固,松动的铁脚重新填嵌牢固。 (2) 抹灰时应按规定要求施工,对影响门窗开关的抹灰层应剔去,重新抹灰
3	开启不到位	(1) 抹灰时应严格按要求进行施工,口角凸线要方正平直。 (2) 不合格的部位应返工重做
4	五金配件 不齐全不配套	五金配件应与钢门窗配套,进场二次补配的应与原牌号一致
5	铁脚固定 不符合要求	原预留洞口与铁脚位置不符时应重新凿眼,严禁随意将铁脚打弯塞入孔内

3.3 塑料门窗安装

塑料门窗可节约能源,基本消除了金属门窗中存在的难以解决的"冷桥"问题,具有耐化学腐蚀性能好、装饰效果佳、产品稳定性好(可以使用30年)、加工性能好、抗风压性能好、绝缘防火性能好、社会经济效益好等特点。

3.3.1 施工原则
同3.2.1(1)金属门窗安装施工原则。

3.3.2 材料质量要求及施工作业条件
(1) 材料质量要求

1) 原材料应符合国家标准规定

塑料门窗采用的异型材、密封条等原材料应符合现行国家标准《门窗框用硬聚氯乙烯型材》(GB 8814)和《塑料门窗用密封条》(GB 12002)的有关规定。

2) 塑料门窗采用的紧固件、五金件、增强型钢及金属衬板等,应符合下列要求：

① 紧固件、五金件、增强型钢及金属衬板等，应进行表面防腐处理。

② 紧固件的镀层金属及其厚度，应符合国家标准《螺纹紧固件电镀层》(GB 5269)的有关规定，紧固件的尺寸、螺纹、公差、十字槽及机械性能等技术条件应符合国家标准《十字槽盘头自攻螺钉》(GB 845)、《十字槽沉头自攻螺钉》(GB 846)的有关规定。

③ 五金件型号、规格和性能均应符合国家现行标准的有关规定；滑撑铰链不得使用铝合金材料。

3) 防腐型门窗应采用相应的防腐型五金件及紧固件。

4) 固定片的质量要求：固定片的厚度应≥1.5mm，最小宽度应≥15mm，其材料应采用 Q235-A 冷轧钢板，其表面应进行镀锌处理。

5) 组合窗及连门窗应有增强型钢：组合窗及连门窗的拼樘料应采用与其内腔紧密吻合的增强型钢作为内衬，型钢两端应比拼樘料长 10~15mm。外窗的拼樘料截面尺寸及型钢形状、壁厚、应能使组合窗承受本地区的瞬时风压值。

6) 玻璃及玻璃垫块的质量，应符合下列要求：

① 门窗玻璃的品种、规格及质量应符合国家现行产品标准的规定，并应有产品出厂合格证，中空玻璃应有检测报告。

② 玻璃的安装尺寸，应比相应的框、扇(梃)内口尺寸小 4~6mm。

③ 玻璃垫块应选用邵氏硬度为 70(A)~90(A)的硬橡胶或塑料，不得使用硫化再生橡胶、木片或其他吸水性材料。

7) 嵌缝膏必须具有弹性和粘结性：门窗与洞口密封所用的嵌缝膏，应具有弹性和粘结性。

8) 与聚氯乙烯型材直接接触的五金件、紧固件、密封条、玻璃垫块、嵌缝膏等材料，其性能应与 PVC 塑料具有相容性。

9) 门窗产品质量要求

① 塑料门窗必须有出厂质量证书、准用证和抗风压强度、气

密性、水密性测试报告,其基本物理性能应符合规范、规程规定和设计要求;如果设计对保温、隔声性能有要求,其性能也应符合《PVC塑料门》(JG/T 3017)、《PVC塑料窗》(JG/T 3018)的规定和设计要求。

② 门窗的外观、外形尺寸、装配质量及力学性能应符合国家标准的有关规定:门窗中竖框、中横框或拼樘料等主要受力杆件中的增强型钢,应在产品说明中注明规格、尺寸。

③ 窗的构造尺寸,应包括预留洞口与待安装窗框的间隙及墙体饰面材料的厚度。其间隙应符合表3.3.1的规定。

洞口与窗框间隙 表3.3.1

墙体饰面层材料	洞口与窗框间隙(mm)
清水墙	10
墙体外饰面抹水泥砂浆或贴马赛克	15~20
墙体外饰面贴釉面瓷砖	20~25
墙体外饰面贴大理石或花岗岩板	40~50

注:窗下框与洞口的间隙可根据设计要求选定。

④ 产品外观质量:门窗不得有焊角开焊、型材断裂等现象,框和扇的平整度,直角度和翘曲度以及装配间隙应符合国家标准JC/T 3017和JG/T 3018的有关规定,并不得有下垂和翘曲变形,以避免妨碍开关功能。

⑤ 安装五金配件处应增设金属衬板:在安装五金配件时,宜在其相应位置的型材内增设3mm厚度的金属衬板(不宜使用工艺木材)。五金配件的安装位置及数量,均应符合国家标准(上述PVC塑料门窗的两个标准)的规定。

⑥ 密封条安装:密封条的装配应均匀、牢固;接口应粘结严密,无脱槽现象。

(2)施工作业条件

1)墙体及洞口的质量要求

① 塑料门窗应采用后塞口安装,即采用预留洞口法安装,不

得采用边安装边砌口或先安装后砌口的施工方法,门窗洞口尺寸应符合现行国家标准《建筑门窗洞口尺寸系列》(GB 5824)的规定。对于加气混凝土墙洞口,应预埋胶粘圆木。对预留洞粉刷后净尺寸的要求:塑门框与两侧墙体预留粉刷缝隙各10mm,上端留缝隙20mm;窗框与墙体预留粉刷缝隙两侧各10mm,上端留缝隙20mm。

② 门窗及玻璃的安装,应在墙体湿作业完工且硬化后进行;当需要在湿作业前安装门窗及玻璃时,应采取保护措施。

③ 当门窗采用预埋木砖法与墙体连接时,其木砖应进行防腐处理,且宜预埋在素混凝土块体内。

④ 对于同一类型的门窗及其相邻的上、下、左、右洞口应保持通线,洞口应横平竖直;对于高级装饰工程及放置过梁的洞口,应做洞口样板,洞口宽度与高度尺寸的允许偏差应符合表3.3.2的规定。

洞口宽度或高度尺寸的允许偏差(JGJ 103)　　表3.3.2

墙体表面	洞口宽度或高度(mm)		
	<2400	2400~4800	>4800
未粉刷墙面	±10	±15	±20
已粉刷墙面	±5	±10	±15

⑤ 连接点的位置和数量应符合设计要求:一般应在铰链处的框外设连接点,不允许在横档或竖梃处的框外设连接点,以给塑料型材受热膨胀留有伸缩余地。

⑥ 组合窗洞口,应在拼樘料的对应位置设预埋件或预留洞。

⑦ 门窗安装应在洞口尺寸经按表3-15的规定检验且合格,并办好工种间交接手续后,方可进行。

2) 门窗运输与存放

① 装运塑料门窗的运输工具应设有防雨措施,并保持清洁。运输门窗时应竖立排放并固定牢靠,防止颠簸损坏。樘与樘之间应用非金属软质材料隔开;五金配件也应相互错开,以避免相互磨

损及压伤五金件。

② 装卸门窗时应轻拿轻放,不得撬、甩、摔。吊运门窗时,其表面应采用非金属软质材料衬垫,并在门窗外缘选择牢靠平稳的着力点;不得在框扇内插入抬杠起吊。

③ 门窗应放置在清洁、平整的地方,且应避免日晒雨淋,并不得与腐蚀物质接触,门窗不应直接接触地面,下部应放置垫木;门窗应立放,立放角度不应小于70度,并应采取防倾倒措施。

④ 储存塑料门窗的环境温度应小于50℃;与热源的距离不应小于1m。门窗在安装现场放置的时间不应超过2个月。当在环境温度为0℃的环境中存放时,安装前应将门窗转入室温环境放置24小时。

3) 机具与工具应备齐

① 安装用的主要机具和工具应完备;材料应齐全;量具应定期检验,达不到要求的,应及时更换。

② 当洞口需要设置预埋件时,应检查预埋件的数量、规格及位置;预埋件的数量应同门窗上固定片的数量一致,其标高和坐标位置应准确。

4) 门窗及配件应备齐:门窗安装前,应按设计图纸的要求检查门窗的数量、品种、规格、开启方向及外形等;门窗五金件、密封条、紧固件等应齐全,不合格者应予以更换。

塑料门窗施工作业的其他条件可参见 3.2.1(2)2)钢门窗安装施工作业条件。

3.3.3 安装管理控制要点

(1) 窗的安装

1) 固定片的安装应先采用直径为 φ3.2 的钻头钻孔,然后将十字槽盘头自攻螺钉 M4×20 拧入,不得直接捶击钉入。

2) 窗与墙体的固定

① 混凝土墙洞口应采用射钉或塑料膨胀螺钉固定。

② 砖墙洞口应采用塑料膨胀螺钉或水泥钉固定,并不得固定在砖缝处。

③ 加气混凝土洞口,应用木螺钉将固定片固定在胶粘圆木上。

④ 设有预埋铁件的洞口应采用焊接的方法固定,也可先在预埋件上按紧固件规格打基孔,然后用紧固件固定。

3）组合窗的拼樘料与窗框间连接应牢固,并用嵌缝膏嵌缝,应将两窗框与拼樘料卡接,卡接后应用坚固件双向拧紧,其间距应小于或等于600mm;坚固件端头及拼樘料与窗框间的缝隙应采用嵌缝膏进行密封处理。

4）窗框与洞口之间的伸缩缝内腔应采用填料填塞,填塞不宜过紧。

5）门窗洞口内外侧与窗框之间缝隙应采用闭孔弹性材料填嵌饱满,表面用密封胶密封。

6）玻璃不得与玻璃槽直接接触,应在玻璃四边垫上不同厚度的玻璃垫块,边框上的垫块,应采用聚氯乙烯胶加以固定。

7）安装双层玻璃时,玻璃夹层四周应嵌入中隔条,中隔条应保证密封、不变形、不脱落;玻璃槽及玻璃内表面应干燥清洁。

8）镀膜玻璃应安装在玻璃的最外层;单面镀膜层应朝向室内。

9）安装五金件、纱窗铰链及锁扣后,应整理纱网和压实压条。

(2) 门的安装

1）门的安装应在地面工程施工前进行。

2）门的上框及边框上应安装固定片,其安装方法与窗相同。

3）应根据设计图纸及门扇的开启方向,确定门框的安装位置,并把门装入洞口,安装时应采取防止门框变形的措施,无下框平开门应使两边框的下脚低于地面标高线,其高度差宜30mm,带下框平开门或推拉门应使下框低于地面标高线,其高度差宜为10mm。门的安装允许偏差与窗同,见门窗安装的允许偏差表和检验方法(表3.3.4)。门与墙体的固定方法与窗同,门框与洞口缝隙的处理方法与窗同。

4）门扇应待水泥砂浆硬化后安装;铰链部位配合间隙的允许

偏差及门框、扇的搭接量应符合国家现行标准《PVC塑料门》(JG/T 3017)的规定。

5) 门锁与执手等五金配件应安装牢固,位置正确,开关灵活。

(3) 塑料门窗工程试验

门窗安装工程应按规定进行喷淋试验。

3.3.4 施工质量验收

塑料门窗施工质量验收见表3.3.3。

塑料门窗施工质量验收　　　　表3.3.3

检验项目	标　　准	检验方法
主控项目	1.塑料门窗的品种、类型、规格、尺寸、开启方向、安装位置、连接方式及填嵌密封处理应符合设计要求,内衬增强型钢的壁厚及设置应符合国家现行产品标准的质量要求	观察检查;尺量检查;检查产品合格证书、性能检测报告、进场验收记录和复验报告;检查隐蔽工程验收记录
	2.塑料门窗框、副框和扇的安装必须牢固。固定片或膨胀螺栓的数量与位置应正确,连接方式应符合设计要求。固定点应距窗角、中横框、中竖框150~200mm,固定点间距应不大于600mm	观察检查;手扳检查;检查隐蔽工程验收记录
	3.塑料门窗拼樘料内衬增强型钢的规格、壁厚必须符合设计要求,型钢应与型材内腔紧密吻合,其两端必须与洞口固定牢固。窗框必须与拼樘料连接紧密,固定点间距应不大于600mm	观察检查,手扳检查,尺量检查,检查进场验收记录
	4.塑料门窗扇应开关灵活、关闭严密,无倒翘。推拉门窗扇必须有防脱落措施	观察检查,开启和关闭检查,手扳检查
	5.塑料门窗配件的型号、规格、数量应符合设计要求,安装应牢固,位置应正确,功能应满足使用要求	观察检查,手扳检查,尺量检查
	6.塑料门窗框与墙体间缝隙应采用闭孔弹性材料填嵌饱满,表面应采用密封胶密封。密封胶应粘结牢固,表面应光滑、顺直、无裂纹	观察检查,检查隐蔽工程验收记录

续表

检验项目	标 准	检 验 方 法
一般项目	1. 塑料门窗表面应洁净、平整、光滑,大面应无划痕、碰伤	观察检查
	2. 塑料门窗扇的密封条不得脱槽。旋转窗间隙应基本均匀	观察检查
	3. 塑料门窗扇的开关力应符合下列规定: 1)平开门窗扇平铰链的开关力应不大于80N;滑撑铰链的开关力应不大于80N,并不小于30N。 2)推拉门窗扇的开关力不大于100N	观察检查,用弹簧秤检查
	4. 玻璃密封条与玻璃及玻璃槽口的接缝应平整,不得卷边、脱槽	观察检查
	5. 排水孔应畅通,位置和数量应符合设计要求	观察检查
	6. 塑料门窗安装的允许偏差应符合 3.3.4 的规定	
	7. 塑料门窗安装的质量要求及检验方法应符合表3.3.5的规定	

塑料门窗安装的允许偏差和检验方法 表 3.3.4

项次	项 目		允许偏差(mm)	检验方法
1	门窗槽口宽度、高度	≤1500mm	2	用钢尺检查
		>1500mm	3	
2	门窗槽口对角线长度差	≤2000mm	4	用钢尺检查
		>2000mm	5	
3	门窗框的正、侧面垂直度		3	用1m垂直检测尺检查
4	门窗横框的水平度		3	用1m水平尺和塞尺检查
5	门窗横框标高		5	用钢尺检查
6	门窗竖向偏离中心		5	用钢直尺检查
7	双层门窗内外框间距		4	用钢尺检查
8	同樘平开门窗相邻扇高度差		2	用钢直尺检查
9	平开门窗铰链部位配合间隙		+2;-1	用塞尺检查
10	推拉门窗扇与框搭接量		+1.5;-2.5	用钢直尺检查
11	推拉门窗扇与竖框平行度		2	用1m水平尺和塞尺检查

塑料门窗安装的质量要求和检验方法　　　表 3.3.5

项　目		质　量　要　求	检 验 方 法
门窗表面		洁净、平整、光滑,大面无划痕、碰伤,型材无开焊和断裂	观察检查
五金件		齐全,位置正确,安装牢固,使用灵活,达到各自的使用功能	观察及尺量检查
玻璃密封条		密封条与玻璃及玻璃槽口的接触应平整,不得卷边、脱槽	观察检查
密封质量		门窗关闭时,扇与框间无明显缝隙;密封面上的密封条应处于压缩状态	观察检查
玻璃	单　玻	安装好的玻璃不得直接接触型材;玻璃应平整,安装牢固,不应有松动现象;表面应洁净,单面镀膜玻璃的镀膜层应朝向室内	观察检查
	双　玻	安装好的玻璃应平整、安装牢固、不得有松动现象,内外表面均应洁净,玻璃夹层内不得有灰尘和水气,双玻璃条不得翘起,单面镀膜玻璃应在最外层,镀膜层应朝向室内	观察检查
压　条		带密封条的压条必须与玻璃全部贴紧,压条与型材的接缝处应无明显缝隙,接头缝隙应≤1mm	观察检查
拼樘料		应与窗框连接紧密,不得松动,螺钉间距应≤600mm,内衬增强型钢两端均应与洞口固定牢靠,拼樘料与窗框间应用嵌缝膏密封	观察检查
开关部件	平开门窗扇	关闭严密,搭接量均匀,开关灵活,密封条不脱槽。开关力:平铰链应≤80N,滑撑铰链应在30~80N之间	观察及用弹簧称检查
	推拉门窗扇	关闭严密,扇与框搭接量符合设计要求,开关力应≤100N	观察检查,用深度尺及弹簧称检查
	旋转窗	关闭严密,间隙基本均匀,开关灵活	观察检查
框与墙体连接		门窗框应横平竖直、高低一致,固定片安装位置应正确,间距应≤600mm。框与墙体应连接牢固,缝隙内应用弹性材料填嵌饱满,表面用嵌缝膏密封,无裂缝,填塞材料与方法等应符合规程的要求	观察检查
排水孔		畅通,位置正确	观察检查

3.4 特种门安装

特种门系指具有特殊功能的门。包括不同材质、不同结构及不同开启方式的防火门、防盗门、自动门、全玻门、旋转门、金属卷帘门等。

3.4.1 防火门

防火门,是具有一定耐火能力、特定开启方向和开启方法的特种用途的门。不仅具有普通门的功能,还有防火、隔烟的特殊功能;一旦火灾发生,对抑制火势蔓延,保护人员疏散起着重要作用。防火门还能阻止烟火扩展,将火势控制在一定范围之内,以争取时间疏散人员,减少经济损失。

防火门多系钢质框架组合结构,其整体性好,在高温条件下支撑强度高,有些防火门还具有防盗、隔声、保温、装饰等多种功能。

(1) 施工原则

1) 安装施工防火门应区分其种类:

① 按耐火性能极限分类,有甲级门、乙级门和丙级门。防火门的分级与耐火极限,见表3.4.1的规定。

防火门的分级及耐火极限值 表3.4.1

防火等级	甲级	乙级	丙级
耐火极限(h)	1.2	0.9	0.6

注:1. 甲级防火门一般为全钢板门,无玻璃门,以火灾时防止扩大火灾为目的。
2. 乙级防火门一般为全钢板门,在门上方开一个小玻璃窗,玻璃选用5mm厚夹丝玻璃或耐火玻璃。以火灾时防止火势从开口部位蔓延为主要目的。性能较好的木质防火门也可达到乙级防火门标准。
3. 丙级防火门为全钢板门,在门上方开一个小玻璃窗,玻璃选用5mm厚夹丝玻璃。大多数木质防火门都在这一级范围内。

② 按材质分为木质和钢质:

A. 木质防火门:用木质材料经防火处理后制作的防火门,或用装饰防火胶板贴面,以达到防火要求。其防火性能稍差一些。

B. 钢质防火门:采用普通钢板制作。在门扇夹层中填入页岩棉耐火材料,以达到防火要求。国内一些生产厂家目前生产的防火门,门洞宽度、高度均采用国家建筑标准中常用的尺寸。

C. 复合玻璃防火门:采用冷轧钢板作防火门的门扇背架,镶嵌透明防火玻璃。其玻璃部分的面积一般可达到门扇面积的80%左右。因此其外表较为美观,但价格较高,安装精度要求也较高。

2)安装施工防火门应了解其设置和使用规定。防火门的设置和使用规定见表3.4.2。

防火门设置和应用的有关规定　　　　表3.4.2

防火部位及相关事项	设置要求
燃油和燃气的锅炉、可燃油油浸电力变压器、充有可燃油的高压电容器和多油开头等,设置于高层建筑外的专用房屋内,当必须设门时	应设甲级防火门
房间与中庭回廊相通的门、窗	应设自行关闭的乙级防火门、窗
紧靠防火墙两侧的门、窗洞口之间最近边缘的水平距离不小于2.0m,当水平距离小于2.0m时	应设置固定乙级防火门、窗
设在高层建筑内自动灭火系统的设备室	应采用耐火极限不低于2小时的隔坪、1.5小时的楼板和甲级防火门与其他部位隔开
地下室内存放可燃物的平均重量超过30kg/m²的房间隔墙,其耐火极限不应低于2小时	房间的门应采用甲级防火门
电缆井、管道井、排气道、垃圾道等竖向管道井应分别独立设置,为井壁上的检查门	应采用丙级防火门
防火门应为平开门	开启方向应为疏散方向,且关闭后应能从任何一侧手动开启
用于疏散走道、楼梯间和前室的防火门	应具有自行关闭的功能
双扇和多扇防火门	应具有按顺序关闭的功能

续表

防火部位及相关事项	设 置 要 求
常开的防火门	当发生火灾时具有自行关闭和信号反馈的功能
设在疏散走道上的防火卷帘	应在卷帘的两侧设置启闭装置,并应具有自动、手动和机构控制的功能
高层居住建筑的户门不应直接开向前室,当确有困难时,部分开向前室的户门	均应为乙级防火门
前室和楼梯间的门	均应为乙级防火门,并应向疏散方向开启
11层及11层以下的单元式住宅可不设封闭楼梯间,但开向楼梯间的户门	应设乙级防火门

注:本表内容摘自《高层民用建筑设计防火规范》(GB 50045—95)

(2) 防火门安装管理控制要点

1) 钢质防火门安装施工程序:划线→立门框→安装门扇及附件

① 划线:按设计要求尺寸,标高和方向,画出门框口位置线。

② 立门框:先拆掉门框下部的固定板,凡框内高度比门扇的高度大于30mm者,洞口两侧地面须设留凹槽。门框一般埋入±0.00标高以下20mm,须保证框口上下尺寸相同。允许误差小1.5mm,对角线允许误差小于2mm。将门框用木模临时固定在洞口内,经校正合格后,固定术楔,门框铁角与预埋铁件焊牢。

③ 安装门扇及附件:门框周边缝隙,用1:2的水泥砂浆或强度不低于10MPa的细石混凝土嵌塞牢固,应保证与墙体结成整体;经养护凝固后,再粉刷洞口及墙体。

④ 粉刷完工后,安装门扇,五金配件及有关防火装置。门扇关闭后,门缝应均匀平整,开启自由轻便。不得有过紧、过松和反弹现象。

2) 注意事项

① 为了防止火灾蔓延和扩大,防火门必须在构造上设计有隔

断装置,即装设保险丝。一旦火灾发生,热量使保险丝熔断,自动关锁装置就开始动作进行隔断,达到防火目的。

② 金属防火门,由于火灾时的温度使其膨胀,可能不好关闭;或是因为门框阻止门膨胀而产生翘曲,从而引起间隙;或是使门框破坏。必须在构造上采取措施,不使这类现象产生,这是很重要的。

③ 涂料不得污染防火密封条,以免影响密封造成窜烟。

3.4.2 防盗门

建设部、公安部于1991年联合颁发的《关于在住宅建筑设计中加强安全防范措施的暂行规定》要求:"居住住宅的分户门应设置钢质门或铁质门等抗破坏性能高的安全门,并于门上安装双面""三保险锁具"。防盗安全门最突出的特点是门体坚固,防撬性能强,用钢量大,锁舌多点锁定。

防盗安全门除应具备防盗的特殊功能之外,尚须有保温、隔音、防尘、防火、装饰等作用,还可配备报警装置,遇有侵袭时报警器随即发出报警信号,免遭被盗损失。

(1) 结构类型

防盗安全门的结构形式有:平开式、推拉式、折叠式和栅栏式四种。

1) 平开式的防盗门是门扇为整体结构,锁及铰链装于门侧,向内或外开启的单扇门。民用住宅应用平开式防盗安全门最多,且多为单扇平开式。

2) 推拉式的防盗门是单扇或双扇向左右推拉的门。

3) 折叠式的防盗门是门扇由多扇或多根杆组成的门,包括卷闸式、拉闸式多扇铰链折叠式等。

4) 栅栏式的防盗门是门扇由多条或多片固定栅棍组成的门。

(2) 产品等级

产品等级是在指定的侵袭、破坏工具作用下,按其最薄弱的环节能够抵抗非正常开启的净工作时间的长短,分为 A、B、C 三个等级,见表3.4.3 的规定。

防盗安全门等级划分　　　　　表3.4.3

防盗级别	A	B	C
抗暴净工作时间(min)	15	25	40

（3）辅件的技术性能

防盗门的主要技术性能，除了整体门的防盗等级之外，尚有对门铰链、门锁、报警装置等辅件的技术性能要求。

1）门铰链

① 门铰链应能支撑住门体重量，门在开启90°过程中，门体不应产生倾斜面，铰链轴线不应产生大于1mm的位移。

② 门铰链应转动灵活，在49N拉力作用下，门体可灵活转动90°。折叠门扇（或根）的铰链在49N力作用下，应可收缩开启，其整体动作应一致。折叠后，相邻两扇面的高低差不应不大于2mm。

③ 门铰链与门扇的连接处，在6000N压力作用下（力的作用方向为门的开启方向），框扇之间不应产生大于8mm的位移，门扇面不应产生大于5mm的凹变形。

2）门锁

① 门锁互开率不应大于0.03%，弹子级差不小于0.5mm。

② 防盗门锁均应采用具有防撬功能的专用锁或密钥量大于6×10^4的电子密码锁。

③ 门锁锁孔处应有防钻功能，使用钻头在15min内应无法钻透锁体和转动锁头。

④ 锁的执手在2200N拉力作用下，在200N·m转动力矩作用下，执手和转动芯轴应无损坏、变形、离位现象。

⑤ 防盗门使用双向锁时，双向锁的两个锁头一般应相同，使用同一把钥匙，应可灵活开启门内和门外锁头。

⑥ 使用电子密码锁，输入开启密码前，可以设有开启程序，该程序应简短、可靠、易记，并可定期或不定期更改。门在关闭后、电子密码处于锁闭状态。

3) 报警装置

① 防盗门宜安装报警装置,其安装位置应不易遭受外部破坏,且不影响门的开启。

② 报警信号显示可为两种形式:1. 向门外要有声音报警、距门1m处其声级不小于85dB;2. 对外应有输出报警信号接口。

③ 门扇和门框遭受下列方式之一的入侵功击时,报警装置应在30秒之内发出报警信号。每次报警时间应不少于30分钟。

A. 门体遭受300N以上的冲击力时;

B. 金属敲击门扇、框的声级大于是110dB时。

④ 高级防盗门的报警装置,还应对下列方式之一的入侵攻击产生报警信号:

A. 火焰切割门扇金属时;

B. 用钥匙连接开启锁具超过100秒时;

C. 连续三次输入错误密码后。

(4) 防盗门产品质量要求

1) 框、扇对角线和门扇外形的尺寸公差,见表3.4.4的规定。

防盗门对角线与外形尺寸公差(mm) 表3.4.4

对角线和外形尺寸	<2000	2000～3500	>3500
公差范围	≤3.0	≤4.0	≤5.0

2) 门扇与门框的搭接宽度,不小于8mm。

3) 门扇与门框配合活动间隙,不大于4mm。

4) 门扇与门框铰链贴合面间隙,不大于2mm;门的开启边在关闭状态与门框贴合面的间隙,应不大于3mm。

(5) 防盗门安装管理控制要点

防盗安全门,一般常采用多种钢结构拼花造型的平开式门。折叠式、栅栏式和推拉式防盗安全门,只能作为已有门体外层门,控制要点为:

1) 安装位置准确、牢固,缝隙填嵌密实,配件齐全;

2) 洞口几何尺寸正确;

3)料具齐全;

4)操作条件:

① 门洞口内已埋设预埋铁件,其间距和数量经检查符合要求;

② 门洞口做完初步粉刷并已干燥,且无空鼓现象;

③ 安全门的规格和开启方向符合设计要求。

5)防盗门框与墙体洞口埋件的连接应用螺栓和电焊连接,不宜采用钉与预埋木砖的连接方式。

3.4.3 自动门

自动门是采用电磁感应方式驱使门扇作滑行运动,能自动启闭的门。感应自动门,多以铝合金型材或玻璃为主料制作而成。这种门具有外观大方、简捷明快、运行噪音小、功耗低、启闭灵活、平稳、功耗低、节能,并可手动等特点。

(1)品种规格

目前我国较有代表性的品种与规格,见表3.4.5所示。

国产自动门主要品种与规格　　　　表3.4.5

品　种	规 格 尺 寸(mm)	
	宽	高
LM-100系列铝推拉自动门	2050~2415	2075~3575
F2型铝合金中分式微波自动门	分2、4、6扇型,除标准尺寸外可由用户订制	
系列铝合金自动门	950	2400

注:表列自动门品种均含无框全玻璃自动门。

(2)推拉自动铝合金门安装管理控制要点

TDLM—100系列推拉自动铝合金门,分为框式结构、普通门扇和无框全玻璃结构;有单扇滑动式和双扇滑动式。其控制系统由电脑逻辑记忆控制系统、无触点可控硅交流传动系统,以及超声波、远红外线、微波、传感器组成。自动门的滑动扇上部为吊挂滚轮装置,下部有滚轮导向结构和槽轨导向结构。

1)安装技术要求

① 产品检验应合格,防止污物污染门的表面。

② 检查预埋钢板位置应准确。

③ 测定地面标高。

④ 槽、轨安装的。槽、轨安装必须牢固,槽、轨应在同一垂直面内,轨道应水平。

⑤ 划线、安装和推拉与铝合金门扇的安装基本相同。

⑥ 调试合格。

⑦ 清理洁净。

2) 使用与保养

① 自动门滚轮导向或槽轨导向装置部位,应经常清扫污垢、垃圾。槽轨内应保持清洁,以保证自动门扇的正常滑行。

② 机械活动部位,应按要求加注滑油。

③ 传感器及控制箱经调试合格并正常运行后,即不得任意变动旋钮,以免影响使用效果。

④ 经常检查各部位机件及电气接头等处,如发现有松动或其他问题,应及时维修。

(3) 中分式微波自动门

1) 特点

① 传感自动开闭:微波自动门的传感系统是采用国际流行的微波感应方式,当人或其他活动目标进入微波传感器的感应范围时,门扇便自动开启;当活动目标离开感应范围时,门扇又会自动关闭;如果活动目标在感应范围之内静止不动3秒以上,门扇也会自动关闭。

② 自动运行柔性合缝:门扇的自动运行,有快、慢两种速度自动变换,使启动、运行、停止等动作达到良好的协调状态,同时可确保门扇之间的柔性合缝。

③ 自动停机功能:当自动门意外地夹住行人或门体被异物卡阻时,自控电路具有自动停机的功能,故安全可靠。

④ 断电可手动移门:这种自动门的机械运行机械无自锁作用,可在断电状态下作手动移门使用;这种门轻巧灵活,适用于宾馆、大厦、机场、医院手术间、高级净化车间、计算机房等建筑的自

动门。

2) 微波自动门的安装管理监控要点

① 轨道安装准确。

② 横梁安装稳定牢固。

③ 安装与调试符合设计要求。

④ 清理洁净。

3) 使用与维护

① 门扇的地面滑行轨道应经常清理,槽内不得残留异物。寒区冬季应防止水流进入轨道结冰,以免卡阻活动门扇。

② 微波传感器及控制箱等一旦调试正常,就不能任意变动各种旋钮的位置,以防失去最佳工作状态而达不到应有的技术性能。

③ 铝合金门框、扇及装饰板等,是经过表面化学防腐氧化处理的,产品运抵施工现场后应妥善保管,并注意门体不得与石灰、水泥及其他酸、碱性化学物品接触。

④ 对使用频繁的自动门,要定期检查传动部分装配紧固零件有否松动和缺损;对机械活动部位要定期加油,以保证门扇运行润滑、平稳。

3.4.4 全玻门

(1) 玻璃及其配件质量要求

1) 全玻璃门的玻璃应使用安全玻璃,其厚度必须符合规范规定和设计要求。一般情况下即 2 平米以下,无框全玻门的玻璃应使用厚度不小于 10mm 的钢化玻璃,有框全玻门采用的玻璃厚度不得小于 4mm 的钢化玻璃或厚度不小于 5.38mm 的夹层玻璃。其产品应有生产许可证、产品合格证书和性能检测报告。

2) 有框全玻门采用的支承垫块宜采用挤压成型的 PVC 或邵氏硬度为 A80-90 的氯丁橡胶等材料。定位垫块和止动片宜采用有弹性的无吸附性材料。

3) 全玻门所采用的附件、弹簧、自动开闭设备等的质量,应符合设计和使用要求。

(2) 全玻门安装管理监控要点

1）检验预埋件数量和定位符合设计要求。

2）弹线定位准确。

3）轨道固定牢固。

4）固定好半软质垫片。

5）调整定位玻璃门。

6）安装调整探头。

7）固定地弹簧及定位销。

8）安装门夹。

9）安装玻璃门调整地弹簧。

10）安装调整旋转门。

11）安装玻璃。

12）安装支承垫块和定位块。

13）设置醒目标志。当玻璃门透光宽度大于或等于900mm时，必须在距地面1500~1700mm处的玻璃表面设置醒目标志。

14）清理洁净。

3.4.5 旋转门

金属旋转门是由圆活动扇、转轴和转壁组成，可以控制人流和保持室内温度，还可采用手动或半自动或全自动进行旋转和启闭。

(1) 旋转门的特点

1）具有良好的密闭、抗震和耐老化性能：国产旋转门，铝结构采用合成橡胶密封固定玻璃，具有良好的密闭、抗震和耐老化性能，活动扇与转壁之间采用聚丙烯毛刷条，钢结构采用油面腻子固定玻璃，同样具有良好的保温节能、坚固耐用、减小噪音、清洗和维修方便等特点。

2）立体感强，坚固耐用：门扇一般为逆时针旋转，转动平稳、灵活。具有立体感强、坚固耐用。

3）有效控制门扇转速：门扇主轴下部设有可调节器阻尼装置，可有效控制门扇因惯性产生偏快的转速，以保持旋转平稳状态。

4) 进口旋转门：近年来进入我国装修市场的国外旋转门产品，以荷兰的 BOON—EDAM 牌豪华四扇型手动、半自动、全自动的铝合金、不锈钢及玻璃材料旋转门的结构和装饰很具代表性，已用于北京亚运村、昆仑饭店、长城饭店等多项工程。其特点与国产的产品基本相同，都具有较高的旋转灵便、转动平稳、坚固耐用、保温节能、清洗和维修方便等特点。同时还相当于双层推拉自动门的节能与隔声效果。

（2）旋转门安装管理监控要点

旋转门的安装一般是根据用户需要在设计选择后向厂家和经销商订制，然后经预约由专业技术人员到现场安装。其安装技术要点如下：

1）开箱检验应符合要求。

2）支设桁架应牢固并确保水平。

3）安装的转轴支座不允许产生下沉现象。

4）安装转门顶、转壁以及门扇时，应注意保持 90°夹角的要求，并保证门扇与门顶和扇与地坪之间具有合适的间隙，确保门扇旋转自如。

5）调整转壁位置。

6）安装固定转壁。

7）安装玻璃。

8）油漆或揭膜。

3.4.6 金属卷帘门

金属卷帘门是一种靠卷动升降启闭的帘式门窗。卷帘门具有外形平整美观、结构紧凑密闭、门体坚固耐用、节省占地面积、启闭灵活方便、操作简便易行，以及防风、防尘、防火、防盗等特点。

（1）规格

金属卷帘门的规格，可按 3 楹制的洞口尺寸来选择和确定。防火卷帘门的洞口宽度和高度，均不宜超过 5m。

（2）选用

金属卷帘门的选用见表 3.4.6。

主要生产厂出品的卷帘门情况　　表3.4.6

品种名称	产品规格(mm)	技术性能
JM型金属卷帘门	手动门:4000×3500 电动门:4500×5500	跨度<3.5m时,风载350Pa,中间挠度110mm; 跨度4.0m时,风载250Pa,中间挠度130mm
JZ型铝合金卷闸门	按要求规格加工,不超过6m	启动方式:电动、手动; 色泽:本色、着色
染色铝合金通花卷闸门	无定型尺寸,按用户要求加工	启动方式:电动、手动
SJA型铝合金卷帘门	按用户要求加工	启动方式:电动、手动; 色泽:银白
铝合金卷帘门	按用户要求加工	色泽:本色
铁丝卷帘门		
空腹不锈钢卷帘门		色泽:本色
JZ_1型彩色铝合金卷帘门	宽度:≤4.5m, 高度:≤3.5m	色泽:银白、金黄、红、绿; 启动方式:电动、手动; 构造:封闭式
JZ_2型半空腹彩色电化铝合金卷帘门		色泽:银白、金黄; 图型:菱形、宫灯形、四叶形
空腹金属鱼鳞式卷帘门		色泽:银白
LF_{21}型铝合金卷帘门窗	按用户要求加工1.0~4.0m的整扇门窗,超出可拼装而成	启动方式:电动、手动; 色泽:原色、电化、彩色
DJM型、SJM型金属卷帘门窗	电动:宽度1500~5400,高度2100~6000	抗风压:≤700Pa; 启动方式:电动、手动; 材质:铝合金、电化铝合金、镀锌板、不锈钢板、轧制铝合金板、冷轧板、圆钢、扁钢、钢管等
	手动:宽度3900以下,高度3300以下	
YJM型、DJM型、SJM型卷帘门窗	手动:宽度5000,高度3000	升降速度:5~10m/min; 电动功率:250~1100W; 卷帘片质量:5~15kg/m²; 横格管帘质量:9kg/m²; 遥控方式:红外线、无线电 遥控距离:8~20m
	电动:宽度2000~5000,高度3000~8000	

续表

品种名称	产品规格（mm）	技术性能
防火卷闸门	建筑洞口不大于宽 4500、高 4800 的各种规格均可选用	①隔烟性能:空气渗透量为 $0.24m^3/min·m^2$; ②隔火选材:符合国际耐火标准要求; ③耐风压:可达 120Pa 级; ④噪音:不大于 70dB; ⑤电源:电压 380V、频率 50Hz,控制电源电压 220V
铝合金卷闸	宽度:不限, 高度:≤4000	卷闸由帘面、卷筒、弹簧盒与导轨等组成
铝合金卷帘门	适于高、宽均不超过 3300 和门帘总面积小于 $12m^2$ 的门洞使用	卷帘门传动装置有卷帘轴、弹簧盒、滚珠盒等部件

(3) 安装管理监控要点

金属卷帘门包括防火卷帘门和普通卷帘门。普通卷帘门的传动形式,有手动和电动与手动组合传动两种。电动与手动组合传动,在正常情况下用电动启闭,当遇到临时停电或其他意外时,可用手动启闭。防火卷帘门应采用电动与手动组合传动形式,不得采用单一电动形式。

1) 施工条件

① 洞口尺寸应与卷帘门尺寸完全相符。

② 洞口导轨预埋件和支架预埋件的位置、数量应正确。

③ 阅读说明书和熟悉电气原理图。

④ 验核产品质量。

2) 安装技术

如系防火卷帘门尚需装配温感、烟感、光感报警控制系统及水幕喷淋装置。一旦遇有火情,防火卷帘门就可自动报警,自动喷淋、自动落门,具有综合防火性能。

安装顺序与要求:

① 测量、弹线准确。

② 安装卷筒。
③ 安装传动设备,不许松动。
④ 安装电控系统。
⑤ 空载试车:卷筒必须转动灵活,调试减速器使其转速适宜。
⑥ 安装帘板:帘板两端的缝隙应均匀,不许有擦边现象。
⑦ 安装导轨:各条导轨必须在同一垂面上。
⑧ 安装限位块松紧程度合适。
⑨ 防火卷帘门安装喷淋系统:水幕喷淋系统包括火灾探测报警器、报警控制阀、消防电磁阀、雨淋阀、水幕喷头、水力警铃、压力开关及水流指示器等装置。安装好喷淋系统后,应与总控制系统接通。
⑩ 负荷试车,全部调试符合要求后,装上防护罩。
⑪ 粉刷面层,打扫干净。

3.4.7 施工质量验收

特种门安装施工质量验收见表 3.4.7。

特种门安装施工质量验收　　　表 3.4.7

检验项目	标　　　准	检 验 方 法
主控项目	1. 特种门的质量和各项性能应符合设计要求	检查生产许可证、产品合格证书和性能检测报告
	2. 特种门的品种、类型、规格、尺寸、开启方向、安装位置及防腐处理应符合设计要求	观察检查;尺量检查;检查进场验收记录和隐蔽工程验收记录
	3. 带有机械装置、自动装置或智能化装置的特种门,其机械装置、自动装置或智能化装置的功能应符合设计要求和有关标准的规定	启动机械装置、自动装置或智能化装置,观察检查
	4. 特种门的安装必须牢固。预埋件的数量、位置、埋设方式、与框的连接方式必须符合设计要求	观察检查;手扳检查;检查隐蔽工程验收记录
	5. 特种门的配件应齐全,位置应正确,安装应牢固,功能应满足使用要求和有关特种门的各项性能要求	观察检查;手扳检查;检查产品合格证书、性能检测报告和进场验收记录

续表

检验项目	标 准	检验方法
一般项目	1. 特种门的表面装饰应符合设计要求	观察检查
	2. 特种门的表面应洁净,无划痕、碰伤	观察检查
	3. 推拉自动门安装的留缝限值、允许偏差和检验方法应符合表3.4.8的规定	
	4. 推拉自动门的感应时间限值和检验方法应符合表3.4.9的规定	
	5. 旋转门安装的允许偏差和检验方法应符合表3.4.10的规定	

推拉自动门安装的留缝限值、允许偏差和检验方法 表3.4.8

项次	项 目		留缝限值(mm)	允许偏差(mm)	检验方法
1	门槽口宽度、高度	≤1500mm	—	1.5	用钢尺检查
		>1500mm	—	2	
2	门槽口对角线长度差	≤2000mm	—	2	用钢尺检查
		>2000mm	—	2.5	
3	门框的正、侧面垂直度		—	1	用1m垂直检测尺检查
4	门构件装配间隙		—	0.3	用塞尺检查
5	门梁导轨水平度		—	1	用1m水平尺和塞尺检查
6	下导轨与门梁导轨平行度		—	1.5	用钢尺检查
7	门扇与侧框间留缝		1.2~1.8	—	用钢尺检查
8	门扇对口缝		1.2~1.8	—	用钢尺检查

推拉自动门的感应时间限值和检验方法 表3.4.9

项次	项 目	感应时间限值(s)	检验方法
1	开门响应时间	≤0.5	用秒表检查
2	堵门保护延时	16~20	用秒表检查
3	门扇全开启后保持时间	13~17	用秒表检查

旋转门安装的允许偏差和检验方法　　表3.4.10

项次	项目	允许偏差(mm)		检验方法
		金属框架玻璃旋转门	木质旋转门	
1	门扇正、侧面垂直度	1.5	1.5	用1m垂直检测尺检查
2	门扇对角线长度差	1.5	1.5	用钢尺检查
3	相邻扇高度差	1	1	用钢尺检查
4	扇与圆边留缝	1.5	2	用塞尺检查
5	扇与上顶间留缝	2	2.5	用塞尺检查
6	扇与地面间留缝	2	2.5	用塞尺检查

3.5 门窗玻璃安装

玻璃是建筑门窗的重要组成部分,也是一种装饰装修材料,既可透过光和热,达到采光与装饰美化建筑空间环境的作用,又能够阻挡风和雨,能控制光线透射,调节热量(吸热、隔热或反射热),节约采暖和空调能源,以及控制噪声,降低建筑物自重和防辐射、防爆、防火等多种功能。玻璃还被广泛使用于吊顶、隔断与隔墙、地面、屋面、柱面及各类现代门窗装饰。

3.5.1 一般规定

(1)产品应有合格证、检测报告和进场验收记录

玻璃和玻璃砖的品种、规格、尺寸、色彩、图案和涂膜朝向等性能应符合设计要求。单块玻璃大于 $1.5m^2$ 时应使用安全玻璃。其材质应符合现行材料标准和该产品说明书。应有产品合格证书、性能检测报告和进场验收记录。

(2)玻璃安装时机

玻璃工程要在框、扇校正和五金铁件安装完毕后以及框、扇涂刷最后一遍涂料前进行。

(3)冬期施工

冬期施工，从寒冷处运到暖和处的玻璃和镶嵌用的合成橡胶等型材应待其缓暖后方可进行裁割和安装。

1）预装外墙铝合金、塑料框扇玻璃不宜在冬期安装。

2）预装框、扇玻璃要在采暖房间进行。

(4) 安装玻璃前对框扇进行外观质量检验

安装玻璃前应对框扇认真检查，对木框扇应检查裁口是否平直和有无毛茬、戗刺；对金属框扇应检查是否有扭曲变形、开启不灵活等现象，检查部位如有缺陷应及时修理。

1）门窗扇是否能承受设计荷重，尺寸是否准确。

2）镶嵌玻璃的槽内不得有铆钉、螺栓、焊接接缝和其他突出物，玻璃安装前应仔细将玻璃槽清除干净。

3）角部、部件连接处等要密封严紧。

4）门窗的安装必须正确、牢固与主体连接要牢固可靠，在玻璃重量作用下不变形等。

5）门窗框扇的构造必须便于玻璃的更换。

(5) 玻璃宜集中下料裁割，边缘不得有缺口和斜曲。

1）木制门窗和钢门窗玻璃的裁割、形状和尺寸必须正确，且应按设计尺寸或实测尺寸，在长度和宽度上各缩小一个裁口宽度的 1/4。

2）铝合金及塑料框、扇玻璃裁割尺寸应符合国家现行技术标准对玻璃与玻璃槽之间配合尺寸规定，并满足设计安装的要求。

(6) 安装时机：外框、扇可在室内抹灰前安装，便于通风换气，调节室内温度和湿度。

(7) 安装要求

1）安装时严禁碰伤中空玻璃。

2）玻璃安装朝向应正确、牢固。

3）焊接、切割、喷砂等对玻璃应采取保护措施。

4）玻璃安装方法应正确。

5）清洁玻璃严禁用酸性洗涤剂等。

3.5.2 材料质量要求

(1) 常用玻璃的品种

1) 品种:有普通平板、磨砂、压花、夹丝、夹层、钢化、中空玻璃、有色和镀膜玻璃等。

2) 按加工工艺分类:平板玻璃、压延玻璃、工艺技术玻璃。

① 平板玻璃分为普通平板玻璃、浮法玻璃、吸热玻璃、磨砂玻璃、热反射玻璃、防火玻璃、特厚玻璃(玻璃砖)等。

② 压花玻璃分为压花玻璃、夹丝玻璃两种。

③ 工业技术玻璃分为平面、弯形钢化玻璃,单、双面磨光玻璃,夹层玻璃、中空玻璃、电热玻璃、饰面玻璃、防爆、防弹玻璃等。

3) 玻璃运输与保管

① 玻璃运输

A. 在装载时要把箱盖向上,直立紧靠放置,不使动摇碰撞。如堆放时有空隙要以稻草软物填实或用木条钉牢。

B. 做好防雨措施,以防雨水淋入玻璃箱内。因为成箱玻璃淋雨后,玻璃之间互相粘住,撬开时容易破裂。

C. 装卸和堆放时,要轻抬轻放,不能随意溜滑,防止震动和倒塌。

D. 短距离运输,整箱玻璃应把木箱立放,用机械运输或抬扛抬运,不能几人抬角搬运,单片玻璃应用吸盘搬运。

② 玻璃保管

A. 玻璃应按规格、等级分别堆放,以免混淆。

B. 玻璃堆放时应使箱盖向上,立放紧靠不得歪斜或平放,不得受重压或碰撞。

C. 玻璃木箱底下必须垫高 100mm,防止受潮。

D. 玻璃在露天堆放时,要在下面垫高,离地面约 200～300mm。上面用帆布盖好,但日期不宜过长。

E. 当保管不慎,玻璃受潮发霉时,可以用棉花蘸少量煤油或酒精揩擦,如用丙酮揩擦,效果更好。

(2) 油灰

油灰是一种油性腻子。安装玻璃用的油灰,有商品供应,也可以自制。其要求如下:

1) 选材:大白要干燥,不得潮湿,油料应使用不含杂质的熟桐油、鱼油、豆油。

2) 质量要求:搓捻成细条不断,具有附着力,使玻璃与窗槽连接严密而不脱落。

3) 配方:每100kg大白用油量及每100m² 玻璃面积油灰用量见表3.5.1所列。

100kg大白用油量及每100m² 玻璃面积油灰用量 表3.5.1

工作项目	每100kg大白用油量			每100m² 玻璃面积油灰用量(kg)
	清油(kg)	熟桐油(kg)	鱼油(kg)	
木门窗	13.5	3.5 3.5	13.5	80~106
顶 棚	12	5 5	12	335
坐底灰	15	5 5	15	

(3) 辅助材料

1) **填充材料**:主要用于铝合金框、扇槽口内的底部,起到填充作用,其上部用橡胶密封材料和硅酮系列的防水密封胶覆盖。填充材料主要有聚乙烯泡沫塑料,有片状、圆柱条等多种规格。

2) **密封材料**:在玻璃装配中,既能起到密封作用又起缓冲、粘结作用。

3) **防水密封材料**:应用较多的是硅酮系列的密封胶,硅酮系列密封胶有多个品种可供选择。较常用的有醋酸型硅酮密封胶和中性硅酮密封胶。在玻璃装配中,常与橡胶密封条配合使用。配套使用时要注意使用材料的性质必须相容。

4) **定位垫块**:定位垫块的主要材料为氯丁橡胶,具有弹性的成型品,还有木压条、回形卡子、小圆钉等。

(4) 镶嵌条、定位垫块和隔片、填充材料、密封膏等的品种、规格、断面尺寸、颜色、物理及化学性质应符合设计要求。

上述材料配套使用时,其相互间的材料性质必须相容。

3.5.3 门窗玻璃的选用

(1) 钢木门窗宜采用平板、中空、夹层、夹丝、磨砂、钢化、压光和彩色玻璃。

(2) 采光顶棚玻璃宜采用夹层玻璃、钢化玻璃以及由这些玻璃组成的中空玻璃。

(3) 斜天窗玻璃,应采用夹丝玻璃。若用平板玻璃,应在其下加设一层镀锌铁丝网片。

(4) 有特殊功能要求的玻璃选用:为了隔声、保温可采用双层中空玻璃;需遮挡或模糊视线时可采用磨砂玻璃和压花玻璃;为安全可采用夹丝玻璃、钢化玻璃和有机玻璃;为装饰和隔热可采用新型的仿金属镀膜玻璃。

(5) 玻璃厚度的选用:一般窗扇可用 2mm 和 3mm 厚玻璃;窗扇分格要求较大时,可采用 5mm 或 6mm 厚的玻璃。玻璃的品种、规格和颜色应符合设计要求。

(6) 压花玻璃应视场所选用。

(7) 夹丝玻璃在剪断时,切口部分容易损坏。其强度约为普通玻璃的 1/2,因此比普通玻璃更易产生热断裂。

(8) 中空玻璃选用玻璃原片厚度和最大使用规格主要决定于使用状态和风压荷载。对于四周固定垂直安装的中空玻璃,其厚度及最大尺寸按下列条件选择:

1) 玻璃最小厚度所能承受的平均风压。

2) 最大平均风压不得超过玻璃的使用强度。

3) 玻璃最大尺寸所能承受的平均风压。

(9) 安全玻璃:国家有关部委 2003 年 12 月 4 日联合发文规定:建筑物需要以玻璃作为建筑材料的下列部位必须使用安全玻璃。

1) 7 层及 7 层以上建筑物外开窗。

2) 面积大于 1.5m² 的窗玻璃或玻璃底边离最终装修面小于 500mm 的落地窗。

3) 倾斜装配窗、各类天棚(含天窗、采光顶吊顶)。

4) 观光电梯及其外围护。

5) 室内隔断、浴室围护和屏风。

6) 楼梯、阳台、平台走廊的栏板和中庭内栏板。

7) 用于承受行人行走的地面板。

8) 水族馆和游泳池的观察窗、观察孔。

9) 公共建筑物的出入口、门厅等部位。

10) 易遭受撞击、冲击而造成人体伤害的其他部位。

3.5.4 门窗玻璃安装管理控制要点

(1) 施工准备

1) 检查、验收门、窗框是否符合设计要求和质量要求；按门、窗扇的数量和拼花要求，计划好各类玻璃和零配件的需要量。

2) 玻璃在安装和镶贴前应挑选，裂缝掉角的不得使用，并且在安装前将玻璃清洗干净。

3) 把已裁好的玻璃按使用部位编号，并分别竖向堆放待用，如采用有机玻璃可提出尺寸和形状，向加工单位订货以减少现场作业。

(2) 玻璃安装控制要点

1) 门窗玻璃安装(略)。

2) 天窗玻璃安装：天窗玻璃是用铁卡子扣住的，两块玻璃要注意顺水接搭，并用卡子扣牢。斜天窗搭接处的重叠，如坡度大于 25% 时要接搭 35mm 左右，如坡度小于 25% 时要接搭 50mm，接搭重叠的缝隙要用油灰嵌实。

3) 磨砂玻璃安装时，磨砂面应向内。

4) 玻璃安装应在门窗五金安装后和涂刷最后一遍油漆前进行。

(3) 玻璃安装成品保护

1) 待胶干后不少于 24h 方可开启。

2) 玻璃安装好后应挂好风钩或插好插销。

3) 玻璃安装过程中应有防护措施。防止焊接、切割、喷砂及安设管线时，所产生的火花和飞溅的颗粒物质损伤玻璃。

4) 反射膜玻璃不得用酸性或含研磨粉清洗，避免有强酸性的洗涤剂溅污玻璃。不得用酸性洗涤剂或含研磨粉的去污粉清洗反射玻璃的反射膜面，否则，会造成反射膜脱落或伤痕。

5) 落地玻璃的单侧或双侧，应设置护栏或摆放花盆等装饰品。

6) 在落地玻璃表面，应在距地面 1500~1700mm 处的表面上设置醒目彩条或文字标志。

3.5.5 施工质量验收

门窗玻璃安装施工质量验收见表3.5.2。

门窗玻璃安装施工质量验收　　　　表 3.5.2

检验项目	标　准	检验方法
主控项目	1. 玻璃的品种、规格、尺寸、色彩、图案和涂膜朝向应符合设计要求。单块玻璃大于 $1.5m^2$ 时应使用安全玻璃	观察检查；检查产品合格证书、性能检测报告和进场验收记录
	2. 门窗玻璃裁割尺寸应正确。安装后的玻璃应牢固，不得有裂纹、损伤和松动	观察检查；轻敲检查
	3. 玻璃的安装方法应符合设计要求。固定玻璃的钉子或钢丝卡的数量、规格应保证玻璃安装牢固	观察检查；检查施工记录
	4. 镶钉木压条接触玻璃处，应与裁口边缘平齐。木压条应互相紧密连接，并与裁口边缘紧贴，割角应整齐	观察检查
	5. 密封条与玻璃、玻璃槽口的接触应紧密、平整。密封胶与玻璃、玻璃槽口的边缘应粘结牢固、接缝平齐	观察检查
	6. 带密封条的玻璃压条，密封条必须与玻璃全部贴紧，压条与型材之间应无明显缝隙，压条接缝应不大于 0.5mm	观察检查；尺量检查

续表

检验项目	标准	检验方法
一般项目	1．玻璃表面应洁净,不得有腻子、密封胶、涂料等污渍。中空玻璃内外表面均应洁净,玻璃中空层内不得有灰尘和水蒸气	观察检查
	2．门窗玻璃不应直接接触型材。单面镀膜玻璃的镀膜层及磨砂玻璃的磨砂面应朝向室内。中空玻璃的单面镀膜玻璃应在最外层,镀膜层应朝向室内	观察检查
	3．腻子应填抹饱满、粘结牢固;腻子边缘与裁口应平齐。固定玻璃的卡子不应在腻子表面显露	观察检查

3.5.6 常见质量缺陷及预控对策

门窗玻璃安装工程质量缺陷及预控对策见表3.5.3。

玻璃安装常见质量缺陷及预控对策 表3.5.3

项次	项目	质量缺陷	预控对策
1	材料	玻璃发霉	在玻璃储存期间应有良好的通风条件,防止受潮受淋
2	裁割	夹丝玻璃使用时易破损	裁割时应防止两块玻璃互相在边缘处挤压造成微小缺口,引起使用时破损
		安装尺寸小或过大	裁割时严格掌握操作方法,按实物尺寸裁割玻璃
3	安装	玻璃安装不平整或松动	(1) 清除槽口内所有杂物,铺垫底灰厚薄要均匀一致。底油灰失去作用应重新铺垫,再安装好玻璃。为防止底油灰冻结,可适当掺加一些防冻剂或酒精。 (2) 裁割玻璃尺寸应使上下两边距离槽口不大于4mm,左右两边距槽口不大于6mm,但玻璃每边镶人槽口应不少于槽口的3/4,禁止使用窄小玻璃。 (3) 钉子数量适当,每边不少于一颗,如果边长为400mm,就需钉两颗钉子,两钉间距不得大于150~200mm。 (4) 玻璃松动轻者挤入油灰固定,严重者必须拆掉玻璃,重新安装

续表

项次	项目	质量缺陷	预控对策
4	密封	尼龙毛条、橡胶条丢失或长度不到位。橡胶压条选型不妥,造成密封质量不好	(1) 密封材料的选择,应按照设计要求。 (2) 如果施工中丢失密封条,应及时补上。 (3) 封缝橡胶条,易在转角部位脱开。用橡胶条封缝的窗扇,要在转角部位注上胶液,使其牢固粘结
5	嵌油	油灰棱角不齐,交角处未成八字式	(1) 选用无杂质的油灰。冬季油灰应软些,夏季油灰应硬些,刮油灰时用油灰刀先从一个角插入已抹成槽口的油灰中,贴紧槽口边用力均匀向一个方向刮成斜坡形,向反方向理顺光滑;交角处如结合不好,应用油灰刀反复多次将其刮成八字形为止。 (2) 将多余的油灰刮除,不足处补油灰修至平整光滑
		底油灰不饱满	(1) 玻璃与槽口紧贴,四周不一致或有支翘处,须将玻璃起卸下,将槽口所有杂物清除掉,重抹底油灰。调制的底油灰应稀稠软硬适中。 (2) 铺底油灰要均匀饱满。厚度至少为1mm,但不大于3mm,无间断无堆集。铺好后再安装玻璃。 (3) 安玻璃时,用双手将玻璃轻按压实。四周的底油灰要挤出槽口。四口安实并保持端正。待挤出的底油灰初凝达到一定强度,才准许平行槽口将多余的底油灰刮匀,裁除平整。有断条不饱满处,可将底油灰塞入凹缝内刮平
		内见油灰外见裁口	(1) 要求操作人员认真按操作规程施工。对需涂刷涂料的油灰,所留油灰要比槽口小1mm,不涂涂料的油灰可不留余量。四角整齐,油灰紧贴玻璃的槽口,不能有空隙、残缺、翘起等弊病。 (2) 有内见油灰的弊病,可将多余的油灰刮除,使它光滑整齐。对外见裁口的弊病,可增补油灰,再裁刮平滑即可
6	油灰	油灰流淌	(1) 商品油灰须先经试验合格方可使用。 (2) 刮抹油灰前,必须将存在槽口内的杂物清除干净。 (3) 掌握适宜的温度刮油灰;当温度较高或刮油灰后下坠迹象时,应即停止。 (4) 选用质量好、具有可塑性的油灰,自配油灰不得使用非干性油料配制。油性较多时可加粉质填料,拌合调匀方能使用。 (5) 出现流淌的油灰,必须全部清除干净,重新刮质量好的油灰

续表

项次	项目	质量缺陷	预 控 对 策
6	油灰	油灰露钉或露卡子	(1) 木门窗应选用1/2～3/4in的圆钉,钉钉时不能损坏玻璃,钉入的钉子既要不使钉帽外露,又要使玻璃嵌贴牢固。 (2) 使用卡子固定钢门窗时,应使卡子槽口卡入玻璃边固定牢固。如卡子露出油灰外,则将卡子长脚剪短再安装。 (3) 将凸出油灰表面的钉子,钉入油灰内,钢卡子外露的应起下来,换上新的卡子卡平、卡牢。 (4) 损坏的油灰应修理平整光滑
		油灰粘结不牢,有裂纹或脱落	(1) 商品油灰应先经试验合格方可使用。 (2) 油灰使用前将杂物清除并调合均匀。 (3) 选用熟桐油等天然干性油配制的油灰。 (4) 油灰表面粗糙和有麻面时,用较稀的油灰修补。 (5) 油灰有裂纹、断条、脱落的,必须将油灰铲除,重抹质量好的油灰
7	钉压条	木压条不平整有缝隙	(1) 不要使用质硬易劈裂的木压条;压条尺寸应符合安装要求,端部锯成45度角的斜面,安装玻璃前先将木压条卡入槽口内,装时再起下来。 (2) 选择合适的钉子,将钉帽锤扁,然后将木压条贴紧玻璃,把四边木压条卡紧后,再用小钉钉牢。 (3) 有缝隙、八字不见角、劈裂等弊病的木压条,必须拆除,换上较好的木压条重新钉牢
8	表面清理	玻璃不干净或有裂纹	(1) 玻璃安装后,应用软布或棉丝清洗擦净玻璃表面的污染物,使达到透明光亮,发现有裂纹的玻璃,必须拆掉更换。 (2) 有气泡、水印、棱脊、波浪和裂纹的玻璃不能使用。裁割玻璃尺寸不得过大或过小,应符合施工规范规定。 (3) 玻璃安装时,槽口应清理干净,垫底油灰要铺均匀,将玻璃安装平整用手压实。钉帽紧贴玻璃垂直钉牢

4. 吊顶工程

吊顶工程是建筑装饰装修工程的重要组成部分,它是通过龙骨和吊杆悬挂在主体结构上的格构式弹性结构,不但具有保温、隔热、隔音和吸声作用的多重功能,同时还增加室内装饰艺术效果。

吊顶形式多种多样,按照施工工艺不同分为:暗龙骨吊顶和明龙骨吊顶;按吊顶结构形式分为:整体式吊顶、活动式吊顶、隐蔽式装配吊顶、开敞式吊顶;按吊顶骨架材料分为:木龙骨吊顶、轻钢龙骨吊顶、铝合金龙骨吊顶;按吊顶面层装饰材料分为:木质类、金属类、石膏板类、无机纤维板类、塑料类等。

吊顶工程造型构造日趋复杂,施工时大多与电气、设备、通风、消防等专业交叉进行,施工难度较大。吊顶质量优劣不仅直接影响室内装饰装修效果,从安装牢固和防火角度讲,吊顶工程的安全性更为重要,施工中应严格要求。

4.1 暗龙骨吊顶

暗龙骨吊顶是指龙骨隐蔽在饰面板内部,以饰面板表现天棚整体效果的一种吊顶形式。

4.1.1 施工原则

(1) 吊顶工程的木吊杆、木龙骨和木饰面板必须进行防火处理,并应符合有关设计防火规范的规定。

(2) 吊顶工程中的预埋件、钢筋吊杆和型钢吊杆应进行防锈处理。

(3) 安装饰面板前,应对吊顶内龙骨的布局、管道设施等进行隐蔽检查验收。

(4) 吊杆距主龙骨端部距离不得大于300mm,当大于300mm时,应增加吊杆。当吊杆长度大于1.5m时,应设置反支撑。当吊杆与设备相遇时,应调整并增设吊杆。

(5) 重型灯具、电扇及其他重型设备,严禁安装在吊顶工程的龙骨上。

(6) 吊顶标高、尺寸、起拱和造型应符合设计要求。

(7) 吊顶工程的吊杆、龙骨和饰面材料的安装必须牢固。

(8) 吊杆、龙骨的安装间距及连接方式应符合设计要求。金属吊杆、龙骨应经过表面防腐处理;木吊杆、龙骨应进行防腐、防火处理。

(9) 暗龙骨吊顶石膏板的接缝应按其施工工艺标准进行板缝防裂处理。安装双层石膏板时,面层板与基层板的接缝应错开,并不得在同一根龙骨上接缝;明龙骨吊顶饰面材料应稳固严密,饰面材料与龙骨的搭接宽度应大于龙骨受力面宽度的2/3。

4.1.2 材料质量要求及施工作业条件

(1) 材料质量要求

1) 吊顶材料的品种、规格、图案和颜色应符合设计要求。进场后,应按规定进行抽样检查,其技术性能指标应符合质量标准的规定。当使用人造木板作吊顶材料时,应在使用前对板材的甲醛含量进行复验,合格后才能使用。

2) 各类饰面板不应有气泡、起皮、裂纹、缺角、污垢和图案不完整等缺陷,表面应平整,边缘应整齐,色泽应一致。穿孔板的孔距应排列整齐;暗装的吸声材料应有防散落措施。胶合板、木质纤维板不应脱胶、变色和腐朽。

3) 胶粘剂的类型应按所用饰面板的品种配套选用,现场配制的胶粘剂,其配合比应由试验确定。

(2) 施工作业条件

1) 施工前,对吊顶固定处的基体进行结构检查,质量应符合有关国家标准的规定,并能满足吊杆施工要求及承重要求,在现浇板或预制板缝中,应按设计要求设置埋件或吊杆。对特殊结构部位或特殊楼板结构(如预应力楼盖或保温楼面),应检查埋件数量、间距、质量等。

2) 吊顶前,应对使用的龙骨材料进行认真检查筛选,对饰面板应按设计规格、颜色等进行分类配备。

3) 安装龙骨前,应按设计要求对房间净高、洞口标高和吊顶内管道、设备及其支架的标高进行交接检验。

4) 安装饰面板前,应完成吊顶内管道、设备的调试及验收。

4.1.3 施工管理控制要点

(1) 工艺流程

测量弹线→安装吊点、吊筋→安装主龙骨、次龙骨→隐蔽验收→安装饰面板→表面装饰→检查验收。

(2) 管理要点

1) 施工前,对材料的材质、品种、规格、图案和颜色进行抽样检查,查看是否符合设计要求。同时检查产品合格证书、性能测试报告、进场验收记录和所用人造木板甲醛含量的复验报告。

2) 现场重点检查预埋件安装的牢固、可靠性,吊点位置、吊顶标高、龙骨间距、节点连接等是否符合设计要求。

3) 吊顶隐蔽前,应对吊顶内龙骨的布局、管道设施等进行检查验收,合格后才能进行饰面板施工。主要查看施工企业对隐蔽工程是否及时做好验收记录,技术资料是否经监理(建设)单位签字认可,企业的质量评定是否真实。

4) 检查饰面板安装是否根据不同材料的要求进行安装,钉距及安装顺序是否符合操作要求。

5) 施工过程应按工艺操作要点做好工序质量监控。

(3) 控制要点

1) 木龙骨架饰面板吊顶

用木材作龙骨,用胶合板、纤维板、吸音板、刨花板等板材作饰面材料的吊顶称为木龙骨架饰面板吊顶。其施工操作要点如下:

① 根据吊顶施工平面图,弹线布置吊点,确定预埋件位置。

② 安设吊点、吊筋。现浇钢筋混凝土或预制楼板板缝中,预埋 $\phi 6$ 或 $\phi 8$ 钢筋,间距按设计要求,当无设计要求时,其间距一般为 1000mm。

当对既有建筑进行二次装修吊顶时,可按设计要求在现浇楼板底打眼下膨胀螺栓直接固定木方作吊点,再钉木方吊筋下引主龙骨。严禁在多孔预制板上钻孔设置吊筋。

在三角木屋架下吊顶,应按边线在下弦两侧钉上吊筋(均应钉两个钉子),再把主龙骨置于下弦下面使吊筋夹住主龙骨,并用圆钉钉牢。

③ 弹水平控制线。根据结构标高+500mm 水平控制线,顺墙高量至设计顶棚标高,沿墙四周弹出水平线,并在水平线上划出主龙骨分档位置线。

④ 主龙骨安装。将预埋钢筋弯成环形圆钩穿 8 号镀锌铅丝或用 $\phi 6$(或 $\phi 8$)吊筋螺栓将大龙骨固定,并保证满足标高要求。若无设计要求,起拱高度一般为房间跨度的 $1/200 \sim 1/300$。

⑤ 次龙骨安装

A. 次龙骨底面应刨光、刮平,截面厚度应一致。

B. 次龙骨间距应按设计的饰面板规格确定。若设计无要求,一般为 500m 或 600mm。

C. 按次龙骨间距在四周墙上的水平线位置及大龙骨上划出分档线。按分档线定位安装通长的两根边龙骨于防腐木砖上。拉线后每根次龙骨按起拱的标高,通过短木吊筋将次龙骨用圆钉固定于主龙骨上(为了确保起拱准确,面积较大的房间可设支撑)。吊筋要逐根错开,不得吊在龙骨的同一侧面上,通长的次龙骨对接接头应错开,采用双面夹板用圆钉错位钉牢,接头两侧最少各钉 2 个钉子。

在三角形木屋架下吊顶时,次龙骨钉于主龙骨上,主龙骨上可加吊筋与檩条吊牢。吊筋应偏向檩条两端,以免檩条下垂。

D. 安装卡档次龙骨。在通长的次龙骨底面,根据饰面板规格尺寸及接缝要求,沿横向弹分档线,以底面找平,将卡档次龙骨钉固于通长次龙骨之间。钉好后须将其调整在同一标高上。

⑥ 防腐、防火处理。龙骨骨架安装好后,顶棚内所有明露铁件应刷防锈漆;龙骨与墙、柱接触面应刷防腐油。顶棚内所有木龙骨应刷防火涂料。

⑦ 饰面板安装

饰面板安装可根据饰面板材不同采用不同的安装方法。

A. 圆钉钉固法。采用胶合板或纤维板作饰面板时,先按设计要求加工成所需的规格板材备用。

钉板前,每条纵横次龙骨上应弹出中心线,以确保分缝线条垂直。钉板时,若发现超线,应用木刨进行修整,确保分缝线均匀,同时注意饰面板的花纹应拼接一致。

用长25mm圆钉钉固,钉距80mm,钉帽低于板面2mm,钉帽用腻子刮平,进行二次油漆以防生锈。

B. 螺钉紧固法。饰面板选用装饰石膏板等饰面板材时可用镀锌木螺钉紧固。

安装装饰石膏板前应先将石膏板按螺钉位置钻好孔,然后将石膏板用自攻螺钉紧固。其安装程序与4.1.3(3)2)④轻钢龙骨纸面石膏板固定相同。

2) 轻钢龙骨纸面石膏板吊顶

以轻质高强的薄壁型钢为顶棚骨架的主(大)、次(小)龙骨,以纸面石膏板为顶棚的饰面板材,这种顶棚为轻钢龙骨纸面石膏板吊顶。其面层材料可以采用装饰石膏板、穿孔吸声石膏板、钙塑泡沫装饰吸声板、聚氯乙烯塑料装饰板、矿棉吸音板等顶棚装饰材料。

轻钢龙骨纸面石膏板吊顶龙骨有两种构造做法:中、小龙骨紧贴大龙骨,底面吊挂(即不在同一水平面)称双层构造(见图4.1.1);大、中龙骨底面在同一水平上,或不设大龙骨直接挂中龙骨称单层构造(见图4.1.2)。后者仅用于轻型吊顶。纸面石膏板板缝处理见图4.1.3。

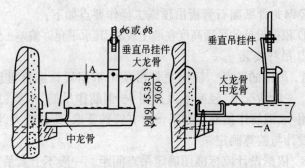

图4.1.1 U形轻钢龙骨吊顶双层构造

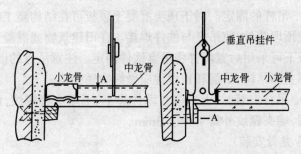

图4.1.2 U形轻钢龙骨吊顶单层构造

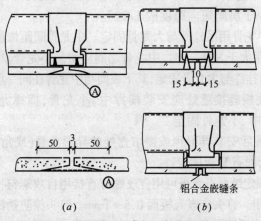

图4.1.3 纸面石膏板顶棚接缝处理
(a)密缝接缝；(b)离缝接缝

179

轻钢龙骨纸面石膏板吊顶施工操作要点如下：

① 根据设计的吊顶高度在墙上放线,其水平允许偏差±5mm。

② 吊杆安装

A．吊杆的选择。轻钢龙骨吊顶可依据设计或标准图选用吊杆。一般情况下,轻型吊顶选用 φ6 钢筋作吊筋,中型、重型吊顶选用 φ8 钢筋作吊筋。如果设计有特殊要求,荷载较大,则需经结构设计与验算确定。

B．依据设计或标准图确定吊点间距。一般不上人吊顶间距 1200~1500mm,上人吊顶间距 900~1200mm。

C．吊杆的固定。对于现浇混凝土顶板可在结构施工时预埋吊杆或预埋铁件,使吊杆与铁件焊接。在旧建筑物或混凝土多孔预制板下可采用后置埋件将吊点铁件固定。注意吊点的设置,严禁破坏主体结构,吊筋和预埋件应做好防锈处理。

D．吊杆安装时,上端应与埋件焊牢,下端应套螺纹,配好上下螺帽,端头螺纹外露不少于 3mm。

③ 龙骨安装

A．大龙骨可用吊挂件与吊杆连接,拧紧螺钉卡牢。大龙骨的连接可用连接件接长。安装好后进行调平,考虑吊顶的起拱高度,应不小于房间短向跨度的 1/200。

B．中龙骨用吊挂件与大龙骨固定。中龙骨间距依板材尺寸而定。当间距大于 800mm 时,中龙骨之间应增加小龙骨,与中龙骨平行,并用吊挂件与大龙骨固定,其下表面与中龙骨在同一水平上。

C．在板缝接缝处应安装横撑中、小龙骨,横撑龙骨用平面连接件与中、小龙骨固定。

D．最后安装异形顶或窗帘盒处的异形龙骨(或角铝龙骨)。

④ 纸面石膏板固定

A．固定纸面石膏板可用自攻螺钉直接用自攻螺钉枪将石膏板与龙骨固定。钉头应嵌入板面 0.5~1mm。钉头涂防锈漆后用腻子找平。自攻螺钉用 5×25 或 5×35 十字沉头自攻螺钉。

纸面石膏板接缝处理。如果是密缝,则石膏板之间应留 3mm 板缝，嵌腻子，贴玻璃纤维接缝带，再用腻子刮平顺。如需留缝，一般为10mm，此缝内可按设计要求刷色浆一道，也可用凹形铝条压缝。

B．固定装饰石膏板等板材时，应先将板就位，用电钻（钻头直径略小于自攻螺钉直径）将板和龙骨钻通，再用自攻螺钉固定。自攻螺钉间距不大于200mm。

4.1.4 施工质量验收

暗龙骨吊顶施工质量验收应符合表4.2.1的规定。

4.1.5 常见质量缺陷及预控措施

暗龙骨吊顶施工常见质量缺陷及预控措施见表4.2.3。

4.2 明龙骨吊顶

明龙骨吊顶工程的特点比较明显，龙骨既是吊顶的承件，又是吊顶的饰面压条。将新型轻质饰面板搁置在龙骨上，龙骨可以外露，也可以半露；可简化纸面石膏板饰面或木质吊顶的密缝吊顶或离缝吊顶的复繁工序，既有纵横分格的装饰效果，施工安装也较为方便。明龙骨吊顶工程的类型较多，下面以铝合金T型龙骨轻质饰面板吊顶为例介绍其施工技术要点。

铝合金T型吊顶龙骨骨架由UC型轻龙骨为大龙骨，由T型铝合金中龙骨和小龙骨以及其配件组成。此种吊顶同轻钢龙骨纸面石膏板吊顶一样，可分为轻型、中型、重型三种，其区别在于大龙骨的截面尺寸不同。构造方式是铝合金中龙骨与小龙骨相互垂直连接紧靠着固定于大龙骨下，是双层龙骨。如图4.2.1所示。

轻型吊顶为不上人型，铝合金T型龙骨吊顶，也可采用中龙骨直接用垂直吊挂件吊挂方式，做成不承受上人荷载的吊顶，如图4.2.2所示。

T型龙骨的上人或不上人龙骨的中距都应小于1200mm，吊点间距900～1200mm；中小龙骨间距视饰面板规格而定，一般为450mm、500mm、600mm。吊点的设置有预埋铁件和预埋吊杆的方式，如图4.2.3所示。

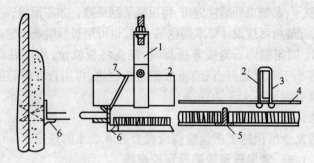

图 4.2.1 铝合金 T 形双层龙骨示意
1—大龙骨垂直吊挂件；2—大龙骨；3—中龙骨垂直吊挂件；
4—中龙骨；5—小龙骨；6—边龙骨；7—边龙骨垂直吊挂件

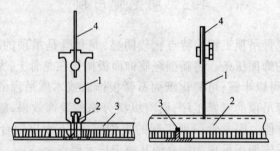

图 4.2.2 中龙骨直接吊挂顶棚示意
1—中龙骨垂直吊挂件；2—中龙骨；3—小龙骨；4—8 号铅丝

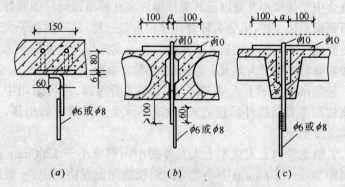

图 4.2.3 吊杆安装示意
(a)现制混凝土板安装吊杆；(b)、(c)预制混凝土板安装吊杆

轻质装饰板搁在T型铝合金龙骨上有浮搁式安装和接插式安装等。

4.2.1 施工原则

同"4.1.1暗龙骨吊顶工程施工原则"。

4.2.2 材料质量要求及施工作业条件

同"4.1.2暗龙骨吊顶材料质量要求及施工作业条件"。

4.2.3 施工管理控制要点

(1) 工艺流程

测量弹线→安装吊点、吊筋→钉边龙骨→安装大、中龙骨→隐蔽验收→安装饰面板和横撑小龙骨→检查验收。

(2) 管理要点

1) 施工前,对材料的材质、品种、规格、图案和颜色进行抽样检查,查看是否符合设计要求。同时检查产品合格证书、性能测试报告和进场验收记录。

2) 现场重点检查预埋件安装的牢固、可靠性,吊点位置、吊顶标高、龙骨间距、节点连接等是否符合设计要求。

3) 吊顶隐蔽前,应对吊顶内龙骨的布局、管道设施等进行检查验收,合格后才能进行饰面板施工。主要查看施工企业对隐蔽工程是否及时做好验收记录,技术资料是否经监理(建设单位)签字认可,企业的质量评定是否真实。

4) 检查饰面板安装是否符合工艺操作要求。

5) 施工过程应按工艺操作要点做好工序质量监控。

(3) 控制要点

1) 上人吊顶的U型大龙骨安装方法及要点同U型轻钢龙骨吊顶。

2) 对于不上人吊顶,当采用T型铝合金中龙骨为主龙骨时,可用14号~16号镀锌铅丝为吊筋并加反撑。

吊筋及吊点在混凝土楼板下的安装方法:

① 将吊点紧固在楼板上或将角钢铁件用螺栓紧固在楼板上。

② 用14号~16号镀锌铅丝上端拴牢于吊点孔内,下端做成

弯钩,钩住 T 型中龙骨;或用 8 号镀锌铅丝用中龙骨垂直吊挂件吊挂 T 型中龙骨,并加反撑,以防吊顶上下颤动。

③ 安装饰面板

A．成品装饰石膏板、装饰吸声穿孔石膏板、矿棉板、玻璃棉吸声板可用浮搁式安装。

B．带暗槽的饰面板则应将板材侧面凹槽对准 T 型中龙骨翼缘轻轻插入,从一头推向另一头,并嵌装小龙骨,依次进行。

4.2.4 施工质量验收

明龙骨吊顶施工质量验收应符合表 4.2.1 的规定。

吊顶工程施工质量验收　　表 4.2.1

项目		标准	检验方法
暗龙骨吊顶工程	主控项目	吊顶标高、尺寸、起拱和造型应符合设计要求	观察检查,尺量检查
		饰面材料的材质、品种、规格、图案和颜色应符合设计要求	观察检查,检查产品合格证书、性能检测报告、进场验收记录和复验报告
		吊杆、龙骨和饰面材料的安装必须牢固	观察检查,手扳检查,检查隐蔽工程验收记录和施工记录
		吊杆、龙骨的材质、规格、安装间距及连接方式应符合设计要求。金属吊杆、龙骨应经过表面防腐处理;木吊杆、龙骨应进行防腐、防火处理	观察检查,尺量检查,检查产品合格证书、性能检测报告、进场验收记录和隐蔽工程验收记录
		石膏板的接缝应按其施工工艺标准进行板缝防裂处理。安装双层石膏板时,面层板与基层板的接缝应错开,并不得在同根龙骨上接缝	观察检查
	一般项目	饰面材料表面应洁净、色泽一致,不得有翘曲、裂缝及缺损	观察检查,尺量检查
		饰面板上的灯具、烟感器、喷淋头、风门箅子等设施的位置应合理、美观,与饰面板的交接应吻合、严密	观察检查
		金属吊杆、龙骨的接缝应均匀一致,角缝应吻合,表面应平整,无翘曲、锤印;木质吊杆、龙骨顺直,无劈裂、变形	检查隐蔽工程验收记和施工记录

续表

项　目		标　准	检验方法
暗龙骨吊顶工程	一般项目	吊顶内填充吸声材料的品种和铺设厚度应符合设计要求,并应有防散落措施	检查隐蔽工程验收记录和施工记录
		暗龙骨吊顶工程安装的允许偏差和检验方法应符合表 4.2.2 的规定	
明龙骨吊顶工程	主控项目	吊顶标高、尺寸、起拱和造型应符合设计要求	观察检查,尺量检查
		饰面材料的材质、品种、规格、图案和颜色应符合设计要求。当饰面材料为玻璃板时,应使用安全玻璃或采取可靠的安全措施	观察检查,检查产品合格证书、性能检测报告和进场验收记录
		饰面材料的安装应稳固严密。饰面材料与龙骨的搭接宽度应大于龙骨受力面宽度的 2/3	观察检查,手扳检查,尺量检查
		吊杆、龙骨的材质、规格、安装间距及连接方式应符合设计要求。金属吊杆、龙骨应进行表面防腐处理;木龙骨应进行防腐、防火处理	观察检查,尺量检查,检查产品合格证书、施工记录和隐蔽工程验收记录
		明龙骨吊顶工程的吊杆和龙骨安装必须牢固	手扳检查,检查隐蔽工程验收记录和施工记录
	一般项目	饰面材料表面应洁净、色泽一致,不得有翘曲、裂缝。饰面板与明龙骨的搭接应平整、吻合,压条应平直、宽窄一致	观察检查,尺量检查
		饰面板上的灯具、烟感器、喷淋头、风口、篦子等设备的位置应合理、美观,与饰面板的交接应吻合、严密	观察检查
		金属龙骨的接缝应平整、吻合、颜色一致,不得有划伤、擦伤等表面缺陷。木质龙骨应平整、顺直,无劈裂	观察检查
		吊顶内填充吸声材料的品种和铺设厚度应符合设计要求,并应有防散落措施	检查隐蔽工程验收记录和施工记录
		明龙骨吊顶工程安装的允许偏差和检验方法应符合表 4.2.2 的规定	

暗龙骨吊顶工程、明龙骨吊顶工程安装的允许偏差和检验方法　　表4.2.2

项次	项目		允许偏差（mm）					检验方法
			纸面石膏板	石膏板	金属板	矿棉板	木板、塑料板、格栅	塑料板、玻璃板	
1	表面平整度	暗龙骨	3	—	2	2	2	—	用2m靠尺和塞尺检查
		明龙骨	—	3	2	3	—	2	
2	接缝直线度	暗龙骨	3	—	1.5	3	3	—	拉5m线,不足5m时拉通线,用钢直尺检查
		明龙骨	—	3	2	3	—	3	
3	接缝高低差	暗龙骨	1	—	1	1.5	1	—	用钢直尺和塞尺检查
		明龙骨	—	1	1	2	—	1	

4.2.5　常见质量缺陷问题与预控措施

明龙骨吊顶施工常见质量缺陷与预控措施见表4.2.3。

吊顶工程常见质量缺陷与预控措施　　表4.2.3

项目	质量问题	预控措施
龙骨安装	吊顶局部下沉,吊杆连接松脱	（1）吊点应分布均匀,在龙骨接头处和承载处应增加吊点,龙骨不得有过大悬臂； （2）吊点与基层固定要牢靠,特别在固定膨胀螺栓锚固端时,必须严格按规定控制钻孔孔径及深度,不得将孔钻大,使其丧失固紧能力； （3）使用钢筋作吊杆时,应作冷拉处理；使用镀锌丝作吊筋时,可用人力拉直,不得使用弯曲不直的钢筋或铅丝作吊杆（筋）； （4）安装后的龙骨上不得踩踏或超载； （5）吊杆应有足够承载力,不得使其产生拉伸变形,吊杆连接后接头要逐处检查
	吊顶大面积不平整,挠度明显	（1）按规定在楼板底和墙面处弹好吊杆位置线及标高水平线,按饰面板标高尺寸确定吊杆间距； （2）按质量要求控制主、次龙骨间距及闪龙骨悬臂部分长度,主、次龙骨连接接头应错开设置； （3）选择合理吊杆规格,吊杆与结构面及龙骨之间应确保有可靠连接； （4）饰面板在安装前,应将龙骨进行调直调平,所有连接件应严格紧固

续表

项目	质量问题	预控措施
龙骨安装	明装龙骨线条不平直、框格不准确	(1) 凡经扭折的主龙骨及次龙骨，一律不宜使用； (2) 安装前重视放线、分格，安装时必须按分格尺寸拉线对线操作； (3) 一定要拉通线，逐条调整龙骨的高低位置和线条的平直； (4) 四周墙面的水平线应测量准确，中间按平线起拱高度为1/200； (5) 严格控制龙骨规格和刚度，确保安装及使用过程中不变形
	明装龙骨接缝明显，高低不平	(1) 截料时应按实际量准尺寸，用角尺划线下料，注意端口要锯平直并与其长轴线垂直；接头缝隙一般不大于1mm。当为高级吊顶顶棚时，横龙骨截料长度应留有余量，以便安装时可用锉刀或手砂轮进行精加工，修整到安装后无明显缝隙为止； (2) 注意纵横龙骨下平面相交时，下平面接口要调整平正，调整方法是利用横龙骨连接于纵龙骨上的承插洞口进行，调整时视情况分别将洞口锉低、锉深，或分别加铝合金铆钉调平后固定
顶棚安装	顶棚的安装设施与罩面板安装不吻合	(1) 吊顶顶棚安装前必须与有关设施的安装工作相互配合好，吊顶施工单位应主动向有关安装单位索要技术资料，统一绘制吊顶顶棚安装图，注意烟感器及喷淋头与其他设施的距离应大于800mm，以利于遮挡；设施应布局合理，与顶棚装饰面自然协调，甚至本身就作为一种装饰品；设施需要在饰面板上钻孔或挖孔时，宜由吊顶施工单位统一操作完成； (2) 顶棚安装时，有关设施安装单位宜派员检查与本专业安装工作有无矛盾，发现问题及时处理； (3) 有关设施安装单位在安装本专业设施时，必须认真操作，附着并暴露在顶棚上
饰面板安装	饰面板表面质量差，有污染、折裂、颜色不一致	(1) 各类饰面板不应有气泡、起皮、裂纹、缺角、污垢和图案不完整等缺陷；表面应平整，颜色应一致。各类饰面板质量应符合现行国家、行业标准的规定，饰面板宜与龙骨配套，使用前应严格进行开箱检查； (2) 饰面板在运输和安装过程中应轻拿轻放，不得损坏板材的表面和边缘。运输和存放应采取相应措施，防止受潮变形或受污染； (3) 施工前应对板材进行排选，有图案花纹的应进行预排

5. 轻质隔墙工程

隔墙又称间壁或隔断墙,是分隔建筑物内部空间的非承重构件。现代建筑结构体系带来越来越大的室内使用空间,可以工厂化生产、装配化施工的轻质隔墙技术减少了建筑荷载、加快了施工速度,在公共建筑及居住建筑中得到广泛应用。轻质隔墙要求自重轻,厚度薄,便于拆移和具有一定的刚度,同时还要求有隔声、耐火、耐腐蚀以及通风、透光等要求。

轻质隔墙的种类较多,按组成材料不同可分为:板材隔墙、骨架隔墙、活动隔墙、玻璃隔墙等。

5.1 板 材 隔 墙

板材隔墙是指不要设置隔墙龙骨,由隔墙板材自身承重,将预制或现制的隔墙板材直接固定于建筑主体结构上的隔墙工程。隔墙板材通常分为复合板材、单一材料板材、空心板材等类型。常见的隔墙如加气混凝土板隔墙、石膏空心条板隔墙、GRC空心混凝土板隔墙、泰柏板隔墙等等。随着建材行业的技术进步,这类轻质隔墙板材的性能会不断提高,板材的品种也会不断变化。

5.1.1 施工原则

(1)板材隔墙拼接、安装应符合设计和产品构造要求。

(2)施工前,应按设计要求制做样板墙,经验收合格和确定施工方案后正式施工。同时要提出安装工艺要求和质量保证措施,以便于向施工班组进行技术交底和做好工序质量控制。

(3)轻质隔墙与顶棚和其他墙体交接处应采取防开裂措施。门窗框或筒子板与隔墙相接处应符合设计要求。

(4) 隔墙的上下基体应平整、牢固。

(5) 隔墙的下端如用木踢脚板覆盖,饰面板应与地面留有20～30mm的缝隙;当用大理石、瓷砖、水磨石等做踢脚板时,饰面板下端应与踢脚板上口齐平,接缝应严密。

(6) 在板材隔墙上开槽、打孔应用大理石切割机切割或用电钻钻孔,不得直接剔凿和用力敲击。

(7) 安装隔墙板材所需的预埋件、连接件的位置、数量及连接方法应符合设计要求。

(8) 民用建筑轻质隔墙工程的隔声性能应符合现行国家标准《民用建筑隔声设计规范》(GBJ 118)的规定。

5.1.2 材料质量要求及施工作业条件

(1) 材料质量要求

1) 隔墙板材的品种、规格、性能、颜色应符合设计要求。进场后应按规定进行检查验收,并有产品合格证。有隔声、隔热、防潮等特殊要求的工程,应有相应性能等级的检测报告。

2) 隔墙工程应对使用的人造木板的甲醛含量进行复验,复验结果应符合国家标准的规定。

3) 接触砖、石、混凝土的龙骨埋置用的木楔和金属连接件应做好防腐处理。板材拼接用的金属芯片应符合防火要求。

4) 隔墙板安装采用的粘结砂浆及墙面修补材料、勾缝材料的配合比应按设计要求配制。

(2) 施工作业条件

1) 室内抹灰等湿作业已经完工。与隔墙工程同时装饰施工的其他相邻装饰项目,应具备同时或继续施工的作业条件。

2) 安装工程已经完工。设备、管道已安装调试、完毕;需通入隔断墙面的管线已按要求敷设到位。

3) 凡需隐蔽检查验收的工程项目已经检验合格。

5.1.3 施工管理控制要点

(1) 工艺流程

测量放线→立墙板→拼缝处理→检查验收。

(2) 管理要点

对板材隔墙工程的监控:首先应依照设计图纸了解所用材料、规格、颜色和门窗位置及与原有建筑的连接(固定)方法和要求;对照进场材料,查看出厂合格证书、性能测试报告及进场验收记录是否齐全、有效、一致;检查施工企业对隔墙工程的隐蔽验收记录是否经监理(建设单位)签字认可;企业的质量评定是否真实。

在日常施工中,应着重检查板材质量和施工安装质量,尤其对关键材料的复查、关键节点部位的施工应加大检查力度,做到勤看、勤量、勤对照图纸、勤作记录,发现问题及时纠正。

施工过程应按工艺操作要点做好工序质量监控。

(3) 控制要点

1) 加气混凝土板隔墙安装控制要点

加气混凝土板材,是以钙质和硅质材料为基本原料,以铝粉为发气剂,经蒸压养护等工艺制成的一种多孔轻质板材。板材内一般配有单层钢筋网片。其安装操作要点如下:

① 按设计图纸要求,先在楼板(梁)底部和楼地面上弹好墙板位置线。

② 架立靠放墙板的临时方木。临时方木分上方木和下方木。上方木可直接顶在上部结构底面,下方木可离楼地面约10mm左右,上下方木之间每隔1.5m左右立支撑方木,并用木楔将下方木与支撑方木之间楔紧。临时木方支设后,即可安装隔墙板。

③ 一般采用刚性连接,即板的上端与上部结构底面用粘结砂浆粘结,下部用木楔顶紧后在空隙间填入细石混凝土。其安装步骤如下:

A. 墙板安装前,先将粘结面用钢丝刷刷去污垢并清除渣末。

B. 涂抹一层胶粘剂,厚约3mm。然后将板立于预定位置,用撬棍将板撬起,使板顶与上部结构底面粘紧;板的一侧与主体结构或已安装好的另一块墙板粘紧(图5.1.1),并在板下用木楔楔紧(图5.1.2);撤出撬棍,板即固定。

C. 板与板之间的拼缝,要满铺粘结砂浆,拼接时以挤出砂浆为宜,缝宽不得大于 5mm。挤出的砂浆应及时清理干净。

图 5.1.1 支设临时方木后隔墙安装示意

图 5.1.2 在墙板下部打入木楔

D. 墙板固定后,在板下填塞 1:2 水泥砂浆或细石混凝土。如采用经防腐处理后的木楔,则板下木楔可不撤除;如采用未经防腐处理的木楔,则待填塞的砂浆或细石混凝土凝固、具有一定强度后,将木楔撤除,再用 1:2 水泥砂浆或细石混凝土堵严木楔孔。

④ 墙板的安装顺序:当有门洞口时,应从门洞口处向两端依次进行;当无门洞口时,应从一端向另一端顺序安装。

⑤ 墙板安装与地面施工两者的先后顺序,一般应先立墙板后做地面,板的下部因地面嵌固,较为牢靠,但做地面时需对墙板注意保护。

⑥ 每块墙板安装后,应用靠尺检查墙面垂直和平整情况。

⑦ 有门窗洞口的墙体,一般均采取后塞口,其余量最多不超过 10mm,越小越好。因加气混凝土隔墙的内粉刷一般均较薄,缝隙过大不易处理,且影响门窗的锚固强度。

⑧ 对于双层墙板的分户墙,安装时应使两面墙板的拼缝相互错开。

2) 增强石膏空心板隔墙安装控制要点

增强石膏空心板,简称石膏圆孔板。是以建筑石膏,和以适量的水泥为胶结材料,以珍珠岩为骨料,加水搅拌制成浆料,再加玻璃纤维网络布作为增强而浇制成的圆孔型空心条板。其安装操作控制要点如下：

① 墙板安装时，应按墙位线先从门口通天框旁开始进行安装。通天框应在墙板安装前先固定好。

② 墙板的安装，应使用定位木架。安装前在板的顶端和侧面刷掺108胶的水泥砂浆，先推紧侧面，再顶牢顶面。具体方法参见"加气混凝土板隔墙安装"。

③ 在顶面顶牢后，立即在板下两侧各1/3处楔紧两组木楔，并用靠尺检查。随后在板下填塞干硬性混凝土。

④ 板缝挤出的粘结材料应及时刮净。板缝的处理，可在接缝处先刷水湿润，然后用嵌缝材料抹压平整。

5.1.4 施工质量验收

板材隔墙工程施工质量验收见表5.1.1。

板材隔墙工程施工质量验收　　　　表5.1.1

检验项目		标　　准	检验方法
主控项目		隔墙板材的品种、规格、性能、颜色应符合设计要求。有隔声、隔热、阻燃、防潮等特殊要求的工程，板材应有相应性能等级的检测报告	观察检查，检查产品合格证书、进场验收记录和性能检测报告
		安装隔墙板材所需预埋件、连接件的位置、数量及连接方法应符合设计要求	观察检查，尺量检查，检查隐蔽工程验收记录
		隔墙板材安装必须牢固。现制钢丝网水泥隔墙与周边墙体的连接方法应符合设计要求，并应连接牢固	观察检查，手扳检查
		隔墙板材所用接缝材料的品种及接缝方法应符合设计要求	观察检查，检查产品合格证书和施工记录
一般项目		隔墙板材安装应垂直、平整、位置正确，板材不应有裂缝或缺损	观察检查，尺量检查
		板材隔墙表面应平整光滑、色泽一致、洁净，接缝应均匀、顺直	观察检查，手摸检查
		隔墙上的孔洞、槽、盒应位置正确，套割方正、边缘整齐	观察检查
		板材隔墙安装的允许偏差和检验方法应符合表5.1.2的规定	

板材隔墙安装的允许偏差和检验方法　　表 5.1.2

项次	项目	允许偏差(mm) 复合轻质墙板 金属夹芯板	允许偏差(mm) 复合轻质墙板 其他复合板	允许偏差(mm) 石膏空心板	允许偏差(mm) 钢丝网水泥板	检 验 方 法
1	立面垂直度	2	3	3	3	用2m垂直检测尺检查
2	表面平整度	2	3	3	3	用2m靠尺和塞尺检查
3	阴阳角方正	3	3	3	4	用直角检测尺检查
4	接缝高低差	1	2	2	3	用钢直尺和塞尺检查

5.1.5 常见质量缺陷及预控措施

板材隔墙工程常见质量缺陷与预控措施见表5.1.3。

板材隔墙工程常见质量缺陷与预控措施　　表 5.1.3

项目	质量缺陷	预 控 措 施
加气混凝土板隔墙	表面不平整	(1) 加气混凝土条板在装车、卸车或现场存放时,应采用专用吊具或用套胶管的钢丝绳轻吊轻放,并应侧向分层码放,不得平放。 (2) 条板切割应平整垂直,特别是门窗口边侧必须保持平直;安装前进行选板,如有缺棱掉角,应用与加气混凝土材性相近的修补剂进行修补;未经修补的坏板或表面酥松的板不得使用。 (3) 安装前应在顶板(或梁底)和墙上弹线,并应在地面上放出隔墙位置线,接缝要求顺平,不得有错位。 (4) 拨板撬棍应加横向角钢,防止损伤隔墙板 (5) 随时安装随时检查表面平整度
加气混凝土板隔墙	墙板与结构连接不牢	(1) 严格控制粘结材料的质量及配合比,并做到随用随配,2h内用完。粘结砂浆宜采用:"水玻璃:磨细矿渣:砂"="1:1:(2~2.5)"或"水泥:聚醋酸乙烯乳液:砂"="1:1:3"。 (2) 安装时首先将条板粘结面清扫干净,去掉粉尘,用毛刷蘸水稍加湿润,把粘结砂浆涂抹在拼接面上(厚度3mm左右),拼接应严密平整,并将挤出的粘结剂刮平刮净。 (3) 条板下木楔应刷沥青做防腐处理,顺板方向楔紧不再撤出,但应注意木楔不得宽于板面。 (4) 每条板缝下1/3处(包括门洞口过梁等小块板缝),可采取斜钉1mm厚铁片的措施,以加强其整体性和刚度。 (5) 刚安装好的条板要防止碰撞,做好成品保护工作

续表

项目	质量缺陷	预控措施
加气混凝土板隔墙	板墙根部嵌浆不密实	当采用细石混凝土嵌固墙板根部时，应用C20干硬性细石混凝土，坍落度控制在0～20mm为宜，并应在一侧支模，以利捣固密实，但应注意其宽度不得超过板厚
预制陶粒板隔墙	墙面不平整	（1）事先画出分隔墙大样图再加工定货，施工时应认真按大样图编号进行安装，光面一侧应符合平整度要求。 （2）由于陶粒混凝土板较薄，安装时应特别精心，尽量减少碰撞和损伤
	板与结构连接不牢固	（1）严格控制粘结材料的质量及配合比，并做到随用随配，宜在2h内用完。可用"水泥：聚醋酸乙烯乳液：砂"＝"1:1:3"的砂浆填缝粘结板材。 （2）安装板材时，应将板材表面清扫干净并浇水润湿，把粘结砂浆抹在粘结面上，砂浆厚度为3～4mm，板材拼接后，将板缝挤出的砂浆刮净。 （3）板材下木楔应刷沥青做防腐处理，并注意不得使木楔宽出板材墙面

5.2 骨架隔墙

骨架隔墙是指在隔墙龙骨两侧安装墙面板以形成墙体的轻质隔墙。这一类隔墙主要是由龙骨作为受力骨架固定于建筑主体结构上。目前大量应用的轻钢龙骨石膏板隔墙就是典型的骨架隔墙。龙骨骨架中根据隔声或保温设计要求可以设置填充材料，根据设备安装要求安装一些设备管线等等。龙骨常见的有：轻钢龙骨系列、其他金属龙骨以及木龙骨。墙面板常见的有：纸面石膏板、人造木板、防火板、金属板、水泥纤维板以及塑料板等。

5.2.1 施工原则
同"5.1.1 板材隔墙施工原则"。

5.2.2 材料质量要求及施工作业条件
同"5.1.2 板材隔墙材料质量要求及施工作业条件"。

5.2.3 施工管理控制要点
(1) 工艺流程

1) 轻钢龙骨石膏板隔墙安装

墙位放线→墙垫施工→安装龙骨→安装墙面石膏板→填充保温或隔声材料→接缝处理→检查验收。

2) 木龙骨轻质饰面板隔墙安装

弹线找规矩→立边框墙筋→安装沿地、沿顶龙骨→安装横、竖龙骨→封饰面板→检查验收。

(2) 管理要点

对骨架隔墙工程的监控：首先应依照设计图纸了解所用材料、规格、颜色和门窗位置及与原有建筑的连接(固定)方法和要求。对照进场材料，检查出厂合格证书、性能测试报告、进场验收记录是否齐全、有效、一致。检查施工企业对隔墙工程的隐蔽验收记录是否经监理(建设单位)签字认可，企业的质量评定是否真实。

检查前，应熟悉施工图纸，了解和掌握有关工程质量标准、规范的基本规定和质量等级要求；施工中，着重检查骨架质量和隔墙板材安装质量，尤其对关键材料的复查、关键节点部位的施工，应加大检查力度，严格把好每道工序质量关。

施工过程应按工艺操作要点做好工序质量监控。

(3) 控制要点

1) 轻钢龙骨石膏板隔墙安装控制要点

轻钢龙骨石膏板隔墙，是以轻钢龙骨为骨架，以纸面(纤维)石膏板为墙面材料，在现场组装的分室或分户非承重墙。其施工操作要点如下：

① 根据设计图纸确定的墙位，在地面放出墙位线并将其引至顶棚和侧墙。

② 当设计采用水泥、水磨石、大理石踢脚板时，墙的下端应

做墙垫;如采用木或塑料等踢脚板时,墙的下端可直接与地面连接。

墙垫制作前,先对墙垫与楼、地面接触部位进行清理,然后涂刷掺108胶的水泥浆一道,随即浇筑混凝土墙垫,墙垫上表面应平整,两侧应垂直。

③ 轻钢龙骨安装

A.先将边框龙骨(沿地、沿顶龙骨和沿墙柱龙骨)和主体结构固定。固定前,在沿地、沿顶龙骨与地、顶面接触处,先要铺填一层橡胶条或沥青泡沫塑料条。

B.边框龙骨与主体结构的固定,可采用射钉或电钻打眼塞膨胀螺栓,一般可采用射钉。射钉按中距0.6~1m的间距布置,水平方向不大于0.8m,垂直方向不大于1m。射钉射入基体的最佳深度:混凝土基体为22~32mm,砖砌体基体为30~50mm。射钉位置应避开已敷设的暗管部位。

C.对已确定的龙骨间距,在沿地、沿顶龙骨上分档画线,竖向龙骨应由墙的一端开始排列。当隔墙上设有门(窗)时,应从门(窗)口向一侧或两侧排列。当最后一根龙骨距离墙(柱)边的尺寸大于规定的龙骨间距时,必须增设一根龙骨。龙骨的上下端除有规定外,一般应与沿地、沿顶龙骨用铆钉或自攻螺丝固定。

D.安装竖向龙骨,根据所确定的龙骨间距就位。

竖向龙骨应按要求长度预先进行切割,并应从上端切割,且上下方向、冲孔位置不能颠倒,并应保证冲孔高度在同一水平。

E.安装门口立柱时,要根据设计确定的门口立柱形式进行组合,在安装立柱的同时,应将门口与立柱一并就位固定。

F.当隔墙高度超过石膏板的长度时,应设水平龙骨。水平龙骨的连接一般有两种连接方式:一是采用沿地、沿顶龙骨与竖向龙骨连接,二是采用竖向龙骨用卡托和角托连接于竖向龙骨。

G.贯通横撑龙骨必须与竖向龙骨的冲孔保持在同一平面

上,并卡紧牢固,不得松动。

H. 当隔墙中设置配电盘、消火栓、脸盆、水箱时,各种附墙设备及吊挂件,均应按设计要求在安装骨架时预先将连接件与骨架件连接牢固。

④ 石膏板安装

安装石膏板之前,应对预埋墙中的管道和有关附墙设备采取局部加强措施,进行验收并办理隐检手续,经认可后方可封板。

A. 石膏板可以横向或纵向铺设。隔墙两侧的石膏板应错缝铺设,隔声墙的底板与面板也应错缝铺设。石膏板的安装顺序,应从板的中间向四周固定。在轻钢龙骨上安装石膏板时,如图

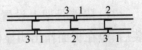

图 5.2.1　在 LL 体系安装石膏板顺序

5.2.1 所示,应从板的 1 处安装,其次在 2 处和邻板的 1 处安装后再在 3 处安装。

B. 石膏板与龙骨固定,应采用十字头自攻螺丝固定。

螺丝长度:用于 12mm 厚石膏板时为 25mm;用于两层 12mm 厚的石膏板时为 35mm。螺丝距石膏板边缘(即在纸面所包的板边)至少 10mm,在切割的边端至少 15mm(图 5.2.2),螺帽应略埋入板内,但不得损坏纸面。钉距在板的四周为 250mm,在板的中部为 300mm。如石膏板与金属减振条连接时,螺丝应与减振条固定(切不可与竖向龙骨连接),钉距为 200mm。

如面板与底板连接不用自攻螺丝时,也可用 SG791 胶粘剂将面板直接粘于底板上,粘结厚度以 2～3mm 为宜。

C. 为避免门口上角的石膏板在接缝处出现开裂,其两侧面板应采用刀把形板。

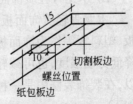

图 5.2.2　螺丝距石膏板边缘要求

D. 隔墙的阳角和门窗口边应选用边角方正无损的石膏板。

E. 隔墙下端的石膏板不应直接与地面接触,应留有 10～15mm 的缝隙,隔声墙的四周应留有 5mm 的缝隙,所有缝隙均用密封膏嵌严。

F. 位于卫生间等潮湿房间的隔墙,应采用防水石膏板。其构造做法应严格按设计要求进行施工。隔墙下端应做墙垫并在石膏板的下端嵌密封膏,缝宽不小于 5mm。

G. 墙面接缝为暗缝时,可采用楔形棱边石膏板,明缝则可采用矩形棱边石膏板。

H. 隔墙骨架上设置的各种附属设备的连接件,在石膏板安装后,应在板面作出明显标记。

⑤ 接缝处理

当采用无缝处理时,步骤如下:

A. 刮嵌缝腻子。

B. 粘贴接缝玻纤带。待嵌缝腻子终凝,再在接缝处薄薄地刮一层较稀的底层腻子,其宽约 60mm,厚约 1mm,随即用贴纸器粘贴接缝玻纤带,用刮刀挂平,赶出气泡。

C. 挂中层腻子。紧接着在玻纤带上刮一层宽约 80mm、厚约 1mm 的腻子,将玻纤带埋入腻子层中。

D. 找平腻子。待腻子凝固后,再用刮刀将腻子填满楔形槽与板面刮平。

以上三道工序必须连续操作,以免产生接缝带粘结不实和翘边现象。

2) 木龙骨轻质饰面板隔墙安装控制要点

木龙骨轻质饰面板隔墙以木龙骨作骨架,采用胶合板、纤维板、塑料板等作为饰面板。因其操作工艺简单,可加快施工速度,降低劳动强度,也可减轻建筑物自重,提高隔声、保温等性能。所以,在装饰装修中是一种较常采用的装饰工艺。其施工操作要点如下:

① 弹线。根据设计图纸确定的墙位,在地面放出墙位线并将

其引至顶棚和侧墙。

② 立边框墙筋。立筋时应考虑饰面板材的规格、尺寸确定立筋间距,同时确定横撑的间距。立筋间距一般在450～600mm。如有门口,其两侧需各立一根加强通天立筋。

③ 横撑加在立筋之间,与立筋不一定要垂直,但横撑应基本水平,并用钉子使其与立筋楔紧钉牢。

④ 窗口的上下及门口的上边应加横楞木,其尺寸应比门窗口大20～30mm,在安装门窗口时同时钉上。门窗樘上部宜加人字撑。

⑤ 安装沿地、沿顶楞木时,应将木楞两端头伸入砖墙内至120mm。

⑥ 饰面板安装一般用钉固定。板块接头形式有多种,主要分盖缝与不盖缝两大类。要求涂刷清漆的隔墙,其胶合板应在上墙前进行挑选,相邻面的木纹、颜色均应接近,以保证观感效果良好。

⑦ 饰面板应根据设计图加工裁切。安装时先按分块尺寸弹线;其余墙面或顶棚也用同种饰面板饰面时,接缝应交圈。

⑧ 电器等插座应装嵌牢固,表面应与饰面板底面齐平。门窗框与饰面板相接处亦应齐平,并加贴脸板覆盖或做筒子板。踢脚板若采用木踢脚板者,饰面板可离地20～30mm;若用石材面板做踢脚板时,饰面板下端应与踢脚板上口接缝严密。

⑨ 用胶合板饰面时,钉长为25～35mm,钉距80～150mm,钉帽应打扁,并钉入板面0.5～1mm,钉眼应用油性腻子抹平。若用盖缝条固定胶合板时,钉距不应大于200mm,钉帽应顺木纹钉入木条面0.5～1mm。

⑩ 用石膏板饰面时,安装方法同"轻钢龙骨石膏板隔墙安装"。

5.2.4 施工质量验收

骨架隔墙工程施工质量验收见表5.2.1。

骨架隔墙工程施工质量验收　　　表 5.2.1

检验项目		标　　准	检　验　方　法
主控项目		骨架隔墙所用龙骨、配件、墙面板、填缝材料,以及嵌缝材料的品种、规格、性能和木材的含水率均应符合设计要求。有隔声、隔热、阻燃、防潮等特殊要求的工程,材料应有相应性能等级的检测报告	观察检查,检查产品合格证、进场验收记录、性能检测报告和复验报告
		骨架隔墙工程边框龙骨必须与基体结构连接牢固,并应平整、垂直、位置正确	手扳检查,尺量检查,检查隐蔽工程验收记录
		骨架隔墙中龙骨间距和构造连接方法应符合设计要求。骨架内设备管线的安装、门窗洞口等部位的加强龙骨应安装牢固、位置正确,填充材料的设置应符合设计要求	检查隐蔽工程验收记录
		木龙骨及木墙面板的防火和防腐处理必须符合设计要求	检查隐蔽工程验收记录
		骨架隔墙的墙面板应安装牢固,无脱层、翘曲、折裂及缺损	观察检查,手扳检查
		墙面板所用接缝材料的接缝方法应符合设计要求	观察检查
一般项目		架隔墙表面应平整光滑、色泽一致、洁净、无裂缝,接缝应均匀、顺直	观察检查,手摸检查
		骨架隔墙上的孔洞、槽、盒应位置正确、套割吻合、边缘整齐	观察检查
		骨架隔墙内的填充材料应干燥,填充应密实、均匀、无下坠	轻敲检查,检查隐蔽工程验收记录
		骨架隔墙安装的允许偏差和检验方法应符合表 5.2.2 的规定	

骨架隔墙安装的允许偏差和检验方法　　表5.2.2

项次	项目	允许偏差（mm）		检验方法
		纸面石膏板	人造木板、水泥纤维板	
1	立面垂直度	3	4	用2m垂直检测尺检查
2	表面平整度	3	3	用2m靠尺和塞尺检查
3	阴阳角方正	3	3	用直角检测尺检查
4	接缝直线度	—	3	拉5m线，不足5m拉通线，用钢直尺检查
5	压条直线度	—	3	拉5m线，不足5m拉通线，用钢直尺检查
6	接缝高低差	1	1	用钢直尺和塞尺检查

5.2.5 常见质量缺陷与预控措施

骨架隔墙工程常见质量缺陷与预控措施见表5.2.3。

骨架隔墙工程常见质量缺陷与预控措施　　表5.2.3

项目	质量缺陷	预控措施
纸面石膏板隔墙	门口上角墙面裂缝，板与板接缝出现裂缝	（1）布置隔墙板时，要注意板的分块位置，将石膏板接缝与门口立缝错开布置； （2）处理板与板接缝时，应先刮嵌缝腻子，待腻子终凝，再用稠度较稀的底层腻子在接缝处薄刮一层，随即粘贴玻纤带，然后在玻纤带上刮腻子，将玻纤带埋入腻子层中
	隔墙周边出现裂缝	（1）龙骨的布置、间距和龙骨的材质、规格型号应符合设计要求。施工过程中有变更时，应征得设计人员同意，并由设计人出具设计变更图纸； （2）龙骨的安装节点及构造应符合设计结构要求，对墙垫的制作应保证符合施工质量的要求，沿地、沿顶龙骨应与主体直接牢固的固定；采用木龙骨时应做好防腐处理。当隔墙高度超过石膏板长度时，应加设水平龙骨。贯通的横撑龙骨必须与竖向龙骨的连接应保持在同一竖向平面上，并固定牢固，不得松动

续表

项目	质量缺陷	预控措施
木板材隔墙	板面接头翘起，表面凹凸不平，接缝不严	(1) 选料要严格。木龙骨料一般应用红白松，含水率不大于15%，并应做好防腐处理。板材应根据使用部位选择相应的面板，纤维板需做等湿处理，表面过粗时，应用细刨净面； (2) 所有龙骨钉板的一面均应刨光，龙骨应严格按排线组装，尺寸一致，找方找直，纵横龙骨交接处要平整； (3) 工序要合理，先钉龙骨后进行室内抹灰，最后钉板材。钉板材前，应认真检查。如龙骨变形或被撞歪斜，应修理调正后再钉面板； (4) 面板薄厚不均时，应以厚板为准，将薄板背面垫起，但必须垫实、垫平、垫牢，面板的正面应刮平刮直(朝外为正面，靠龙骨面为反面)； (5) 面板应从下面角上逐块钉设，并以竖向装钉为好，板与板的接头宜做成坡楞(如为留缝做法时，面板应从中间向两边由下而上铺钉)，板材分块大小按设计要求，拼缝应位于立筋或横撑上； (6) 铁冲子应磨成扁头(与钉帽一般大小)，钉帽要预先砸扁，(钉纤维板时钉帽不必砸扁)，顺木纹钉入面板内2mm左右，钉子长度应为面板厚度的3倍；钉子的间距：纤维为100mm，其他板材为150mm(钉木丝板时钉帽下应加镀锌垫圈)
	细部做法不规矩	(1) 熟悉图纸，妥善处理每一个细部构造。 (2) 为防止潮气由边部浸入墙内引起沿边翘起，应在板材四周接缝处加钉盖口条，将缝盖严。根据板材的不同，也可采取四周留缝的做法，缝宽一般以10mm左右为宜。 (3) 门口处构造应根据墙厚而定，墙厚等于门框厚度时可加贴脸，小于门框厚度时应加压条。 (4) 分格时注意接头位置，应避开视线敏感范围。 (5) 胶接时用胶不能太稠太多，下边应砌二层砖，接缝时用力挤出余胶，否则易产生黑纹。 (6) 踢脚板如为水泥砂浆，下边应砌二层砖，在砖上固定下槛，上口抹平，将面板直接压到踢脚板上口；如为木踢脚板，应在钉面板后再安装踢脚板

5.3 活动隔墙

活动隔墙是指可推拉、可拆装的活动式隔墙，又称活动隔断。

此类隔墙大多使用成品板材及其金属框架,用附件在现场组装而成,金属框架及饰面板一般不需再作饰面层。也有一些活动隔墙不需要金属框架,而使用半成品板材在现场加工制作成活动隔墙的。

活动隔墙大多使用在大空间的多功能厅(室)中。

常用的室内活动隔墙分单侧推拉式、双向推拉式如按活动扇的合启方式又可分:单对铰合、连续铰合;按存放方式分有:明露式、内藏式;按支承形式分有:悬挂式和下承式。

活动隔墙的构造因设计不同而不同,图 5.3.1 为构造做法的一种。

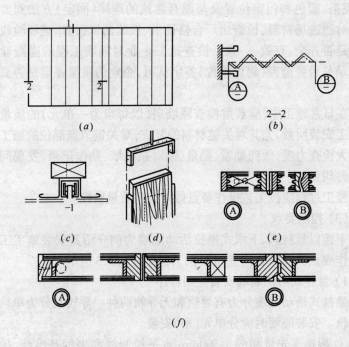

图 5.3.1 活动隔断构造示意
(a)立面图;(b)剖面图;(c)轨道嵌入天棚做法示意;(d)吊隔扇示意;
(e)木质隔扇节点;(f)钢木隔扇节点

5.3.1 施工原则
同"5.1.1 板材隔墙施工原则"。

5.3.2 材料质量要求及施工作业条件
同"5.1.2 板材隔墙材料质量要求及施工作业条件"。

5.3.3 施工管理控制要点
(1) 工艺流程

墙位放线→安装隔墙的上梁及侧框板→安装导轨→安装单元隔墙→调整处理→检查验收。

(2) 管理要点

对活动隔墙工程的监控,首先应依照设计图纸了解所用材料、规格、颜色和门窗位置及与原有建筑的连接(固定)方法和要求。对照进场材料,检查出厂合格证书、性能测试报告、进场验收记录是否齐全、有效、一致。检查施工企业对隔墙工程的隐蔽验收记录是否经监理(建设单位)签字认可,企业的质量评定是否真实。

在日常施工中,应着重检查隔墙扇(以每扇为一单元)的质量和施工安装质量,尤其对关键材料的复查,对关键节点部位的施工应加大检查力度,做到勤看、勤量、勤对照图纸、勤作记录,发现问题及时纠正。

施工过程应按工艺操作要点做好工序质量监控。

(3) 控制要点

下面以悬挂式、下承式推拉活动隔墙为例介绍其安装施工工艺操作要点。其安装构造如图 5.3.2 及图 5.3.3 所示。

1) 悬挂式活动隔墙安装控制程序

悬挂式活动隔墙分为有导轨和无导轨两种。导轨又分为单轨和双轨。安装隔墙时应分单元(扇)安装。

① 根据事先量测的 +500mm 水平控制线和坐标基准线,确定上梁侧框板及下导轨的安装位置,弹线标明;

② 用螺钉将上梁固定在安装洞口的顶部;

③ 对有侧框板的推拉隔墙,截取一定长度的侧框板,用螺钉

固定在洞口墙体侧面；

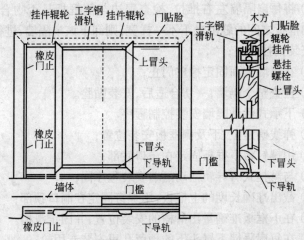

图5.3.2 悬挂式推拉隔墙

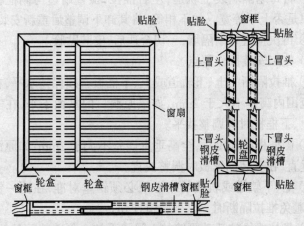

图5.3.3 下承式推拉隔墙

④ 将挂件上的螺栓及螺母拆开，把挂件及其滚轮套在滑轨上，再将滑轨用螺钉固定在上梁底部；

⑤ 根据活动隔墙的尺寸时，下轨道在固定地面上；

⑥ 将悬挂螺栓装入隔墙每扇上冒头顶上的专用孔内，用木楔

把隔墙顺下导轨垫平,再用螺母将悬挂螺栓与挂件固定住;

⑦ 将每扇隔墙左右推拉,检查扇边与侧框板是否吻合,如发现与侧框板之间的缝隙上下不一样宽,则卸下该扇隔墙,进行调整后再安装到挂件上;

⑧ 在隔墙侧面固定橡皮门止;

⑨ 检查整个隔墙,一切合适后,安装贴脸。

2）下承式活动隔墙安装控制程序

① 弹线确定上、下及侧框板安装位置;

② 用螺钉将下框板固定在洞口底部;

③ 与悬挂式有导轨活动隔墙安装程序同;

④ 截出准确长度的上框板,用螺钉固定在洞口顶部;

⑤ 在下框板准确量出滑槽的安装位置,并固定滑槽。

⑥ 在每扇隔墙下冒头下的预留孔里安装专用轮;

⑦ 将每扇隔墙装上轨道,左右推拉,检查扇边与侧框板之间的缝隙是否上下等宽。如不相等,将其卸下调整后重新安装就位;

⑧ 再次检查每扇隔墙,一切合适后,安装贴脸。

3）施工安装操作要点

① 推拉隔断的上、下轨道或上、下框板必须保持水平,在洞口全长范围内高差不大于 2mm,如果原洞口的基面不平,在安装上梁或上、下框板时应调整找平。

② 侧框板必须铅垂,全高垂直误差不大于 2mm,如原洞口基面不垂直,在安装侧框板时调整找直。

③ 上、下轨道或轨槽的中心线必须铅垂对准,在同一铅垂面内,以避免推拉隔断时,上、下轨道拧劲。

④ 悬挂式推拉活动隔墙的上梁承受整个隔墙的重量,必须安装牢固,上梁厚度不小于 50mm,每 200mm 的距离至少有一个点与洞口基底牢固连接。

⑤ 在侧框板垂直的前提下,如果活动隔墙边与侧框板的缝隙上下不等宽,首先要检查每扇隔墙的质量。如果每扇隔墙左、右两边框均不铅垂,可通过调节悬挂螺栓或轮盒进行找直。悬挂螺栓长

度直接由螺母调节;轮盒则须通过在轮盒槽内加垫片进行调节。

⑥ 安装完毕,随即用木方保护侧框板及每扇隔墙的边角。

5.3.4 施工质量验收

活动隔墙工程施工质量验收见表5.3.1。

活动隔墙工程施工质量验收　　　表5.3.1

检验项目		标　　准	检　验　方　法
主控项目		活动隔墙所用墙板、配件等材料的品种、规格、性能和木材的含水率应符合设计要求。有阻燃、防潮等特性要求的工程材料应有相应性能等级的检测报告	观察检查,检查产品合格证书、进场验收记录、性能检测报告和复验报告
		活动隔墙轨道必须与基体结构连接牢固,并应位置正确	尺量检查,手扳检查
		活动隔墙用于组装、推拉和制动的构配件必须安装牢固、位置正确,推拉必须安全、平稳、灵活	尺量检查,手扳检查,推拉检查
		活动隔墙制作方法、组合方式应符合设计要求	观察检查
一般项目		活动隔墙表面应色泽一致、平整光滑、洁净、线条应顺直、清晰	观察检查,手摸检查
		活动隔墙上的孔洞、槽、盒应位置正确、套割吻合、边缘整齐	观察检查,尺量检查
		活动隔墙推拉应无噪声	推拉检查
		活动隔墙安装的允许偏差和检验方法应符合表5.3.2的规定	

活动隔墙安装的允许偏差和检验方法　　表5.3.2

项次	项　目	允许偏差(mm)	检　验　方　法
1	立面垂直度	3	用2m垂直检测尺检查
2	表面平整度	2	用2m靠尺和塞尺检查
3	接缝直线度	3	拉5m线,不足5m拉通线,用钢直尺检查
4	接缝高低差	2	用钢直尺和塞尺检查
5	接缝宽度	2	用钢直尺检查

5.3.5 常见质量缺陷与预控措施

活动隔墙工程常见质量缺陷与预控措施见表5.3.3。

活动隔墙工程常见质量缺陷与预控措施　　表5.3.3

质量缺陷	预　防　措　施
推拉不灵活	(1) 安装前检查上梁与导轨安装位置是否在同一平面内。尤其在放线时应吊线上下检查，确定上、下、中线在所要安装的基体中间位置；其次是检查隔墙空间高度必须与所安装的隔墙(隔断)尺寸一致、吻合。对于无导轨折叠式活动隔墙，注意组装连接件的灵活性。 (2) 导轨安装前检查导轨的规格、型号是否与设计要求和相应的配套挂件匹配一致，检查是否有变形、扭曲、锈蚀等现象 (3) 安装导轨和挂件时，应保证位置准确，试拉是否便利灵活 (4) 活动隔墙的每个单元(扇)，在安装前也应进行检查，保证每扇四角方正，处在同一平面内。如有翘曲、变形等现象时，应予以更换或修整。安装后，进行来回试拉，如上下空档太大，可调整滚轮解决
隔断关闭后与结构墙体不吻合	(1) 活动隔断墙的安装必须保证每扇平整、垂直。如有歪斜等现象，应卸下后重新调整安装。 (2) 主体墙应保证立面垂直度。如安装槽框，槽的宽度上下应一致，悬挂式活动隔断的上下导轨应按设计要求伸入槽框一定尺寸，保证推拉隔断关闭后明露边框尺寸一致
推拉有噪声	(1) 安装好导轨后应清理导轨内的杂物；安装滚轮时，保持在同一水平线上，各种挂件的安装螺丝应牢固，不松动。 (2) 推拉隔断上、下轨道或上下框板必须保持水平，在基槽全长范围内高低差不大于2mm。如果原基槽面不平整，在安装上下导轨或框板时，应予以调整找平

5.4　玻　璃　隔　墙

玻璃隔墙包括玻璃砖隔墙和玻璃板隔墙。用于玻璃砖隔墙的玻璃砖分为空心和实心两种;从外观上又可分为正方形、矩形和各种异型等。玻璃砖以砌筑局部墙面为主,其特色是可以提供自然采光,能起到隔热、隔声和装饰作用,多用于透光墙壁、淋浴隔断、门厅、通道等装饰,特别适合高级建筑中控制透光、眩光和太阳光的场合。

玻璃砖隔墙构造形式如图5.4.1所示。

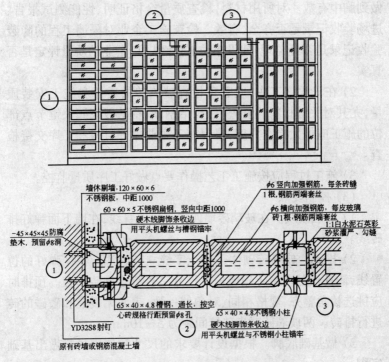

图5.4.1 用木线条封边的玻璃砖隔墙构造

下面以玻璃砖隔墙为例介绍其安装施工操作控制要点。

5.4.1 施工原则

同"5.1.1 板材隔墙施工原则"。

5.4.2 材料质量要求及施工作业条件

同"5.1.2 板材隔墙材料质量要求及施工作业条件"。

5.4.3 施工管理控制要点

(1) 工艺流程

墙位放线→排砖→挂线→砌筑→勾缝清理→检查验收。

(2) 管理要点

1) 做好玻璃隔墙工程监控,首先应熟悉设计图纸,了解所用材料的技术性能和玻璃隔墙工程施工技术要求,对工程基本情况做到胸中有数。对所用材料,检查质量合格证明、性能测试报告、进场验收记录是否齐全、有效。检查施工企业对隔墙工程的隐蔽验收记录是否经监理(建设单位)签字认可,企业的质量评定是否真实。

2) 在日常施工中,应着重检查玻璃砖的质量和施工安装质量,尤其对关键材料的复查(如拉结钢筋、粘结砂浆)、关键节点部位的施工应加大检查力度,督促施工企业做好自检和工序交接检查。

3) 施工过程应按施工工艺操作要点做好工序质量监控。

(3) 控制要点

1) 墙位放线。在玻璃砖墙四周弹好墙身线,在墙下面弹好排砖线。

2) 排砖。玻璃砖砌体采用十字缝立砖砌法。根据弹好的位置线,认真核对玻璃砖隔墙长度尺寸是否符合排砖模数。预排时应挑选棱角整齐、规格相同、对角线一致、表面无裂痕和磕碰的砖进行排砖。两玻璃砖对砌砖缝间距为 5~10mm。

3) 做基础底脚。根据设计要求的尺寸和使用材料做出基础底脚。

4) 挂线。先根据玻璃砖厚度和砖缝间距作好皮数杆,然后依据皮数杆进行挂线。砌筑第一层砖时应双面挂线。如玻璃砖隔墙较长,则应在中间多设几个支线点,每层玻璃砖砌筑时均须挂平线。

5) 砌筑要点

① 玻璃砖砌筑采用白水泥:细砂 = 1:1 的水泥浆,或白水泥:

108胶＝100：7的水泥胶浆(重量比)砌筑。水泥浆要有一定的稠度,以不流淌为好。

② 按上、下层对缝的方式,自下而上砌筑。

③ 为了保证玻璃砖墙的平整性和砌筑方便,每层玻璃砖在砌筑前,宜在砌筑砖上放置木垫块(图5.4.2)进行砌筑。每块玻璃砖上放置2块,卡在上下砖的凹槽内,如图5.4.3所示。

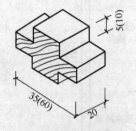

图5.4.2 砌筑玻璃砖时的木垫块

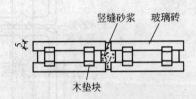

图5.4.3 玻璃砖的安装方法

④ 砌筑时,使玻璃砖的中间槽卡在木垫块上,两层玻璃砖的间距为5～8mm。缝中承力钢筋的间隔小于650mm,伸入竖缝和横缝,并与玻璃砖上下及两侧的框体和结构体牢固连接,如图5.4.4、图5.4.5所示。

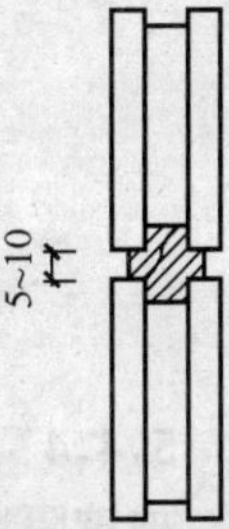

⑤ 砌筑时水泥砂浆要铺得厚一些,慢慢挤揉,立缝灌的砂浆一定要捣实,勾缝要勾严,保证砂浆饱满。砌筑高度1.5m为一个施工段。

⑥ 每砌完一层后,要用湿布将玻璃砖面上的残留灰浆擦去

图5.4.4 玻璃砖上下层的安装位置

⑦ 玻璃砖墙砌筑完后,应立即进行表面勾缝。先勾水平缝,再勾竖缝,缝的深度要一致。

⑧ 砌筑过程中,玻璃砖不要堆放过高,防止打碎伤人。

⑨ 砌筑完后,应在玻璃砖墙两侧搭设木架,防止玻璃砖墙遭到磕碰。

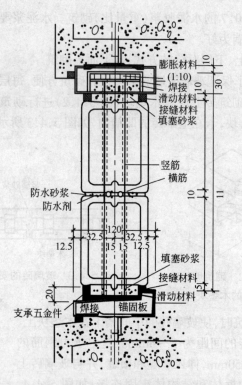

图 5.4.5 玻璃砖墙砌筑组合图

5.4.4 施工质量验收

玻璃隔墙工程施工质量验收见表 5.4.1。

玻璃隔墙工程施工质量验收 表 5.4.1

检验项目	标　　准	检 验 方 法
主控项目	玻璃隔墙工程所用材料的品种、规格、性能、图案和颜色应符合设计要求。玻璃板隔墙应使用安全玻璃	观察检查;检查产品合格证书、进场验收记录和性能检测报告
	玻璃砖隔墙的砌筑或玻璃板隔墙的安装方法应符合设计要求	观察检查

续表

检验项目	标　　准	检验方法
主控项目	玻璃砖隔墙砌筑中埋设的拉结筋必须与基体结构连接牢固，并应位置正确	手扳检查，尺量检查，检查隐蔽工程验收记录
主控项目	玻璃板隔墙的安装必须牢固。玻璃板隔墙胶垫的安装应正确	观察检查，手推检查，检查施工记录
一般项目	玻璃隔墙表面应色泽一致、平整洁净、清晰美观	观察检查
一般项目	玻璃隔墙接缝应横平竖直，玻璃应无裂痕、缺损和划痕	观察检查
一般项目	玻璃板隔墙嵌缝及玻璃砖隔墙勾缝应密实平整、均匀顺直、深浅一致	观察检查
一般项目	玻璃隔墙安装的允许偏差和检验方法应符合表5.4.2的规定	

玻璃隔墙安装的允许偏差和检验方法　　表5.4.2

项次	项目	允许偏差(mm)		检验方法
		玻璃砖	玻璃板	
1	立面垂直度	3	2	用2m垂直检测尺检查
2	表面平整度	3	—	用2m靠尺和塞尺检查
3	阴阳角方正	—	2	用直角检测尺检查
4	接缝直线度	—	2	拉5m线，不足5m拉通线，用钢直尺检查
5	接缝高低差	3	2	用钢直尺和塞尺检查
6	接缝宽度	—	1	用钢直尺检查

5.4.5 常见质量缺陷与预控措施

玻璃砖隔墙工程常见质量缺陷与预控措施见表5.4.3。

玻璃砖隔墙工程常见质量缺陷与预控措施　　表5.4.3

质量缺陷	预控措施
隔墙表面不平整、砖缝不顺直	(1) 安装前，进行墙位放线，按砖厚和砖缝间距立好皮数杆。然后，依据皮数杆进行挂线施工，每层砌筑时均应挂平线。 (2) 砌筑时，将砖上、下对缝，自下而上砌筑，灰缝控制在5~8mm； (3) 随砌砖随检查墙体平整度、灰缝平直度；如平整度超过允许偏差3mm时，应及时进行调整

续表

质量缺陷	预 控 措 施
玻璃砖安装不牢固	(1) 玻璃砖安装方法应符合设计要求,或按照批准的施工方案中的施工方法施工。 (2) 玻璃砖隔墙内应在纵横砖缝内设拉结筋,其直径和间距应符合设计要求。拉结筋两端应与结构连接牢固。施工过程应做好隐蔽验收记录。 (3) 每层玻璃砖在砌筑之前,应放置垫块(每块砖放置2块)。砌筑时卡在上、下砖的凹槽内施工。 (4) 砌筑砂浆应饱满,立缝灌浆应捣实,勾缝要严密

6. 饰面工程

饰面装饰是指把板、块装饰材料通过镶贴或构造连接安装等工艺与墙体表面形成的装饰层面。装饰层面能直接体现建筑物的装饰效果，充分利用天然或人造材料表现设计师的装饰设计风格，对墙面起较好的遮掩和保护作用。

6.1 饰面板安装

饰面板安装工程的施工方法主要有干作业施工和湿作业施工两种。目前，饰面板主要用于室内墙面装修和室外多层建筑的墙面装修，且多用于装饰标准较高的室内外装修工程。

饰面板安装工程采用的石材有花岗石、大理石、青石板和人造石材；金属饰面板有钢板、铝板等品种；木材饰面板主要用于内墙；此外还有塑料饰面板等材料。

6.1.1 施工原则

（1）饰面板安装工程施工应在基体或基层的质量验收后进行。基体应具有足够的强度、稳定性和刚度，其表面质量应符合工程质量验收规范的规定。

（2）施工前应有主要材料的样板或在相同基体上做样板墙、样板间，经验收合格和确定施工方案后正式施工。

（3）饰面板安装工程中预埋件（或后置埋件）和连接件的数量、规格、位置、连接方法和防腐处理必须符合设计要求。后置埋件的现场拉拔强度必须符合设计要求。

（4）饰面板安装应平整牢固，接缝宽度应符合设计要求，并填嵌密实，以防渗水。

(5) 金属饰面板的压楞尺寸及方向应符合设计要求。

(6) 饰面板安装工程的抗震缝、伸缩缝、沉降缝等部位的处理应保证缝的使用功能和饰面的完整性。

(7) 冬期施工时,砂浆的使用温度不得低于5℃。砂浆硬化前,应采取防冻措施。

(8) 工程完成后,应做好成品保护,防止污染和损坏。

6.1.2 材料质量要求及施工作业条件

(1) 材料质量要求

1) 饰面板安装工程所用材料应有产品合格证和性能检测报告,材料的品种、规格、性能及质量等级应符合设计要求。材料进场后,应按规定进行检查验收。其中应对室内用花岗石板的放射性、粘贴用水泥的凝结时间、安定性和抗压强度进行复验,合格后方准使用。

2) 安装饰面板用的铁制锚固件、连接件,应镀锌或经防锈处理。镜面和光面的大理石、花岗石饰面板,应用铜或不锈钢制做的连接件。

3) 饰面板应表面平整、边缘整齐,棱角不得损坏。天然大理石和花岗石饰面板,表面不得有隐伤、风化等缺陷,且不宜采用易褪色的材料包装。预制人造石饰面板,应表面平整,几何尺寸准确,面层石粒均匀、洁净、颜色一致。

4) 金属饰面板表面应平整、光滑,无裂缝和皱折,颜色一致,边角整齐,涂膜厚度均匀;其成品、半成品应按设计要求在工厂内加工制成,并有产品合格证,严禁在现场自行加工,更不得用手工制作。

5) 施工时所用胶结材料的品种,应有产品合格证和性能检测报告,其配合比应符合设计要求。

(2) 施工作业条件

1) 饰面板安装工程施工前,室外应完成雨水管的安装,室内应完成墙面、顶棚的抹灰工作。

2) 室内外门窗框均已安装完毕。

3) 室内管线和设施已安装调试完毕。墙面预留的电表箱洞、厕所间的肥盒洞已预留剔出,便盆、浴盆、镜箱及脸盆架已放好位置线或已安装就位。

4) 有防水间的房间、平台、阳台等,已做好防水层,并打好垫层。

5) 室内外墙面已弹好水平控制线。

6) 基层表面已进行处理。光滑的基层表面应凿毛处理,表面残存的灰浆、尘土、油渍等应清洗干净。加气混凝土基层表面,应在清净的基层表面先刷108胶水溶液一遍,然后满钉钢丝网,再抹粘结层及找平层。在檐口、腰线、窗台、雨篷等处留出的流水坡及滴水线,应事先做好并浇水湿润。

7) 核查基体尺寸,绘制好施工大样图。饰面板安装前,应根据建筑设计图纸要求,认真核实饰面板安装部位的实际结构尺寸及偏差情况。根据墙、柱校核的实际尺寸,包括饰面板间的接缝宽度在内,计算出板块的排列尺寸,按安装顺序编号,绘制出分块大样图和节点大样图,作为加工饰面板和各种零配件(锚固件、连接件)的安装施工的依据。

8) 做好饰面板进场检查。饰面板进场拆包后,首先应逐块进行检查,将破碎、变色、局部污染和缺棱掉角的全部挑出来,另行堆放;对符合要求的饰面板,应进行边角垂直测量、平整度检验、裂缝检验、棱角缺陷检验,以确保安装后宽、高等尺寸一致。根据要求需对花岗石板的放射性进行复验时,应按材料检验要求取样送交具有检测资格的单位复验。

9) 对饰面板选板、预拼、编号。对照排板图编号,复核所需板的几何尺寸,按大小、纹理和色彩选择归类。对有缺陷的板,应改小使用,或安装在不显眼的部位。在选板的基础上进行预拼,尤其是天然板材,必须通过预拼使上下左右的颜色花纹一致,纹理通顺,接缝严密吻合。预拼好的饰面板应编号,然后分类竖向堆放待用。凡位于阳角处相邻的两块饰面板材,应事先做好磨边卡角(图6.1.1)。

10) 对天然饰面板做好防碱背涂处理。采用传统的湿作业安装的天然石材,由于水泥砂浆在水化时析出大量的氢氧化钙,渗透到饰面板的表面将产生不规则的花斑(俗称返碱现象),会严重地影响建筑物室内外饰面板的装饰效果。因此,《建筑装饰装修工程质量验收规范》(GB 50210)规定:在天然饰面板

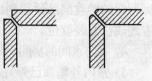

图 6.1.1　阳角磨边卡角

安装前,必须对饰面板采用"防碱背涂处理剂"进行背涂处理。已处理的饰面板在现场如需切割时,应及时在切割处涂刷好石材处理剂。

6.1.3　施工管理控制要点

(1) 工艺流程

1) 石材饰面板安装

① 灌浆法

板材就位、钻孔或开槽→板材安装→加楔校正、固定→分层灌浆→嵌缝处理→清理、养护→检查、验收。

② 粘贴法

基层处理→抹底层灰→弹线、分块→镶贴→清理、保护→检查、验收。

③ 干挂法

测量放线→安装连接件→安装饰面板→嵌缝、清理→检查、验收。

2) 金属饰面板安装

测量放线→安装骨架或基层板→安装饰面板→嵌缝或收口→检查、验收。

(2) 管理要点

熟悉饰面板安装工程施工技术要求。施工前,重点做好进场原材料的质量检查验收,所有材料应具有产品合格证书及相关性能检测报告。须进行复验的材料,应经过见证封样送检,合格后方可使用。需对基体的后置埋件进行拉拔检测时,应做好现场监督检测工作。施工中,着重对预埋件(或后置埋件)、连接节点、防水

层、防腐处理等隐蔽工程加强监督检查,保证饰面板安装牢固。

施工过程应按工艺操作要点做好工序质量监控。

(3) 控制要点

1) 石材饰面板安装

① 灌浆法

A. 安装前,要按照事先找好的水平线和垂直线进行预排,然后在最下一行两头用两块饰面板拉上横线找平、找直,再从中间或一端开始安装,并用铜丝(或不锈钢钢丝)把饰面板与结构表面的钢筋骨架绑扎固定,随时用托线板靠直靠平,保证板与板交接处四角平整。

B. 饰面板与基层之间的缝隙(即灌浆厚度),一般在 20～50mm 之间;拉线找方、挂直找规矩时,要注意处理好与其他工种的关系。门窗、贴脸、抹灰等厚度都应考虑留出饰面板的灌浆厚度,其做法可参见图 6.1.2 和图 6.1.3。

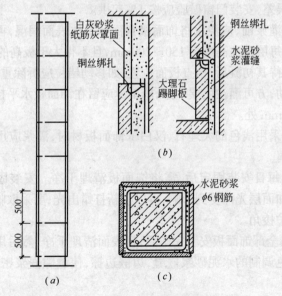

图 6.1.2 柱面板材划分和安装固定示意图
(a)立面;(b)纵断面;(c)横断面

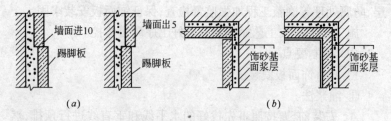

图 6.1.3 门窗套阴角衔接和墙面与踢脚线做法示意图
(a)墙面与踢脚线做法;(b)门窗套阴角衔接做法

C. 墙面、柱面、门窗套等饰面板安装与地面板材铺设的关系,一般采用先做立面后做地面,此法要求地面分块尺寸准确,边部饰面板须切割整齐。亦可采用先做地面后做立面的做法,以解决边部板材不齐的问题,但地面应加保护,防止损坏。

D. 饰面板安装后,用纸或石膏将底及两侧缝隙堵严,上下口用石膏临时固定,较大的板材(如碛脸)固定时要加支撑。为了矫正视觉误差,安装门窗碛脸应按 1% 起拱。

E. 灌浆前,应浇水将饰面板背面和基体表面润湿,再分层灌注砂浆,每层灌注高度为 150~200mm,且不得大于板高的 1/3,插捣密实,待其初凝后,检查板面位置,如移动错位应拆除重新安装;若无移动,方可灌注上层砂浆,施工缝应留在饰面板水平接缝以下 50~100mm 处。

F. 采用浅色的大理石、汉白玉饰面板材时,灌浆应用白水泥和白石屑。

G. 每日安装固定后,需将饰面板清理干净。安装固定后的饰面板如面层光泽受到影响,可以重新打蜡出光;要采取临时保护措施保护棱角。

H. 全部饰面板安装完毕后,将表面清理干净,然后用与板材相同颜色调制的水泥砂浆嵌缝,边嵌边擦,使缝隙嵌浆密实,颜色一致。

I. 擦拭、打蜡。将饰面板清洗后,进行擦拭或用高速旋转帆布擦磨,重新抛光上蜡。

② 粘贴法

A．基层处理。首先将基层表面的灰尘、污垢和油渍清除干净,浇水湿润。对光滑的基层表面应进行毛化处理或涂刷108胶水溶液。对于垂直度、平整度偏差较大的基层表面,应进行剔凿或修补处理。

B．抹底层灰。用1:2.5(体积比)水泥砂浆分两次打底、找规矩,砂浆厚度约为10～20mm,并按高级抹灰标准检查验收垂直度和平整度。

C．弹线、分块。用线坠在墙面、柱面和门窗部位从上至下吊线,确定饰面板表面距基层的距离(一般为30～40mm)。根据垂线,在地面上顺墙、柱面弹出饰面板外轮廓线,此线即为安装基础线。然后,弹出第一排标高线,并将第一层板的下沿线弹到墙上(如有踢脚线,则先将踢脚线的标高线弹好),然后根据板面的实际尺寸和缝隙,在墙面弹出分块线。

D．镶贴。将湿润并阴干的饰面板,在其背面均匀地抹上5～6mm厚的特种胶粉或环氧树脂水泥浆、粘结剂,依照水平线,先镶贴底层(墙、柱)两端的两块饰面板,然后拉通线,按编号依次镶贴。第一层贴完,进行第二层镶贴,以此类推。每贴完三层,用靠尺检查垂直度和平整度。

E．面板的嵌缝和表面处理同灌浆法。

③ 干挂法

干挂法是利用螺栓和耐腐蚀、强度高的连接件将薄型饰面板挂在建筑物结构外表面的一种装饰施工工艺。其特点是:施工不受季节性影响,有利于成品保护,饰面板不受粘贴砂浆析碱的影响,可保持饰面板色彩鲜艳(图6.1.4)。

施工操作控制要点:

A．测量放线。在基体各转角处下吊垂线,用来确定饰面板的外轮廓尺寸,对突出较大的做局部剔凿处理,以轴线及标高线为基线,弹出饰面板的竖向分格控制线,再以各层标高线为基线放出饰面板的横向分格控制线。

B. 根据设计尺寸和位置在结构面上安装连接件,在饰面板上开槽或钻孔。

C. 根据分格控制线由下向上安装饰面板。安装时,先支底层饰面板托架,放置底层饰面板,调节并暂时固定,再进行结构钻孔,安装固定螺栓,镶不锈钢固定件。

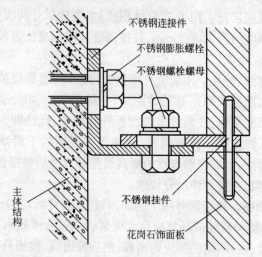

图 6.1.4　花岗石饰面板干挂工艺构造示意

挂板时应先试挂每块板,用靠尺板找平后再正式挂板。

先用胶粘剂注入板的悬挂孔眼内,再插入连接件(连接件插入孔内深度不宜小于20mm),每挂完一块板,将正面缝隙多余的胶粘剂清理干净。

挂上一层饰面板时,先将板材临时就位,量准连接件位置,然后钻孔或切割、注胶,镶不锈钢固定件。重复前面工序,直至完成全部饰面板的安装,最后镶顶层饰面板。

D. 嵌缝、清理饰面板表面。

2) 金属饰面板安装

金属饰面板一般采用铝合金板、铝塑复合板、不锈钢板、彩色压型钢板等,在外墙有保温要求时,也可在现场以两层金属板之间填充保温材料,与金属框组成整体;也可采用单层金属板加保温材料组成。

金属饰面板一般以型钢、铝型材或木材作骨架(有设计要求时设基层板)进行安装;一般以采用轻型钢骨架较多。

金属饰面板安装工程应按设计要求确定板材品种及其施工方式。一般施工操作要点如下:

① 粘结固定法

此方法主要用于室内墙、柱面和室外墙面局部装饰工程。

A．检查基体表面质量。按设计要求或金属板的规格定出间距进行弹线。

B．在基体表面安装木龙骨架时。采用预埋防腐木砖或在无预埋木砖的基层上钻孔打入木楔,用木螺丝或普通圆钢钉将木龙骨架(木方或厚夹板条)固定在基体上。木楔和木龙骨架须做好防腐、防火处理。

C．在木龙骨架上固定基层板(胶合板、细木工板或硬质纤维板)。木龙骨架经检查达到垂直和平整的要求后,用木螺丝或普通圆钢钉固定基层板。基层板须做好防火处理。

D．粘贴金属饰面板。基层板经检查达到垂直、平整要求后,用与基层板和金属饰面板相容的胶粘剂将金属饰面板粘贴在基层板上。

E．清理饰面板表面,做好嵌缝处理。板与板之间的间隙,一般为 10~20mm,用橡胶条或密封胶等弹性材料嵌缝。

F．做好成品保护。金属饰面板安装完毕后,其表面保护薄膜,应待工程全部完工后再剥离,以免金属饰面板被污染和划伤。

② 钉接固定法

A．检查基体表面质量。按设计要求或金属板的规格定出间距进行弹线。

B．在基体表面安装龙骨架。龙骨的布置方向与金属板长度方向相垂直,龙骨间距尺寸按设计要求。当采用木龙骨时,用木楔螺钉或直接用水泥钢钉与基体固定。木龙骨须做好防腐、防火处理;当采用金属龙骨(铝合金或轻钢龙骨)时,用膨胀螺栓与原基体预埋件连接。金属龙骨及预埋件应进行防锈处理。

C.安装金属饰面板。当采用金属条形扣板时,应从墙角的一端开始安装,第一条板材就位,将条形扣板长度方向的一个延伸边用木螺钉固定于龙骨上,接着将下一条扣板的边卡插入前一条板凹槽内,再用螺钉固定该条板的另一延伸边。如此重复前边工序,直至最后安装完毕。

D.边端收口处理。按设计要求采用装饰构件、装饰线脚或其他做法进行施工。

6.1.4 施工质量验收

饰面板安装工程施工质量验收见表6.1.1。

饰面板安装工程施工质量验收　　　表6.1.1

检验项目	标　　　准	检　验　方　法
主控项目	饰面板的品种、规格、颜色和性能应符合设计要求,木龙骨、木饰面板和塑料饰面板的燃烧性能等级应符合设计要求	观察检查;检查产品合格证书、进场验收记录和性能检测报告
主控项目	饰面板孔(槽)的数量、位置和尺寸应符合设计要求	检查进场验收记录和施工记录
主控项目	饰面板安装工程预埋件(或后置埋件)、连接件的数量、规格、位置、连接方法和防腐处理必须符合设计要求。后置埋件的现场拉拔强度必须符合设计要求。饰面板的安装必须牢固	手扳检查,检查进场验收记录、现场拉拔检测报告、隐蔽工程验收记录和施工记录
一般项目	饰面板表面应平整、洁净、色泽一致,无裂痕和缺损。石材表面应无泛碱等污染	观察检查

续表

检验项目	标准	检验方法
一般项目	饰面板嵌缝应密实、平直,宽度和深度应符合设计要求,嵌填材料色泽一致	观察检查,尺量检查
	采用湿作业法施工的饰面板工程,石材应进行防碱背涂处理。饰面板与基体之间的灌注材料应饱满、密实	用小锤轻击检查,检查施工记录
	饰面板上的孔洞应套割吻合,边缘应整齐	观察
	饰面板安装的允许偏差和检验方法应符合表6.1.2的规定	

饰面板安装的允许偏差和检验方法　　表6.1.2

项次	项目	允许偏差(mm)							检验方法
		石材			瓷板	木材	塑料	金属	
		光面	剁斧石	蘑菇石					
1	立面垂直度	2	3	3	2	1.5	2	2	用2m垂直检测尺检查
2	表面平整度	2	3	—	1.5	1	3	3	用2m靠尺和塞尺检查
3	阴阳角方正	2	4	4	2	1.5	3	3	用直角检测尺检查
4	接缝直线度	2	4	4	2	1	1	1	拉5m线,不足5m拉通线,用钢直尺检查
5	墙裙、勒脚上口直线度	2	3	3	2	2	2	2	
6	接缝高低差	0.5	3	—	0.5	0.5	1	1	用钢直尺和塞尺检查
7	接缝宽度	1	2	2	1	1	1	1	用钢直尺量检查

6.1.5 常见质量缺陷与预控措施

饰面板工程常见质量缺陷与预控措施见表6.1.3。

饰面板工程常见质量缺陷与预控措施　　　表 6.1.3

项目	质量缺陷	预控措施
石材饰面	大理石墙面板块接缝不平,板面纹理不通顺,色泽深浅不匀,装饰效果不佳	(1) 对偏差较大的基层应事先凿平或修补、清扫并浇水湿润。 (2) 安装大理石前,基层应弹线找规矩。 (3) 对大理石、花岗石应事先进行挑选,凡有缺棱、掉角、裂纹和局部污染的板材应剔出,并进行套方检验,规格尺寸如有偏差,应磨边修正,外露边口都应磨光并按色泽、纹理进行试拼,然后由下至上编号待用。 (4) 对号镶贴。小规格块材可采用粘贴法。大规格块材(边长大于40cm)须用安装方法,板块间缝隙应挤紧,面层用石膏浆封缝。 (5) 用1:2.5水泥砂浆分层灌缝,待上层砂浆终凝后,方可将上口固定木楔抽出,清理上口,再进行第二块板安装。 (6) 每天工作完成后应及时清理板面,不得有水泥浆污染板面现象
	大理石在色纹、暗缝及其他处出现不规则的裂缝	(1) 选用大理石板材时应剔除有裂疤、暗伤、缺棱掉角等缺陷的板材,以防止侵蚀气体和湿气侵入,锈蚀钢筋网片及金属配件,引起板面开裂。外装饰在设计时应尽可能采用磨光花岗石等材料,尤其是紧贴厨房、浴厕等有潮气房间的外饰面。 (2) 尽可能待结构沉降稳定后再进行大理石墙、柱的贴面,且在其顶部和底部留下一定的缝隙,以防止结构压缩,致使大理石受力开裂
	室外镶贴的大理石墙面,表面逐渐褪色和失去光泽,并产生麻点,出现局部开裂和脱落,甚至空臌脱落	(1) 不宜用大理石作室外墙面饰面,若必须使用,则应挑选品质纯、耐风化、耐腐蚀的大理石,如汉白玉、艾叶青等。 (2) 用于室外大理石压顶部位的,要保证基层不渗透水。灌缝应严密饱满。对大理石墙面的上部设计时应尽可能采取措施,防止大理石直接受日晒雨淋。 (3) 搬运大理石板时应注意保护棱角,用草绳、草帘绑好再运。施工灌浆时注意不得漏浆,以防造成污染。破坏了的石板应换掉,轻微损伤的可以用环氧树脂修补
金属饰面	金属饰面板表面不平整、不垂直、基层未处理好	(1) 对偏差较大的基层应事先凿平或修补。 (2) 龙骨安装前要弹线,安装时要挂线,并要办理隐蔽验收。 (3) 大面积安装时要试拼及编号

续表

项目	质量缺陷	预 控 措 施
金属饰面	线条不通顺,不清晰	(1) 基层处理、龙骨安装要到位。 (2) 金属板块要试拼及编号
木饰面	1. 木龙骨与墙体间有松动,没固定牢。 2. 木龙骨表面不平,阴阳角不方正。 3. 洞口歪斜,角口不方。 4. 木龙骨的分格距离不符合要求。 5. 木龙骨与墙接触处未作防腐处理,其周边未涂防火涂料或涂得不符合要求	(1) 在结构施工阶段就要认真熟悉装修图纸,对有关部位必须埋设预埋件。 (2) 木龙骨不得有腐朽、有疖疤、劈裂、扭曲等疵病。 (3) 结构预留洞口,当尺寸不符合装修要求时,应及时剔凿处理。 (4) 若预留木砖间距与木龙骨分格间距不符时,应予以补设,一般可用冲击钻打洞加木榫的办法补设。 (5) 凡在饰面分隔缝处外露的木龙骨钉元钉时,其钉帽必须打扁并顺木纹送进2mm。 (6) 木墙裙的木龙骨,其横向应根据墙面抹灰的标筋拉线找平,竖向吊线找直,阴阳角根部用方尺靠方。所垫木块必须与木龙骨钉牢。 (7) 木墙裙在阴阳角处,须在拐角的两个方向钉木楞。 (8) 木龙骨与墙接触处应防腐处理,其周边应涂防火涂料
	花纹错乱,颜色不匀,棱角不直,表面不平,接缝不严,钉帽外露端头	(1) 面板拉缝处木龙骨上外露的钉帽必须顺木纹送入2mm。 (2) 认真挑选木料。面板材料含水率应<12%,并要求纹理顺直,颜色均匀,花纹相似。 (3) 面板采用原木板材时,其厚度应≥10mm。当要求拼花时,其厚度应≥15mm。背面均须设置防变形槽。 (4) 在同一房间安装,面板应选用一种树种,其颜色、花纹应基本一致。 (5) 使用切片板时,宜对花纹。在立面上把花纹大的安装在下面,花纹小的安装在上面,不能倒装。迎面应选用颜色一致的面板使用。相邻两板颜色深浅应协调,不可突变。 (6) 为防板起鼓及干缩变形,一般竖向分格接缝,每格间缝宽度为8mm。 (7) 钉面层板要自下而上进行,接缝要严密。在板长范围内一般不应有接缝,只有当板长(一般为2.4m)不够时,才允许接缝,接缝宜设在视线以下,板面与龙骨接触需涂胶

续表

项目	质量缺陷	预控措施
木饰面	木墙裙、板表面不平,在阳光照射下可看到局部凹凸不平	(1) 木龙骨的间距一般不超过450mm,可根据面板厚度适当调整,使用薄板时木龙骨间距要小一些,使用厚板时,木龙骨间距可大一些。 (2) 施工前认真选择材料,按板的木纹、色泽进行预排。 (3) 潮湿墙面做防潮处理。在与踢脚线连接处可每隔1m钻一个气孔
塑料板	在表面弹击可听见空虚声,板的边缘处粘结强度低,达不到胶粘剂的剥离强度指标或有自动脱胶现象	(1) 普通砂浆或混凝土基层上有局部起砂、脱皮等缺陷时应先清理,然后用树脂胶泥刮平。 (2) 塑料板使用前应进行去污、脱脂和晾干处理。 (3) 保证胶粘剂的质量。 (4) 遵照厂商的使用说明配制和使用胶粘剂。 (5) 一般在基层和板面上涂胶。涂胶后要晾至胶液能拉丝时再粘贴。 (6) 对空鼓气泡可采用注射器抽气或扎孔放气,然后用注射器注入胶粘剂。如是板材膨胀、变形起臌,应割掉重贴
粘贴卷材	粘贴变形,板缝缺损	(1) 在板材使用前24h应开卷展开,解除包装应力。如能在70℃左右的热水、热气中预热10~20min,对脱脂、脱蜡、解除应力和提高粘结力都有好处。预热后要擦净、晾干。 (2) 预拼尺寸要准确,不能靠操作时扯来调整。 (3) 按照不同胶粘剂的固化期合理安排工序,不要在胶粘剂未充分固化前过早上人。 (4) 粘贴墙裙、踢脚线等垂直面时,顶部可预埋木砖、钉压条压紧固定;中间用木杠压紧支牢。临时支撑应可靠牢固,胶液未固化前不得拆除。 (5) 板缝缺损,可将缺损处局部割除再补贴或补焊。板面变形,隆起不大时,可扎孔放气,然后注入胶粘剂补粘牢固

6.2 饰面砖粘贴

饰面砖粘贴工程施工,包括外墙面砖、釉面瓷砖、陶瓷锦砖和玻璃马赛克的镶贴。

饰面砖工程所用材料大多是预制或经加工的成品、半成品材料,给施工带来方便,便于直接使用,缩短工期,虽然施工工艺要求较高，工序复杂，造价较高，却能作为一种有效的高级装饰装修做法在工程中大量采用。

6.2.1 施工原则

（1）饰面砖安装工程施工应在基体或基层的质量验收后进行。基体应具有足够的强度、稳定性和刚度，其表面质量应符合工程质量验收规范的规定。

（2）施工前，应有主要材料的样板或在相同基体上做样板墙、样板间（件），并经验收合格和确定施工方案后方可正式施工。对饰面砖样板件进行粘结强度检验时，其检验方法和判定结果应符合《建筑工程饰面砖粘贴强度检验标准》（JGJ 110）的规定。

（3）当基体的抗拉强度小于外墙饰面砖粘贴的粘结强度时，必须进行加固处理。加固后应对粘贴样板进行强度检验。

（4）对加气混凝土、轻质砌块和轻质墙板等基体，若采用外墙饰面砖，必须有可靠的粘结质量保证措施。否则，不宜采用外墙饰面砖饰面；对混凝土基体表面，应采用108胶水溶液或其他界面处理剂做结合层。

（5）外墙饰面砖粘贴应设置伸缩缝。嵌缝材料应用柔性防水材料。竖直向伸缩缝可设在洞口两侧或与横墙、柱对应的部位；水平向伸缩缝可设在洞口上、下或与楼层对应处。伸缩缝的宽度可根据当地的实际经验确定。当采用预粘贴外墙饰面砖施工时，伸缩缝应设在预制墙板的接缝处。

（6）墙体变形缝两侧粘贴的外墙饰面砖，其间的缝宽不应小于变形缝的宽度（图6.2.1）。

（7）饰面砖应镶贴平整，接缝宽度应符合设计要求，且不应小于5mm，不得采用密缝。嵌缝应密实，以防渗水，缝深不宜大于3mm，也可采用平缝。

（8）墙面阴阳角处宜采用异型角砖。阳角处也可采用边缘加工成

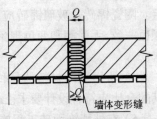

图6.2.1 变形缝两侧排砖示意

45°角的面砖对接。

（9）对窗台、檐口、装饰线、雨篷、阳台和落水口等墙面凹凸部位，应采取防水和排水构造。

（10）在水平阳角处，顶面排水坡度不应小于3%；应采用顶面面砖压立面面砖，立面最低一排面砖压底平面面砖等做法，并应设置滴水构造。

（11）外墙饰面砖粘贴施工应符合《外墙饰面砖工程施工及验收规范》(JGJ 126)及其他相关标准、规范的规定。

（12）夏期粘贴外墙饰面砖应防止暴晒和早期脱水，当最高气温高于35℃时应有遮阳措施；冬期施工时，砂浆的使用温度不得低于5℃。砂浆硬化前，应采取防冻措施。

（13）饰面砖工程完成后，应做好成品保护，防止污染和损坏。

6.2.2 材料质量要求及施工作业条件

（1）材料质量要求

1）所用材料应有产品合格证和性能检测报告，材料的品种、规格、性能及其质量等级应符合设计要求。材料进场后，应按规定进行检查验收。其中应对外墙陶瓷面砖的吸水率，寒冷地区外墙陶瓷面砖的抗冻性，粘贴用水泥的凝结时间、安定性、抗压强度进行复验，合格后方准使用。

2）饰面砖应表面平整、边缘整齐，棱角不得损坏。

3）外墙釉面砖、无釉面砖，表面应光洁，质地坚固，尺寸、色泽一致，不得有暗痕和裂纹，其性能指标均应符合现行国家标准的规定。陶瓷锦砖及玻璃锦砖应质地坚硬，边缘整齐，尺寸正确，规格颜色一致，无受潮和变色现象，拼接在纸版上的图案应符合设计要求。

4）所用胶结材料的品种，应有产品合格证和性能检测报告，其配合比应符合设计要求。

5）在外墙饰面砖工程施工前，应对找平层、结合层、粘结层及勾缝、嵌缝所用的材料进行试配，经检验合格后方可使用。其中，找平层材料的抗拉强度不应低于外墙饰面砖粘贴的粘结强度；勾缝材料应采用具有抗渗性能的粘结材料。

（2）施工作业条件

1）施工前，室外应完成落水管的安装，室内应完成墙面、顶棚的抹灰，穿过基体的各种洞眼已处理完毕。

2）室内外门窗框均已安装完毕。

3）室内管线和设施已安装调试完毕。墙面预留的电表箱洞、厕所间的肥皂盒洞已预留剔出，便盆、浴盆、镜箱及脸盆架已放好位置线或已安装就位。

4）有防水间的房间、平台、阳台等，已做好防水层，并打好垫层。

5）室内外墙面已弹好水平控制线。

6）基层表面已进行处理。光滑的基层表面应凿毛处理，表面残存的灰浆、尘土、油渍等应清洗干净。加气混凝土基层表面，应在清净的基层表面先刷108胶水溶液一遍，然后满钉钢丝网，再抹粘结层及找平层。

7）做好选砖、浸泡、预排工作。对于经检验合格的饰面砖，应根据设计要求，挑选规格一致、形状平整方正、不缺棱掉角、无凸凹扭曲、颜色均匀的砖块分类堆放待用；釉面瓷砖和外墙面砖，在粘贴前应放入清水中浸泡。釉面瓷砖要浸泡不少于2小时，且达到不冒泡为止；外墙面砖则要隔夜浸泡，然后取出阴干备用；饰面砖粘贴前应预排。预排要注意同一墙面的横竖排列，均不得有一行以上的非整砖。非整砖行应排在次要部位或阴角处，方法是用接缝宽度调整砖行。室内粘贴釉面砖如设计无规定时，接缝宽度可在1~1.5mm之间调整。在管线、灯具、卫生设备支承等部位，应用整砖套割使铺砌吻合，不得用非整砖拼凑粘贴，以保证饰面的美观。对于外墙面砖则根据设计图纸尺寸，进行排砖分格，并要绘制大样图，一般要求水平缝应与璇脸、窗台齐平；竖向要求阳角及窗口处都是整砖，分格按整块分匀，并根据已确定缝的大小做分格条和划出皮数杆。对窗台墙、墙垛等处要事先测好中心线、水平分格线、阴阳角垂直线。

6.2.3 施工管理控制要点

(1) 工艺流程

1) 内墙釉面砖粘贴

弹线、排砖、设标志块→粘贴面砖→擦洗、嵌缝→清理、验收。

2) 外墙饰面砖粘贴

抹找平层→刷结合层→排砖、分格、弹线→粘贴面砖→勾缝→清理、验收。

(2) 管理要点

熟悉饰面砖粘贴施工技术要求。施工前,重点做好进场原材料的质量检查验收,所有材料应具有产品合格证书及相关性能检测报告。须进行复验的材料,应经过见证取样封样送检,合格后方可使用。需对基体的后置埋件进行拉拔检测时,应做好现场监督检测工作。外墙饰面砖样板(件)完成后,必须进行粘结强度检验。施工中,着重对预埋件(或后置埋件)、连接节点、防水层、防腐处理等隐蔽工程加强监督检查,保证饰面砖安装牢固。

施工过程应按工艺操作要点做好工序质量监控。

(3) 控制要点

1) 内墙釉面砖粘贴

① 在清理干净的墙面找平层上,依照室内标准水平线找出地面标高,按贴砖的面积计算纵横皮数,用水平尺找平,并弹出釉面砖的水平和垂直控制线。如用阴阳三角镶边时,则将镶边位置预先分配好。纵向不足整块的部分,留在最下一皮与地面连接处。见图 6.2.2。

② 粘贴釉面砖时,应先贴若干块废釉面砖作为标志块,上下用托线板挂直,作为粘贴厚度的依据,横向每隔 1.5m 左右做一个标志块,用拉线或靠尺校正平整度。在门洞口或阳角处,如有阴三角条镶边时,则应将尺子留出先铺贴一侧的墙面,并用托线板校正靠直。如无镶边,则应双面挂直。见图 6.2.3。

③ 按地面水平线嵌上一根八字靠尺或直尺,用水平尺校正,

作为第一行釉面砖水平方向的依据。粘贴时,釉面砖的下口坐在八字靠尺或直靠尺上。这样可防止釉面砖因自重而向下滑移,以确保其铺贴横平竖直。墙面与地面的相交处有阴三角条镶边时,需将阴三角条的位置留出后,方可放置八字靠尺或直靠尺。

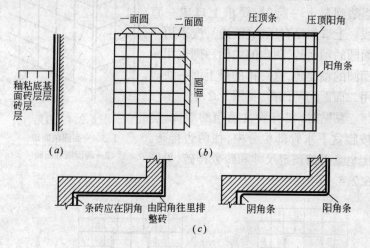

图 6.2.2 釉面砖排列示意图
(a)纵剖面;(b)平面;(c)横剖面

④ 粘贴釉面砖宜从阳角处开始,并由下往上进行。粘贴时一般用 1:2(体积比)水泥砂浆,为了改善砂浆的和易性便于操作,可掺入不大于水泥用量 15%的石灰膏,用铲刀在釉面砖背面刮满刀灰,厚度 5～6mm,最大不超过 8mm,砂浆用量以粘贴后刚好满浆为止。贴于墙面的釉面砖应用力按压,并用铲刀木柄轻轻敲击,使釉面砖紧密粘于墙面,再用靠尺按标志块将其校正平直。粘贴完整行的釉面砖后,再用长靠尺横向校正一次。对高于标志块的应轻轻敲击,使其平齐;若低于标志块(即亏灰)时,应取下釉面砖,重新抹满灰再粘贴,不得在砖口处塞灰,否则会产生空臌。

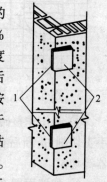

图 6.2.3 双面挂直
1—小面挂直靠平;
2—大面挂直靠平

然后依次按上述方法往上铺贴,铺贴时应保持与相邻釉面砖的平整。如因釉面砖的规格尺寸或几何形状不等时,应在粘贴时随时调整,使缝隙宽窄一致。当贴到最上一行时,要求上口成一直线。上口如没有压条(镶边),应采用一面圆的釉面砖,阴角的大面一侧也用一面圆的釉面砖,这一排的最上面一块应用二面圆的釉面砖,见图6.2.4。

粘贴时,在有脸盆镜箱的墙面,应按脸盆下水管部位分中,往两边排砖。肥皂盒可按预定尺寸和砖数排砖,见图6.2.5。

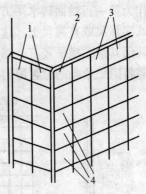

图 6.2.4 边角
1、3、4—面圆釉面砖;
2—两面圆釉面砖

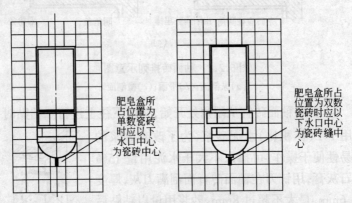

图 6.2.5 洗脸盆、镜箱和肥皂盒部分釉面砖排砖示意图

⑤ 制作非整砖块时,可根据所需要的尺寸划痕,用合金钢錾手工切割,折断后在磨石上磨边,也可采用台式无齿锯或电热切割器等切割。

⑥ 如墙面留有孔洞,应将釉面砖按孔洞尺寸位置用陶瓷铅笔划好,然后将瓷砖用切砖刀裁切,或用胡桃钳将局部钳去;亦可将瓷砖放在一块平整的硬物体上,用小锤和合金钢钻轻轻敲凿,先将

面层凿开,再凿内层,凿到符合要求为止。如使用打眼器打眼,则操作简便,且保证质量。

⑦ 粘贴完后,用清水将釉面砖表面擦洗干净,接缝处用圆钉或小钢锯条将缝内残余砂浆划出(注意划缝应在砂浆凝固前进行),再用白水泥浆擦满,压嵌密实,并将釉面砖表面擦净。全部完工后,要根据不同污染情况,用棉丝或用稀盐酸刷洗,随后用清水冲净。

⑧ 镶边条的粘贴顺序,一般先贴阴(阳)三角条再贴墙面,即先粘贴一侧墙面釉面砖,再粘贴阴(阳)三角条,然后再粘另一侧墙面釉面砖。这样,阴(阳)三角条即比较容易与墙面吻合。

⑨ 粘贴墙面时,应先贴大面,后贴阴阳角、凹槽等费工多、难度大的部位。

2)外墙饰面砖粘贴
① 抹找平层时应掌握以下的要点:

A. 在基体处理完毕后,进行挂线、贴灰饼、冲筋,其间距不宜超过 2m。

B. 抹找平层前应将基体表面润湿,并按设计要求在基体表面刷结合层。

C. 找平层应分层施工,严禁空臌,每层厚度不应大于 7mm,且应在前一层终凝后再抹后一层;找平层总厚度不应大于 20mm,若超过此值必须采取加固措施。

D. 找平层的表面应刮平搓毛,并在终凝后浇水养护。

E. 找平层的表面平整度允许偏差为 4mm,立面垂直度允许偏差为 5mm。

② 在找平层上刷结合层。

③ 排砖、分格、弹线。排砖应按设计要求和施工样板进行,并确定其接缝宽度和分格,排砖宜使用整砖。对必须使用非整砖的部位,非整砖宽度不宜小于整砖宽度的 1/3。

排完砖后,即弹出控制线,作出标记。

用面砖做灰饼,找出墙面、柱面、门窗套等横竖标准,阳角处要双面排直,灰饼间距不应大于1.5m。

④ 面砖宜自上而下粘贴。对多层、高层建筑应以每一楼层层次为界,完成一个层次再做下一个层次。粘贴时,在面砖背后满抹粘结砂浆(粘结层厚度宜为4~8mm),粘贴后用小铲把轻轻敲击,使之与基层粘结牢固,并用靠尺方尺随时找平找方。贴完一皮后须将砖上口灰刮平,每日下班前须清理干净。

在与抹灰交接的门窗套、窗间墙、柱等处应先抹好底子灰,然后粘贴面砖。面砖与抹灰交接处做法可按设计要求处理。

⑤ 在面砖粘贴完成一定流水段落后,立即勾缝。勾缝应按设计要求的材料和深度进行(当设计无要求时,可用1:1水泥砂浆勾缝,砂子需过窗纱筛)。勾缝应按先水平后垂直的顺序进行,应连续、平直、光滑、无裂纹、无空臌。

⑥ 与预制构件一次成型的外墙饰面砖工程,应按设计要求铺砖、接缝。饰面砖不得有开裂和残缺,接缝要横平竖直。

⑦ 饰面砖工程完工后,应及时将表面清理干净。

6.2.4 施工质量验收

饰面砖粘贴工程施工质量验收见表6.2.1。

饰面砖粘工程施工质量验收　　　　表6.2.1

检验项目	标　　　　准	检　验　方　法
主控项目	饰面砖的品种、规格、图案、颜色和性能应符合设计要求	观察检查,检查产品合格证书、进场验收记录、性能检测报告和复验报告
主控项目	饰面砖粘贴工程的找平、防水、粘结和勾缝材料及施工方法应符合设计要求及国家现行产品标准和工程技术标准的规定	检查产品合格证书、复验报告和隐蔽工程验收记录
主控项目	饰面砖粘贴必须牢固	检查样板件粘结强度检测报告和施工记录
主控项目	用满粘法施工的饰面砖工程应无空臌和裂缝	观察检查,用小锤轻击检查

续表

检验项目	标 准	检 验 方 法
一般项目	饰面砖表面应平整、洁净、色泽一致,无裂痕和缺损	观察检查
	阴阳角处搭接方式及非整砖使用部位应符合设计要求	观察检查
	墙面突出物周围的饰面砖应整砖套割吻合,边缘应整齐。墙裙、贴脸突出墙面的厚度应一致	观察检查,尺量检查
	饰面砖接缝应平直、光滑,填嵌应连续、密实;宽度和深度应符合设计要求	观察检查,尺量检查
	有排水要求的部位应做好滴水线(槽)。滴水线(槽)应顺直,流水坡向应正确,坡度应符合设计要求	观察检查,用水平尺检查
	饰面砖粘贴的允许偏差和检验方法应符合表6.2.2的规定	

饰面砖粘贴的允许偏差和检验方法　　表6.2.2

项次	项 目	允许偏差(mm)		检 验 方 法
		外墙面砖	内墙面砖	
1	立面垂直度	3	2	用2m垂直检测尺检查
2	表面平整度	4	3	用2m靠尺和塞尺检查
3	阴阳角方正	3	3	用直角检测尺检查
4	接缝直线度	3	2	拉5m线,不足5m拉通线,用钢直尺检查
5	接缝高低差	1	0.5	用钢直尺和塞尺检查
6	接缝宽度	1	1	用钢直尺检查

6.2.5 常见质量缺陷与预控措施

饰面砖粘贴工程常见质量缺陷与预控措施见表 6.2.3。

饰面砖粘贴工程常见质量缺陷与预控措施　　表 6.2.3

项目	质量缺陷	预控措施
内墙饰面砖	墙面不平整、不垂直	(1) 抹灰前应认真检查墙面的垂直和平整情况。 (2) 贴饰面砖的施工过程中应随贴随时检查,保证墙面的垂直和平整质量要求
	空臌、脱落	(1) 基层处理:特别是混凝土墙面,要认真凿毛,刷结合层或者对混凝土基层进行毛化处理。 (2) 浸砖时应使饰面砖充分吸水,浸泡后捞出放在阴凉处晾干,然后再镶贴。 (3) 保证底灰平整。 (4) 勾缝时注意勾严,并使勾缝灰浆密实
	接缝不直,缝隙不均匀	(1) 挑砖时应认真检查砖的外观质量。 (2) 操作时应选派有经验、技术好的人员进行粘贴,认真按线进行操作,看好缝隙,保证缝隙直而均匀
	墙裙的上口突出墙面的厚度不一致	(1) 抹灰时,注意墙面的平整度。 (2) 贴砖时认真控制施工质量
	饰面砖裂缝、变色、表面污染	(1) 控制好饰面砖质量。 (2) 污染后的饰面砖应及时擦干净
外墙饰面砖	空臌、掉砖	(1) 认真处理好基层。 (2) 砂浆要饱满,一次粘贴好,不能待砂浆终凝后再拨动面砖。 (3) 面砖贴完后第 2 天应适当洒水养护。在低温天气贴面砖时,应按要求在砂浆中掺加防冻剂。
	墙面不平	底灰应尽量抹平,冲筋上杠,使底灰达到规定的标准
	接缝不平	贴砖时应随时检查,保证接缝平整
	墙面污染严重	及时擦洗干净

续表

项目	质量缺陷	预控措施
陶瓷锦砖	墙面不平整,分格缝不均匀,砖缝不平直	(1) 在抹底灰时严格按工艺标准进行操作。抹粘接层时要贴小灰饼,使粘结层厚度一致,使能保证墙面平整。 (2) 分格时严格按控制线进行。 (3) 认真细致地进行匀缝
	污染墙面	操作后及时擦干净,后续工序应注意保持整洁,不得有污染
玻璃马赛克	线条不顺直,棱角不整齐	(1) 打底灰时先竖向吊垂线,棱角处和线条处应全吊线找直,横向拉通线将棱角及线条处找直。 (2) 镶贴处挂线,严格操作
	色泽反射零乱	(1) 控制平整度和垂直度。 (2) 镶贴时应严格按操作规程操作,随时检查平整度,发现超偏时应及时修改
	掉粒	(1) 粘接层用的水泥要用强度等级为 32.5 的普通硅酸盐水泥,并用 20% 聚合物溶液拌合,且水灰比不能大于 0.3。 (2) 擦缝应严实,不能有漏掉不擦之处。 (3) 基础和结构工程必须牢固坚实,不能造成不均匀沉降

239

7. 幕墙工程

幕墙是建筑物外围护结构的一种形式,具有轻质、美观、施工速度快等优点。

20世纪初,幕墙已在建筑工程中应用。由于幕墙主要在结构外施工,施工难度大,施工安全难保证,同时需要满足强度、刚度、保温、防水、防火、隔热等要求,而且受到材质、加工工艺、施工技术的局限,幕墙工程发展缓慢。自20世纪中叶以来,新型材料、隔声防火填充料的出现,密封胶的发明和改进,加工工艺、施工技术飞速发展,从而带动了幕墙业的发展。

我国改革开放以来,国民经济高速发展,城市现代化步伐明显加快。高层建筑和超高层建筑在大量建造,传统的砌体结构或一般混凝土墙板已经不适应这些建筑的要求。在这种形势的推动下,国外在20世纪50年代新兴的幕墙技术及产品进入我国建筑市场。目前,我国许多大中城市都应用了由金属构件与各种板材组成悬挂在建筑主体结构上,作为建筑物主体结构以外的围护结构,形成一门建筑幕墙技术。许多高层或超高层的幕墙建筑已成为城市的标志性建筑。幕墙施工技术在我国已经逐渐成熟。

幕墙施工工序较多,施工要求高,难度大,涉及玻璃、钢材、铝合金、石材、连接件、紧固件、密封胶等多种材料,施工工艺多种多样,检查验收应参照多种规范和标准。幕墙施工,工作之间环环相扣,互相影响。因此,应控制每个环节的施工质量,尤其对面材的强度和色差,框架的强度和刚度,连接件、预埋件的焊接和防锈,粘结材料的使用等环节应进行严格控制,还应保证幕墙的保温、防水、防火、防雷等功能。

7.1 基本规定

7.1.1 幕墙分类

(1) 按饰面材料分有:玻璃幕墙、金属幕墙、石材幕墙、人造板幕墙、塑料板幕墙等。

(2) 按构造形式分有:明框幕墙、隐框幕墙、半隐框幕墙、全玻幕墙、点支撑幕墙等。

目前,我国最常见的形式是玻璃幕墙、金属幕墙和石材幕墙。

1) 玻璃幕墙主要由三部分构成:饰面玻璃,固定玻璃的骨架以及结构与骨架之间的连接和预埋材料。由于骨架形式的不同,又可分为全框、半隐框、隐框、无框全玻璃幕墙。

2) 金属幕墙组成与玻璃幕墙相同,只是面层为金属材料,按照骨架形式可分为型钢骨架体系、铝合金骨架体系、无骨架金属板幕墙体系等,按材质又可分为单一材料幕墙、复合材料幕墙。

3) 石材幕墙组成与玻璃幕墙相同,只是面层为石材。常见的施工方法有湿挂法和干挂法。湿挂法由于需要逐层浇筑,工效较低,砂浆透过石材析出白碱,同时由于水泥、混凝土、石材的收缩率不同,易形成裂纹或脱落,因此目前基本采用干挂法施工。

7.1.2 幕墙工程施工应掌握的重点内容

(1) 幕墙工程验收时应检查的 10 项文件和记录要求

1) 幕墙工程的施工图、结构计算书、设计说明及其他设计文件。

2) 建筑设计单位对幕墙工程设计的确认文件。

3) 幕墙工程所用各种材料、五金配件、构件及组件的产品合格证书、性能检测报告、进场验收记录和复验报告。

4) 幕墙工程所用硅酮结构胶的认定证书和抽查合格证明,进口硅酮结构胶的商检证,国家指定检测机构出具的硅酮结构胶相容性和剥离粘结性试验报告,石材用密封胶的耐污染性试验报告。

5）后置埋件的现场拉拔强度检测报告。

6）幕墙的抗风压性能、空气渗透性能、雨水渗漏性能及平面变形性能检测报告。

7）打胶、养护环境的温度、湿度记录，双组份硅酮结构胶的混匀性试验记录及拉断试验记录。

8）防雷装置测试记录。

9）隐蔽工程验收记录。

10）幕墙构件和组件的加工制作记录，幕墙安装施工记录。

(2) 幕墙工程对材料性能要求进行复验的3个项目要求

1）铝塑复合板的剥离强度。

2）石材的弯曲强度；寒冷地区石材的耐冻融性，室内用花岗石板的放射性。

3）玻璃幕墙用结构胶的邵氏硬度、标准条件拉伸粘结强度及相容性试验，石材用结构胶的粘结强度，石材用密封胶的污染性。

(3) 幕墙工程中隐蔽工程验收的5个项目要求

1）预埋件(或后置埋件)。

2）构件的连接节点。

3）变形缝及墙面转角处的构造节点。

4）幕墙防雷装置。

5）幕墙防火构造。

(4) 幕墙工程对检验批的划分以及检验批划分条件要求

1）相同设计、材料、工艺和施工条件的幕墙工程每 $500\sim1000m^2$ 应划分为一个检验批，不足 $500m^2$ 也应划分为一个检验批。

2）同一单位工程的不连续的幕墙工程应单独划分检验批。

3）对于异型或特殊要求的幕墙，检验批的划分应根据幕墙的结构、工艺特点及幕墙工程规模，由监理单位(或建设单位)和施工单位协商确定。

(5) 检查数量

1) 每个检验批每 100m² 应至少抽查一处,每处不得小于 10m²。

2) 对于异型或有特殊要求的幕墙工程,应根据幕墙的结构和工艺特点,由监理单位(或建设单位)和施工单位协商确定。

(6) 主要构造、施工及材料的控制要求。

(7) 幕墙工程防火构造施工要求。

(8) 抗震缝、伸缩缝、沉降缝等部位的处理要求。

(9) 与幕墙工程相关的主要材料、设计、施工标准。

7.1.3 施工管理

(1) 建设单位应将建筑幕墙工程施工发包给具备承担建设幕墙施工资质条件的施工单位(凡经批准单独发包的建筑幕墙工程,造价在限额以上或檐高高于 10m 的,必须通过招标选择承包单位)。

(2) 施工单位应建立相对完善的质量管理体系,施工专业人员应持有相应岗位的资格证书。特种工种必须持证上岗,施工单位上报上岗证复印件后,应检查施工人员是否为上报人员,持证焊工必须在其考试合格项目及其认可范围内施焊。

(3) 施工单位应按照经过审查的施工图纸,结合工程实际单独编制幕墙工程施工组织设计(内容包括:工程进度计划、搬运起重方法、测量方法、安装方法、安装顺序、质量保证措施、安全施工措施等),并经过施工单位技术部门、建设(监理)单位审查批准。

(4) 幕墙的施工、质量检查验收应符合设计要求,以及国家现行有关工程技术规范、质量验收规范和强制性条文的规定。

(5) 幕墙施工单位与建设单位签订的工程施工合同中,应明确承诺对建筑幕墙工程实行不少于 5 年的保修期。

7.1.4 施工准备

(1) 编制和报批幕墙施工组织设计,做好质量和安全技术交底。

(2) 对于高层建筑的幕墙,确因工期需要,应在保证质量与安全的前提下,可按施工组织设计沿高度分段施工。在与上部主体结构进行立体交叉施工幕墙时,结构施工层下方及幕墙施工的上方,必须采取可靠的防护措施。

(3) 幕墙施工时,原主体结构施工搭设的外脚手架宜保留,并根据幕墙施工的要求进行必要的拆改(脚手架内层距主体结构的水平距离不小于300mm)。如采用吊篮安装幕墙时,吊篮必须安全可靠。

(4) 幕墙施工时,应配备必要的、安全可靠的起重吊装工具和设备。

(5) 当其他装修工程会对幕墙造成污染或损坏时,应将该项工程安排在幕墙施工之前施工,或应对幕墙采取可靠的保护措施。

(6) 不应在大风、大雨气候下进行幕墙施工。当气温低于-5℃时应采取措施,不应在雨天进行密封胶施工。

(7) 应在主体结构施工时控制和检查固定幕墙的各层楼(屋)面的标高、边线尺寸和预埋件位置的偏差,并在幕墙施工前对其进行检查与测量。当结构边线尺寸偏差过大时,应先对结构进行必要的修正。当预埋件位置偏差过大时,应经设计出具变更施工图然后修正。修正的方式一般为调整预埋件位置或修改连结件与主体结构的连接方式;如需调整框架间距时,必须经建筑设计单位确认。

7.1.5 安装施工要点

(1) 安装幕墙的钢结构、钢筋混凝土结构及砖混结构的主体工程,应经过验收并符合有关结构工程施工质量验收规范的要求。

(2) 幕墙与主体结构连接的各种预埋件,其数量、规格、位置和防腐处理必须符合设计要求,且应在主体结构施工时按设计要求埋设。埋件应牢固、位置准确,埋件的标高偏差不应大于10mm,埋件位置与设计位置的偏差不应大于20mm,对埋件应进行100%的检查,并标出位移情况交设计确定变更方案。

(3) 幕墙及其连接件应具有足够的承载力、刚度和相对于主体结构的位移能力。其构架立柱的连接金属角码与其他连接件应采用螺栓连接,并有防松动措施。

(4) 隐框、半隐框幕墙所采用的结构粘结材料必须是中性硅酮结构密封胶,其性能必须符合《建筑用硅酮结构密封胶》(GB 16776)的规定。硅酮结构密封胶应有与接触材料相容性试验报告,并应有保险年限的质量证书;施工时必须在有效期内使用。

(5) 对于立柱和横梁等主要受力构件,其截面受力部分的壁厚应通过计算确定,且铝合金型材壁厚不应小于3.0mm,钢型材壁厚不应小于3.5mm。

(6) 隐框、半隐框幕墙构件中板材与金属框之间硅酮结构密封胶的粘结宽度,应分别计算风荷载标准值和板材自重标准值作用下硅酮结构密封胶的粘结宽度,并取其较大值,且不得小于7.0mm。

(7) 硅酮结构密封胶应打注饱满,并应在温度15～30℃、相对湿度50%以上、洁净的室内进行;不得在现场打注。硅酮结构胶,不得在受力状态下凝固,上墙后不得长期处于受力状态。

(8) 幕墙的防火除应符合现行国家标准《建筑设计防火规范》(GBJ 16)和《高层民用建筑设计防火规范》(GB 50045)的有关规定外,还应符合下列规定:

1) 应根据防火材料的耐火极限决定防火层的厚度和宽度,并应在楼板处形成防火带。

2) 防火层应采取隔离措施。防火层的衬板应采用经防腐处理且厚度不小于1.5mm的钢板,不得采用铝扳。

3) 防火层的密封材料应采用防火密封胶。

4) 防火层与玻璃不应直接接触,一块玻璃不应跨两个防火分区。

(9) 幕墙的金属框架与主体结构预埋件的连接、立柱与横梁的连接及幕墙面板的安装必须符合设计要求,安装必须牢固。

(10)单元幕墙连接处和吊挂处的铝合金型材的壁厚应通过计算确定,并不得小于5.0mm。

(11)幕墙的金属框架与主体结构应通过预埋件连接,预埋件应在主体结构混凝土施工时埋入,预埋件的位置应准确。当没有条件采用预埋件连接时,应采用其他可靠的连接措施,并应通过试验确定其承载力。

(12)立柱应采用螺栓与角码连接,螺栓直径应经过计算,并不应小于10mm。不同金属材料接触时应采用绝缘垫片分隔。

(13)幕墙的抗震缝、伸缩缝、沉降缝等部位的处理应保证缝的使用功能和饰面的完整性。

(14)幕墙工程的设计应满足维护和清洁的要求。

(15)搬运、吊装构件时不得碰撞、损坏和污染构件。构件储存时应依照安装顺序排列放置,放置架应有足够的承载力和刚度。在室外储存时应采取保护措施。

(16)构件安装前应复查制造合格证和产品准用证,不符合标准的构件不得安装。

(17)幕墙的安装施工应严格执行相应的工程技术规范规定,并做好全过程的施工质量控制。

(18)幕墙施工过程中应做好半成品、成品的保护工作。

7.1.6 幕墙试验与见证检验

幕墙施工中,由于各自工程的特殊性,往往需要根据建设单位或质量监督机构的要求,对工程使用的材料进行现场取样送专门机构进行检验或现场进行试验。

(1)铝合金型材应成批提交验收,每一批应由同一合金、同一状态和同一型号组成;室温力学性能试验,应从每批型材中抽取2根型材,每根沿挤压力方向取一个试样;化学成分分析取样应任意抽样,经氧化处理的型材,应将氧化膜彻底清除后取样,氧化膜试验取样,从每一批型材中抽取2根型材、每根取一个试样;当力学试验结果中有不合格指标时应加倍取样,若重复试验合格,则全部合格;若不合格,则全批报废。

(2)密封材料取样时,单组份以同一等级、同一类型的3000只为一批,不足3000只也为一批;双组份以同一等级、同一类型的1t为一批,不足1t也为一批;当外观质量、物理、化学性能试验结果中有不合格指标,应加倍取样,若重复试验合格,则全部合格;若不合格,则退货或调换。

(3)幕墙施工前,均应进行幕墙物理性能检验;试件各组成部份应为生产厂家检验合格的产品,试件宽度最少应包括一个承受设计负荷的垂直构件,试件高度最少应包括一个层高,必须包括典型的垂直接缝和水平接缝;应现场取样,确保检测试件中使用的材料、构造等与实际施工情况相同。

(4)空气渗透性能试验以标准状态下压力差为10Pa的空气渗透量 q 为分级依据,其分级指标应符合表7.1.1的规定。

空气渗透性能分级表　　　　表7.1.1

分级指标 $(m^3/m \cdot h)$	部位区别	等级				
		Ⅰ	Ⅱ	Ⅲ	Ⅳ	Ⅴ
q	固定部位	$q \leqslant 0.01$	$0.01 < q \leqslant 0.05$	$0.05 < q \leqslant 0.10$	$0.10 < q \leqslant 0.20$	$0.20 < q \leqslant 0.5$
	可开启部位	$q \leqslant 0.5$	$0.5 < q \leqslant 1.5$	$1.5 < q \leqslant 2.50$	$2.5 < q \leqslant 4.0$	$4.0 < q \leqslant 6.0$

(5)风压变形性能试验以安全检测压力差值 P_3 进行分级,其分级指标应符合表7.1.2的规定。

风压变形性能分级表　　　　表7.1.2

分级指标	等级				
	Ⅰ	Ⅱ	Ⅲ	Ⅳ	Ⅴ
$P_3(kPa)$	$P_3 \geqslant 5.0$	$5.0 > P_3 \geqslant 4.0$	$4.0 > P_3 \geqslant 3.0$	$3.0 > P_3 \geqslant 2.0$	$2.0 > P_3 \geqslant 1.0$

(6)雨水渗透性能试验以发生渗漏现象前级压力差值作为分级依据,其分级指标应符合表7.1.3的规定。

雨水渗透性能分级表　　　　　表 7.1.3

分级指标	部位区别	等级				
		Ⅰ	Ⅱ	Ⅲ	Ⅳ	Ⅴ
P(Pa)	固定	$P \geqslant 2500$	$2500 > P \geqslant 1600$	$1600 > P \geqslant 1000$	$1000 > P \geqslant 700$	$700 > P \geqslant 500$
	可开启	$P \geqslant 500$	$500 > P \geqslant 350$	$350 > P \geqslant 250$	$250 > P \geqslant 150$	$150 > P \geqslant 100$

（7）平面内变形性能试验以建筑物层间相对位移 r 表示，要求在该相对位移范围内不受损坏，其分级指标应符合表 7.1.4 的规定。

平面内变形性能分级表　　　　　表 7.1.4

分级指标	等级				
	Ⅰ	Ⅱ	Ⅲ	Ⅳ	Ⅴ
r	$r \geqslant 1/100$	$1/100 > r \geqslant 1/150$	$1/150 > r \geqslant 1/200$	$1/200 > r \geqslant 1/300$	$1/300 > r \geqslant 1/400$

（8）保温性能试验以传热系数 K 进行分级，其分级指标应符合表 7.1.5 的规定。

保温性能分级表[W/(m^2K)]　　　　表 7.1.5

分级指标	等级			
	Ⅰ	Ⅱ	Ⅲ	Ⅳ
K	$K \leqslant 0.7$	$0.7 < K \leqslant 1.25$	$1.25 < K \leqslant 2.0$	$2.0 < K \leqslant 3.3$

（9）隔声性能以空气计权隔声量 R_W 进行分级，其分级指标应符合表 7.1.6 的规定。

隔声性能分级表(dB)　　　　　表 7.1.6

分级指标	等级			
	Ⅰ	Ⅱ	Ⅲ	Ⅳ
R_W	$R_W \geqslant 40$	$40 > R_W \geqslant 35$	$35 > R_W \geqslant 30$	$30 > R_W \geqslant 25$

(10) 耐冲击性能试验以撞击物体的运动量 F 进行分级,分界线以不使幕墙发生损伤为依据,其分级指标应符合表7.1.7的规定。

耐冲击性能分级表　　　　表7.1.7

分级指标	等		级	
	Ⅰ	Ⅱ	Ⅲ	Ⅳ
$F(N·m/s)$	$F \geqslant 280$	$280 > F \geqslant 210$	$210 > F \geqslant 140$	$140 > F \geqslant 70$

7.2 材料验收

7.2.1 一般规定

(1) 幕墙工程所选用的材料应符合国家现行产品标准的规定,同时应有出厂合格证书。

(2) 凡生产制作幕墙产品的企业必须持有产品生产许可证,用于幕墙工程的产品必须具有产品准用证。幕墙产品生产企业无产品生产许可证,幕墙产品无准用证以及产品质量不符合标准的不得安装使用。

(3) 所有材料进场时,建设(监理)、施工等单位应按材料验收规定对材料品种、规格、外观和尺寸进行验收。

(4) 幕墙单元组件试样必须经过具有检测资格的检测单位进行检测,符合要求方可安装使用。需进行复验的普通材料,应按规定至少抽取一组样品进行复验。

(5) 进场材料的检查验收,主要方式是根据采购订货合同(协议),对照产品进行外观质量检查,检查材料、构件、组件的产品合格证书、性能检测报告、产品生产许可证、材料准用证等。需进行见证检测时,施工单位应在建设单位、监理单位人员监督下进行见证取样检测。

7.2.2 共性材料检验

玻璃幕墙、金属幕墙和石材幕墙所用铝合金型材、钢材、结构胶及密封胶和五金件及其他配件进场检验要求基本相同。

(1) 铝合金型材

铝合金型材应进行表面质量、壁厚、膜厚和硬度的检验。

1) 材料进场应提供型材产品合格证、型材力学性能检验报告(进口型材应有国家商检部门的商检证),资料不全的均不能进场使用。

2) 外观质量:材料表面应清洁,色泽应均匀,不应有皱纹、裂纹、起皮、腐蚀斑点、气泡、电灼伤、流痕、发黏以及膜(涂)层脱落等缺陷,否则应予以修补,达到要求后方可使用。

3) 壁厚

① 质量要求:型材作为受力杆件时,其壁厚应根据使用条件,通过计算选定,窗受力杆件型材的最小实测壁厚应≥1.2mm;门受力杆件型材的最小实测壁厚应≥2mm;幕墙用受力杆件型材的最小实测壁厚应≥3mm。

② 检验方法:同一截面不同部位测点不应少于 5 个,取最小值。

4) 膜厚

① 铝合金型材膜厚应符合表 7.2.1 规定。

铝合金型材膜厚 表 7.2.1

类型	最小平均(μm)	最小局部(μm)	测量工具
阳极氧化膜厚	≥15	≥12	膜厚检测仪
粉末静电喷涂涂层厚度	≥60	≤120 且≥40	同上
电泳涂漆复合膜厚	≥21	—	同上
氟碳喷涂层厚	≥30	≥25	同上

② 检验方法:每个杆件在装饰面不同部位测点不应少于 5 个,同一测点应测量 5 次,取平均值,修约至整数。

5) 硬度

① 质量要求:6063T5 型材韦氏硬度值≥8;6063AT5 型材韦氏硬度值≥10。

② 检验方法:型材表面涂层清除干净,测点不应少于 3 个,并

应至少以 3 个测点平均测量值取平均值,修约至 0.5 个单位值。

6) 长度检验:当型材长度小于等于 6m 时,允许偏差为 +15mm,长度大于 6m 时,允许偏差由双方协商确定。

7) 检验数量:材料现场的检验,应将同一厂家生产的同一型号、规格、批号的材料作为一个验收批,每批应随机抽取 3% 且不得少于 5 件。

(2) 钢材

钢材应进行表面质量和膜厚检验。

1) 材料进场,施工单位应提供钢材的产品合格证、型材力学性能检验报告(进口型材应有国家商检部门的商检证),资料不全的均不能进场使用。

2) 外观质量:材料表面不得有裂纹、气泡、结疤、泛锈、夹杂和折叠。当钢材表面存在锈蚀、麻点或划痕等缺陷时,其深度不得大于该钢材厚度允许偏差值的 1/2。按照设计图纸,检查钢材数量、尺寸、规格、型号,是否符合设计要求。

3) 膜厚

① 质量要求:钢材表面应进行防腐处理;采用热镀锌处理时,膜厚应大于 $45\mu m$,采用静电喷涂时,膜厚应大于 $40\mu m$。

② 检验方法:每个杆件在不同部位测点不应少于 5 个。同一测点应测量 5 次,取平均值,修约至整数。

(3) 结构胶与密封胶

不同材料的幕墙所用结构胶和密封胶性能有所不同,但其进场验收方法和要求基本相同。

幕墙使用的密封胶主要有结构密封胶、耐候密封胶,玻璃幕墙还使用中空玻璃二道密封胶、防火密封胶。与铝型材粘结的结构密封胶无论是双组份或单组份都必须采用中性硅酮结构密封胶,其性能必须符合《建筑用硅酮结构密封胶》(GB 16766)的规定。耐候密封胶应采用中性单组份胶。

1) 材料进场,施工单位应提供:硅酮结构胶剥离试验记录,每批硅酮结构胶的质量保证书及产品合格证,硅酮结构胶、密封胶与实际工程用基材的相容性报告,进口硅酮结构胶国家商检部门的商检证,密封材料及衬垫材料的产品合格证;资料不全不能进场使用。

2)将进场的密封胶厂家、型号、规格与材料报验单对照,检查胶桶上的有效日期是否能保证施工期内使用完。

3)结构胶与密封胶严禁换用,硅酮结构胶必须是内聚性破坏,切开应颜色均匀。

(4)五金件及其他配件

五金件及其他配件应进行外观及功能性检验。

1)材料进场检验:供应商应提供:钢材产品合格证,连接件产品合格证,镀锌工艺处理质量证书,螺栓、螺母、滑撑、限位器等产品合格证,门窗配件的产品合格证,铆钉力学性能检测报告,工程塑料螺栓的防火性能报告;资料不全均不能进场使用。

2)外观质量:连接件、转接件外观应平整,不得有裂纹、毛刺、凹坑、变形等缺陷。连接件、转接件开孔长度不应小于开孔宽度加40mm,孔边距离不应小于开孔宽度的1.5倍,壁厚不得有负偏差。紧固件宜采用不锈钢六角螺栓,不锈钢六角螺栓应带弹簧垫圈,未采用弹簧垫圈时,应有防松脱措施,主要受力杆件不应采用抽芯铝铆钉或自攻螺钉。

3)幕墙施工中,与铝合金型材接触的五金件应采用不锈钢材或铝制品,否则应加设绝缘垫片。除不锈钢外,其他钢材表面应进行热镀锌或其他防腐处理。

4)门窗其他配件:应开关灵活,组装牢固,多点连动锁的配件连动性应一致。防腐处理应符合要求,镀层不得有气泡、露底、脱落等明显缺陷。

7.2.3 玻璃幕墙材料

(1)玻璃

玻璃应进行外观质量、厚度、边长、应力和边缘处理检验。

1)材料进场,施工单位应提供玻璃产品合格证、中空玻璃的检验报告、热反射玻璃的力学性能检验报告(进口玻璃应有国家商检部门的商检证),资料不全不能进场使用。

2)检查玻璃的外观质量,包括品种、规格、颜色、光学性能、安装方向、厚度、边长、应力和边缘处理情况等,以上质量应符合设计要求,未达到要求的应及时退回。

3)厚度:玻璃厚度允许偏差应符合表7.2.2的规定。

玻璃厚度的允许偏差　　　　　表7.2.2

玻璃厚度(mm)	允许偏差（mm）		
	单片玻璃	中空玻璃	夹层玻璃
5	±0.2	$\delta<17$ 时,±1.0, $\delta=17\sim22$ 时,±1.5, $\delta>22$ 时,±2.0	厚度偏差不大于玻璃原片允许偏差和中间层允许偏差之和,中间层总厚度<2mm时,允许偏差为±0,大于或等于2mm时,允许偏差为±0.2mm
6	±0.2		
8	±0.3		
10	±0.3		
12	±0.4		
15	±0.6		
19	±1.0		

注:δ—中空玻璃的公称厚度,表示两片玻璃厚度与间隔框厚度之和。

4)边长

① 单片玻璃边长的允许偏差见表7.2.3。

单片玻璃边长的允许偏差(mm)　　　　表7.2.3

单片玻璃厚度	允许偏差		
	边长≤1000	1000<边长≤2000	2000<边长≤3000
5、6	±1	+1,-2	+1,-3
8、10、12	+1,-2	+1,-3	+2,-4

② 中空玻璃边长的允许偏差见表7.2.4。

中空玻璃边长的允许偏差(mm)　　　　表7.2.4

中空玻璃长度	允许偏差	中空玻璃长度	允许偏差
<1000	+1.0,-2.0	>2000~2500	+1.5,-3.0
1000~2000	+1.0,-2.5		

③ 夹层玻璃边长的允许偏差见表7.2.5。

夹层玻璃边长的允许偏差(mm) 表7.2.5

总厚度 (D)	允　许　偏　差	
	边长≤1200	1200<边长≤2400
4≤D<6	±1	—
6≤D<11	±1	±1
11≤D<17	±2	±2
17≤D<24	±3	±3

5) 外观质量

① 钢化玻璃、半钢化玻璃外观质量见表7.2.6。

钢化、半钢化玻璃外观质量 表7.2.6

缺陷名称	检　验　要　求
爆边	不允许存在
划伤	每1m² 允许6条,a≤100mm,b≤0.1mm
	每1m² 允许3条,a≤100mm,0.1mm<b≤0.5mm
裂纹、缺角	不允许存在

注:a—玻璃划伤长度;b—玻璃划伤宽度。

② 热反射玻璃外观质量见表7.2.7。

热反射玻璃外观质量 表7.2.7

缺陷名称	检　验　要　求
针眼	距外部75mm 内,1.6mm<d≤2.5mm 时每 m² 允许8处或中部每 m² 允许3处
	d>2.5mm 时不允许存在
斑纹	不允许存在
斑点	每 m² 允许8处1.6mm<d≤5.0mm
划伤	每 m² 允许2条 a≤100mm,0.3mm<b≤0.8mm

注:d—玻璃缺陷直径。

③ 夹层玻璃外观质量见表7.2.8。

夹层玻璃外观质量 表7.2.8

缺 陷 名 称	检 验 要 求
胶合层气泡	直径300mm圆内允许长度为1~2mm的胶合层气泡2个
胶合层杂质	直径500mm圆内允许长度小于3mm的胶合层杂质2个
裂 纹	不允许存在
爆 边	长度或宽度不得超过玻璃的厚度
划伤、磨伤	不得影响使用
脱 胶	不允许存在

6) 幕墙玻璃边缘,应进行机械磨边、倒棱、倒角,处理精度应符合设计要求。玻璃幕墙应使用安全玻璃,幕墙玻璃厚度不宜小于6.0mm,全玻璃幕墙玻璃厚度不应小于12mm。8mm以下的钢化玻璃应进行引爆处理。

7) 中空玻璃厚度及空气隔层的厚度应符合设计及标准要求。中空玻璃对角线之差不应大于对角线平均长度的0.2%。胶层应双道密封,外层密封胶胶层宽度不应小于5mm。半隐框和隐框幕墙的中空玻璃应采用硅酮结构胶密封,打胶应均匀、饱满、无空隙,内表面不得有妨碍透视的污迹及胶粘剂飞溅现象。

(2) 其他材料验收要点见7.2.2共性材料检验有关内容。

7.2.4 金属幕墙材料

(1) 金属板板材

1) 使用的材料和附件,都必须有产品合格证和说明书及执行标准的编号,尤其是主要部件,严格检查出厂时间、存放有效期,严禁使用过期或不合格的材料。铝材应核对其型号,检查化学成分和力学性能报告,必须检查铝材表面的氧化膜是否完好,剔除有过深刻痕和大面积擦伤的原材。金属板须放置在通风、干燥处,避免与电火花、油污等腐蚀物质接触,以防板表面受损。

2) 金属表面应平整、洁净,规格和颜色一致。每平方米金属板的表面质量应按照表7.2.9规定进行检查。

每 1m² 金属板表面质量要求　　　表 7.2.9

项次	项　　　　目	质量要求	检验方法
1	明显划伤和长度>100mm 的轻微划伤	不允许	观察检查
2	长度 100mm 的轻微划伤	8 条	用钢尺检查
3	擦伤面积	500mm²	用钢尺检查

3) 板材厚度、宽度、长度等外形尺寸应符合设计要求,表面不允许有裂纹、裂边、腐蚀、穿通气孔、硝盐痕和包覆层脱落;厚度大于 0.6mm 的板材表面不允许有扩散斑点。

4) 厚度≤10.0mm 非 H112、非 F 状态板材表面质量要求:每 m² 板材表面,气泡总面积不应超过 100mm²;工艺包铝板材,允许有无包覆层的裸露部分和表面气泡;板材表面缺陷允许用 400 号砂纸进行检验性修磨,其修磨深度不应超过板材厚度允许的负偏差,并保证板材的最小厚度。

5) 厚度>10.0mm 以及所有 H112、F 状态板材表面质量要求:表面允许有压痕、碰伤、擦划伤等缺陷,其深度应不超过板材厚度允许的负偏差,并保证板材的最小厚度;工艺包铝板材允许有无包覆层的裸露部分和表面气泡;板材表面允许修除在厚度允许范围内的缺陷;板材边缘应切齐,无裂边和毛刺。

6) 板材的外观质量用目测检查,当缺陷深度难以判断时,可采取打磨方法进行检查。

7) 铝合金板(单板、复合板、蜂窝板)应倾斜立放,倾斜角不大于 10°,地面上应垫三合板,搬运时应两人抬起,不要推拉以免损坏表面涂膜。

(2) 其他材料见 7.2.2 共性材料检验有关内容。

7.2.5 石材幕墙材料

(1) 石材

石材是天然脆性材料,有可能存在内伤或在加工、组装、安装过程中造成轻微内伤未被发现。交付使用后随着使用年数的增加,有些问题就可能逐步暴露出来,但由于离地面较高,很难发现,而造成安全隐患,因此要求对幕墙使用的石材严格把关,以确保幕墙质量。

1) 材质要求:石材幕墙宜选用火成岩,石材吸水率应小于0.8%,花岗岩板材的弯曲强度应经检测机构检测确定,其弯曲强度不应小于8.0MPa。火烧石板的厚度应比抛光石板厚3mm。

2) 表面处理:应根据环境和用途决定,目前常用磨光、燃烧装修等。

3) 天然花岗岩荒料:必须具有直角平行六面体的形状,荒料的大面与岩石的节理或花纹走向平行。

4) 荒料缺角、缺棱、裂纹、色线、色斑的质量要求应符合表7.2.10 要求。

荒料缺角、缺棱、裂纹、色线、色斑的质量要求 表7.2.10

指标名称		Ⅰ Ⅱ类		Ⅲ类	
		一等品	合格品	一等品	合格品
缺角、缺棱:长度50~150mm,宽度、深度30~50mm 允许个数		2	3	1	2
裂纹:长度在50~100mm 内的裂纹数	大面	0			
	其他面	1	2		1
色线:长度60mm 的色线,每面允许的条数		0	1	0	1
色斑:面积在250~600mm² 内		1	2	1	2

5) 普通板材规格允许偏差应符合表7.2.11 规定,异型板材规格尺寸允许偏差由供需双方决定。平面度允许偏差应符合表7.2.12 规定。

普通板材规格允许偏差(mm)　　表7.2.11

等级	细面或镜面			粗面		
	优等品	一等品	合格品	优等品	一等品	合格品
长、宽度	0,-1.0		0,-1.5	0,-1.0	0,2.0	0,3.0

续表

等级		细面或镜面			粗　　面		
		优等品	一等品	合格品	优等品	一等品	合格品
宽度	≤15	±0.5	±1.0	+1.0,-2.0	—	—	—
	>15	±1.0	±2.0	+2.0,-3.0	+1.0,-2.0	+2.0,-3.0	+2.0,-4.0

平面度允许偏差(mm)　　　　表7.2.12

板材长度范围	细面或镜面			粗　　面		
	优等品	一等品	合格品	优等品	一等品	合格品
≤400	0.2	0.4	0.6	0.8	1.0	1.2
>400、<1000	0.5	0.7	0.9	1.5	2.0	2.2
≥1000	0.8	1.0	1.2	2.0	2.5	2.8

6) 异型板材正面与侧面夹角不得大于90°。

7) 同一批板材的色调、花纹应基本调和,板材正面外观缺陷应符合表7.2.13规定。

板材正面外观缺陷　　　　表7.2.13

名称	规　定　内　容	优等品	一等品	合格品
缺棱	长度不超过10mm(长度<5mm不计),周边每m长(个)	不允许	1	2
缺角	面积不超过5×2mm^2(面积<2×2mm^{2}不计),每块板(个)			
裂纹	长度不超过两端顺延至板边总长度的1/10(长度<20mm不计),每块板(个)			
色斑	面积不超20×30mm^2(面积<15×15mm^{2}不计),每块板(个)			
色线	长度不超过两端顺延至板边总长度的1/10(长度<40mm不计),每块板(条)		2	3
坑窝	粗面板材的正面出现坑窝		不明显	出现,不影响使用

8) 石材表面应采用机械加工,加工后的表面应用高压水冲洗

或用水和刷子清理,严禁用溶剂型的化学清洁剂清洗石材。石材幕墙的单块石材板面面积不宜大于 $1.5m^2$。

(2) 其他材料见 7.2.2 共性材料检验有关内容。

7.3 玻璃幕墙

7.3.1 玻璃幕墙施工控制要点

应对材料质量、幕墙的加工和安装质量进行检查,尤其对关键材料的复查、关键节点部位的施工,应加大检查力度,每幅幕墙应按各类节点总数的 5% 抽样检验,且每类节点不应少于 3 个,螺栓应按 3‰,且每种螺栓不得少于 5 根。对已完成的幕墙金属框架,应提供隐蔽工程检查验收记录,当隐蔽工程检查记录不完整时,应对该幕墙工程的节点拆开进行检验。

(1) 人员要求见 7.1.3(2) 施工管理对人员持证上岗的有关内容。

(2) 控制要点

1) 所有焊缝均应进行外观检查,当发现有裂纹疑点时,可用碳粉探伤或着色渗透探伤复查。

2) 设计要求全焊透的 1、2 级焊缝应采用超声波探伤进行内部缺陷的检验,超声波探伤不能对缺陷作出判断时,应采用射线探伤,其内部缺陷分级及探伤方法应符合国家有关标准的规定。

3) 采用预埋件的幕墙,应按照设计图纸观察检查预埋件的数量、埋设方法、防腐处理方法,用钢直尺检查以测定其位置的偏差,是否符合设计和规范要求,不符合要求的预埋件应及时整改,整改后应及时复查。

4) 预埋件有时出于主体结构的原因,出现如梁板钢筋过密,预埋件可能无法埋设正确,甚至无法埋没,应由设计单位进行修改,对预埋件需要加固和需要后置埋件的位置应做好记录,在预埋件加固或后置埋件完成后,根据记录检查后置埋件的施工质量。

5) 检验预埋件与幕墙的连接。应在预埋件与幕墙连接节点处观察,手动检查,并应采用分度值为1mm的钢直尺和焊缝量规测量。

6) 后置埋件的拉拔力必须符合设计要求,检查人员应现场见证抗拔力检测。

7) 预埋件和连接件的安装质量,应根据图纸核对,必要时打开连接部位进行检验;在抽检部位采用水平仪测量标高及水平位置;用分度值为1mm的钢直尺或钢卷尺测量预埋件的尺寸。

8) 在结构基本完成后,应检查测量放线,所使用的仪器精度和标定时间、测量坐标点和高程点的来源和精度,对幕墙平面、立柱、分格及转角基准线进行复核,不符合要求均要求施工单位进行整改,并重新放线、检查。

9) 在放线工作完成后,要求施工单位上报预埋件的偏位情况,对施工单位上报的预埋件偏差进行抽验,尤其对上下、左右偏差值超过±45mm的预埋件,应认真记录以备检查;对于预埋件偏位或遗失的补救由设计单位处理,建设(监理)工程师应严格按照设计和规范要求进行旁站检查。对于预埋件偏位采用焊接加固方法时,应及时用焊规检查焊接的长度、焊缝的高度是否符合设计和规范要求,检查合格后方可进行下道工序。

10) 锚栓连接的检验,应采用下列方法:用精度不大于全量程的2%的锚栓拉拔仪、分辨率为0.01mm的位移计和记录仪检验锚栓的锚固性能;观察锚栓埋设的外观质量,用分辨率为0.05mm的深度尺测量锚固深度。

11) 观察检查幕墙横梁立柱的连接金属角码与其他连接件采取的螺栓连接情况,是否已采取防松动措施。

12) 用分度值为1mm的钢卷尺、分辨率为0.05mm的游标卡尺,检查用于立柱和横梁等主要受力构件的尺寸是否符合设计和规范要求。

13) 立柱连接的检验,应在立柱连接处观察检查,并应采用分辨率为0.05mm的游标卡尺和分度值为1mm的钢直尺测量。

14）用分度值为 1mm 的钢卷尺检查结构胶宽度、高度。

15）观察检查硅酮结构密封胶注胶饱满情况,也要检查注胶房的温度、相对湿度、洁净等情况。

16）应在幕墙与楼板、墙、柱、楼梯间隔断处,采用观察、触摸的方法检查幕墙防火节点;防火材料的铺设检查,应在幕墙与楼板和主体结构之间用观察和触摸的方法进行检查,并采用分度值为 1mm 的钢直尺和分辨率为 0.05mm 的游标卡尺进行测量。

17）幕墙金属框架的连接应用接地电阻仪或兆欧表测量检查,以观察、手动试验进行检查,并以分度值为 1mm 的钢卷尺、分辨率为 0.05mm 的游标卡尺进行测量;检验玻璃幕墙与主体结构防雷装置连接,应在幕墙框架与防雷装置连接部位,采用接地电阻仪或兆欧表测量和观察。

18）幕墙顶部的连接应在幕墙顶部和女儿墙压顶部位手动和观察检查,必要时应进行淋水试验。

19）幕墙底部连接应在幕墙底部采用分度值 1mm 的钢直尺进行测量和观察检查。

20）梁柱连接节点的检验,应在梁柱节点处观察和手动检查,并应采用分度值为 1mm 的钢直尺和分辨率为 0.02mm 的塞尺测量。

21）变形缝节点连接的检验,应在变形缝处观察检查,并采用淋水试验检验其渗漏情况。

22）幕墙内排水构造的检验,应在设置内排水的部位观察检查。

23）全玻璃幕墙的玻璃与吊夹具连接的检验,应在玻璃的吊夹具处观察检查,并应对夹具进行力学性能检验。

24）拉杆（索）结构的检验,应在幕墙索杆部位观察检查,也可采用应力测定仪对索杆的应力进行测试。

25）点支承装置的检验,应在点支承装置处进行观察检查。

26）幕墙外的质量检验应符合以下规定:在较好自然光下,距幕墙600mm处观察表面质量,必要时用精度0.1mm的读数显微镜观测玻璃和型材的擦伤和划痕;对热反射玻璃膜面,在光线明亮处,以手指按住玻璃面,通过实影、虚影判断膜面朝向;观察玻璃颜色,也可用分光测色仪检查玻璃色差。

27) 检查明框玻璃的安装质量,应采用观察检查方法,也可打开采用分度值为1mm的钢直尺或分辨率为0.5mm的游标卡尺测量垫块长度和玻璃嵌入量,还要检查施工记录和质量保证资料。

28) 检查隐框玻璃的安装质量,应在隐框玻璃与框架连接处采用2m的靠尺测量平面度,采用分辨率为0.5mm深度尺测量接缝高低差,采用分度值为1mm的钢直尺测量托板的厚度。

29) 检查明框玻璃幕墙拼缝质量,应与设计图纸核对,观察检查,也可打开检查。

30) 检查玻璃幕墙与周边密封质量,应核对图纸,观察检查,用分度值为1mm的钢直尺测量,也可采用淋水试验。

31) 检查开启部位的安装质量,应与图纸核对,观察检查,用分度值为1mm的钢直尺测量。

32) 施工单位上报塔吊、吊篮的合格证后,施工前应认真检查,看是否按规章制度执行。

7.3.2 施工质量验收

玻璃幕墙施工质量验收见表7.3.1。

玻璃幕墙施工质量验收　　　　表7.3.1

检验项目	标　　准	检 验 方 法
主控项目	1. 玻璃幕墙工程所使用的各种材料、构件和组件的质量,应符合设计要求及国家现行产品标准和工程技术规范的规定	检查材料、构件、组件的产品合格证书、进场验收记录、性能检测报告和材料的复验报告
	2. 玻璃幕墙的造型和立面分格应符合设计要求	观察检查,尺量检查

续表

检验项目	标准	检验方法
主控项目	3.玻璃幕墙使用的玻璃应符合下列规定： (1)幕墙应使用安全玻璃，玻璃的品种、规格、颜色、光学性能及安装方向应符合设计要求。 (2)幕墙玻璃的厚度不应小于6.0mm。全玻幕墙肋玻璃的厚度不应小于12mm。 (3)幕墙的中空玻璃应采用双道密封。明框幕墙的中空玻璃应采用聚硫密封胶及丁基密封胶；隐框和半隐框幕墙的中空玻璃应采用硅酮结构密封胶及丁基密封胶，镀膜面应在中空玻璃的第2或第3面上。 (4)幕墙的夹层玻璃应采用聚乙烯醇缩丁醛(PVB)胶片干法加工合成的夹层玻璃。点支承玻璃幕墙夹层玻璃的夹层胶片(PVB)厚度不应小于0.76mm。 (5)钢化玻璃表面不得有损伤；8.0mm以下的钢化玻璃应进行引爆处理。 (6)所有幕墙玻璃均应进行边缘处理	观察检查，尺量检查，检查施工记录
	4.玻璃幕墙与主体结构连接的各种预埋件、连接件、紧固件必须安装牢固，其数量、规格、位置、连接方法和防腐处理应符合设计要求	观察检查，检查隐蔽工程验收记录和施工记录
	5.各种连接件、紧固件的螺栓应有防松动措施；焊接连接应符合设计要求和焊接规范的规定	观察检查，检查隐蔽工程验收记录和施工记录
	6.隐框或半隐框玻璃幕墙，每块玻璃下端应设置两个铝合金或不锈钢托条，其长度不应小于100mm，厚度不应小于2mm，托条外端应低于玻璃外表面2mm	观察检查，检查施工记录
	7.明框玻璃幕墙的玻璃安装应符合下列规定： (1)玻璃槽口与玻璃的配合尺寸应符合设计要求和技术标准的规定。 (2)玻璃与构件不得直接接触，玻璃四周与构件凹槽底部应保持一定的空隙，每块玻璃下部应至少放置两块宽度与槽口宽度相同、长度不小于100mm的弹性定位垫块；玻璃两边嵌入量及空隙应符合设计要求。	观察检查，检查施工记录

263

续表

检验项目	标 准	检 验 方 法
主控项目	（3）玻璃四周橡胶条的材质、型号应符合设计要求，镶嵌应平整，橡胶条长应比边框内槽长1.5%～2.0%，橡胶条在转角处应斜面断开，并应用粘结剂粘结牢固后嵌入槽内	观察检查，检查施工记录
	8. 高度超过4m的全玻幕墙应吊挂在主体结构上，吊夹具应符合设计要求，玻璃与玻璃、玻璃与玻璃肋之间的缝隙，应采用硅酮结构密封胶填嵌严密	观察检查，检查隐蔽工程验收记录和施工记录
	9. 点支承玻璃幕墙应采用带万向头的活动不锈钢爪，其钢爪间的中心距离应大于250mm	观察检查，尺量检查
	10. 玻璃幕墙四周、玻璃幕墙内表面与主体结构之间的连接节点、各种变形缝、墙角的连接节点应符合设计要求和技术标准的规定	观察检查，检查隐蔽工程验收记录和施工记录
	11. 玻璃幕墙应无渗漏	在易渗漏部位进行淋水检查
	12. 玻璃幕墙结构胶和密封胶的打注应饱满、密实、连续、均匀、无气泡，宽度和厚度应符合设计要求和技术标准的规定	观察检查，尺量检查，检查施工记录
	13. 玻璃幕墙开启窗的配件应齐全，安装应牢固，安装位置和开启方向、角度应正确；开启应灵活，关闭应严密	观察检查，手扳检查，开启和关闭检查
	14. 玻璃幕墙的防雷装置必须与主体结构的防雷装置可靠连接	观察检查，检查隐蔽工程验收记录和施工记录
一般项目	1. 玻璃幕墙表面应平整、洁净；整幅玻璃的色泽应均匀一致；不得有污染和镀膜损坏	观察检查
	2. 每平方米玻璃的表面质量和检验方法应符合表7.3.2的规定	
	3. 一个分格铝合金型材的表面质量和检验方法应符合表7.3.3的规定	
	4. 明框玻璃幕墙的外露框或压条应横平竖直，颜色、规格应符合设计要求，压条安装应牢固。单元玻璃幕墙的单元拼缝或隐框玻璃幕墙的分格玻璃拼缝应横平竖直，均匀一致	观察检查，手扳检查，检查进场验收记录

续表

检验项目	标　　准	检 验 方 法
一般项目	5. 玻璃幕墙的密封胶缝应横平竖直、深浅一致、宽窄均匀、光滑顺直	观察检查,手摸检查
	6. 防火、保温材料填充应饱满、均匀,表面应密实、平整	检查隐蔽工程验收记录
	7. 玻璃幕墙隐蔽节点的遮封装修应牢固、整齐、美观	观察检查,手扳检查
	8. 明框玻璃幕墙安装的允许偏差和检验方法应符合表 7.3.4 的规定	
	9. 隐框、半隐框玻璃幕墙安装的允许偏差和检验方法应符合表 7.3.5 的规定	

每平方米玻璃的表面质量和检验方法　　表 7.3.2

项次	项　　目	质量要求	检验方法
1	明显划伤和长度>100mm 的轻微划伤	不允许	观察检查
2	长度≤100mm 的轻微划伤	≤8 条	用钢尺检查
3	擦伤总面积	≤500mm^2	用钢尺检查

一个分格铝合金型材的表面质量和检验方法　　表 7.3.3

项次	项　　目	质量要求	检验方法
1	明显划伤和长度>100mm 的轻微划伤	不允许	观察检查
2	长度≤100mm 的轻微划伤	≤2 条	用钢尺检查
3	擦伤总面积	≤500mm^2	用钢尺检查

明框玻璃幕墙安装的允许偏差和检验方法　　表 7.3.4

项次	项　　目		允许偏差(mm)	检 验 方 法
1	幕墙垂直度	幕墙高度≤30m	10	用经纬仪检查
		30m<幕墙高度≤60m	15	
		60m<幕墙高度≤90m	20	
		幕墙高度>90m	25	

续表

项次	项目		允许偏差(mm)	检验方法
2	幕墙水平度	幕墙幅宽≤35m	5	用水平仪检查
		幕墙幅宽＞35m	7	
3	构件直线度		2	用2m靠尺和塞尺检查
4	构件水平度	构件长度≤2m	2	用水平仪检查
		构件长度＞2m	3	
5	相邻构件错位		1	用钢直尺检查
6	分格框对角线长度差	对角线长度≤2m	3	用钢尺检查
		对角线长度＞2m	4	

隐框、半隐框玻璃幕墙安装的允许偏差和检验方法 表7.3.5

项次	项目		允许偏差(mm)	检验方法
1	幕墙垂直度	幕墙高度≤30m	10	用经纬仪检查
		30m＜幕墙高度≤60m	15	
		60m＜幕墙高度≤90m	20	
		幕墙高度＞90m	25	
2	幕墙水平度	层高≤3m	3	用水平仪检查
		层高＞3m	5	
3	幕墙表面平整度		2	用2m靠尺和塞尺检查
4	板材立面垂直度		2	用垂直检测尺检查
5	板材上沿水平度		2	用1m水平尺和钢直尺检查
6	相邻板材板角错位		1	用钢直尺检查
7	阳角方正		2	用直角检测尺检查
8	接缝直线度		3	拉5m线,不足5m拉通线,用钢直尺检查

续表

项次	项目	允许偏差(mm)	检验方法
9	接缝高底差	1	用钢直尺和塞尺检查
10	接缝宽度	1	用钢直尺检查

7.4 金属幕墙

7.4.1 施工控制要点

（1）金属幕墙工程施工顺序

测量放线→安装预埋件→安装骨架→安装金属板→细部处理→清理、验收。

（2）测量放线

由土建施工单位提供基准线（+500mm控制线）及轴线控制点，将所有预埋件位置定点、定位，并复测其位置尺寸；根据基准线，先在底层确定幕墙的水平宽度和出墙尺寸；用激光经纬仪向上引数条垂线，以确定幕墙转角位置和立面尺寸；根据轴线和中线确定幕墙该立面的中线，其复核和自检、互检要求同玻璃幕墙。

（3）安装预埋件

预埋件起着将幕墙重力荷载和风荷载传递给主体结构的作用，故要求锚固可靠，位置准确。

1）预埋件埋设的位置、标高、数量及后置埋件的拉拔力应符合设计要求。

2）骨架安装前，首先要检验预埋件位置，主体所有预埋件的位置必须满足骨架安装锚固点要求的位置。当设计无明确要求时，预埋件的标高偏差不应大于10mm，位置偏差不应大于20mm。

（4）骨架组装

1）附着型金属幕墙骨架组装，是依托混凝土墙基层螺栓来连接L型角钢，再根据金属板材的尺寸，将型材固定在L型角钢上。

在板与板之间用压条固定在型材上,最后在压条上用防水密封橡胶填充。

2) 女儿墙的做法是逐段有间隔地固定方钢连接件,最后再用金属板覆盖。

3) 外窗框与金属板之间的缝隙也必须用防水密封胶填充封闭严密。

4) 墙体的转角应做成直角和圆弧形的式样。

(5) 金属板安装

1) 技术要求

① 幕墙所采用的金属板材品种、型号、规格、颜色、光泽及安装方向应符合设计要求,材质性能必须符合国家现行有关技术标准的规定。

② 金属板材避免与电火花、油污及混凝土等腐蚀性物质接触,以防金属板表面受损。

③ 注胶之前,应用清洁剂清理金属板及铝合金(型钢)框表面。清洁后的材料应在1h之内密封,并应及时将密封条或防水胶置于金属板与铝合金(钢)型材之间。

④ 注密封胶时,应用胶纸保护胶缝两侧的板材,使之不受污染。

2) 安装施工

① 按设计要求将金属板与副框组合完成后,按编号运至作业面,准备在主体框架上进行安装。

② 板间接缝宽度按设计而定,安装板之前应在竖框上拉出两条通线,定好板间连接缝隙的位置,按预定位置安装板材,以确保金属板材端正,接缝整齐,合协一致。

③ 副框与主框接触处应加一层胶垫,不允许刚性连接。

④ 板材定位后,将压条上的螺栓紧固牢靠。压条的数量及间距应符合设计要求。压条应平直、洁净、接口严密、安装牢固。

⑤ 金属幕墙上的滴水线、流水坡向的安装应正确、顺直。

7.4.2 施工质量验收

金属幕墙施工质量验收见表7.4.1。

金属幕墙施工质量验收　　　　　表 7.4.1

检验项目	标准	检验方法
主控项目	1. 金属幕墙工程所用各种材料和配件,应符合设计要求及国家现行产品标准和工程技术规范的规定	检查产品合格证书、性能试验报告、材料进场验收记录和复验报告
	2. 金属幕墙的造型和立面分格应符合设计要求	观察检查,尺量检查
	3. 金属面板的品种、规格、颜色、光泽及安装方向应符合设计要求	观察检查,检查进场验收记录
	4. 金属幕墙主体结构上的预埋件、后置埋件的数量、位置及后置埋件的拉拔力必须符合设计要求	检查拉拔力检测报告和隐蔽工程验收记录
	5. 金属幕墙的金属框架立柱与主体结构预埋件的连接、立柱与横梁的连接、金属面板的安装必须符合设计要求,安装必须牢固	手扳检查,检查隐蔽工程验收记录
	6. 金属幕墙的防火、保温、防潮材料的设置应符合设计要求,并应密实、均匀、厚度一致	检查隐蔽工程验收记录
	7. 金属框架及连接件的防腐处理应符合设计要求	检查隐蔽工程验收记录和施工记录
	8. 金属幕墙的防雷装置必须与主体结构的防雷装置可靠连接	检查隐蔽工程验收记录
	9. 各种变形缝、墙角的连接节点应符合设计要求和技术标准的规定	观察检查,检查隐蔽工程验收记录
	10. 金属幕墙的板缝注胶应饱满、密实、连续、均匀、无气泡,宽度和厚度应符合设计要求和技术标准的规定	观察检查,尺量检查,检查施工记录
	11. 金属幕墙应无渗漏	在易渗漏部位进行淋水检查
一般项目	1. 金属板表面应平整、洁净、色泽一致	检验方法,观察检查
	2. 金属幕墙的压条应平直、洁净、接口严密、安装牢固	观察检查,手扳检查
	3. 金属幕墙的密封胶缝应横平竖直、深浅一致、宽窄均匀、光滑顺直	观察检查
	4. 金属幕墙上的滴水线、流水坡向应正确、顺直	观察检查,用水平尺检查

续表

检验项目	标准	检验方法
一般项目	5. 每平方米金属板的表面质量和检验方法应符合表7.4.2的规定	
	6. 金属幕墙安装的允许偏差和检验方法应符合表7.4.3的规定	

每平方米金属板的表面质量和检验方法 表7.4.2

项次	项目	质量要求	检验方法
1	明显划伤和长度>100mm的轻微划伤	不允许	观察检查
2	长度≤100mm的轻微划伤	≤8条	用钢尺检查
3	擦伤总面积	≤500mm²	用钢尺检查

金属幕墙安装的允许偏差和检验方法 表7.4.3

项次	项目		允许偏差(mm)	检验方法
1	幕墙垂直度	幕墙高度≤30m	10	用经纬仪检查
		30m<幕墙高度≤60m	15	
		60m<幕墙高度≤90m	20	
		幕墙高度>90m	25	
2	幕墙水平度	层高≤3m	3	用水准仪检查
		层高>3m	5	
3	幕墙表面平整度		2	用2m靠尺和塞尺检查
4	板材立面垂直度		2	用垂直检测尺检查
5	板材上沿水平度		2	用1m水平尺和钢直尺检查
6	相邻板材板角错位		1	用钢直尺检查
7	阳角方正		2	用直角检测尺检查
8	接缝直线度		3	拉5m线,不足5m拉通线,用钢直尺检查
9	接缝高底差		1	用钢直尺和塞尺检查
10	接缝宽度		1	用钢直尺检查

7.5 石材幕墙

7.5.1 施工控制要点

(1) 加工与制作

幕墙加工制作应严格按照设计施工图进行,必要时应对建筑物主体进行复测,及时调整幕墙图纸中的偏差,经设计单位同意后,方可进行加工和组装。使用的材料和附件,都必须有产品合格证和说明书及执行标准的编号,尤其是主要部件,要严格检查其质量,检查出厂时间,存放有效期。严禁使用过期或不合格的材料。加工幕墙构件的设备、机具应达到幕墙构件加工精度的要求,定期进行检查和计量认证。构件加工环境要求清洁、干燥、通风良好,温度应满足施工环境要求。

1) 应避免硅酮结构胶长期处于受力状态,在使用硅酮结构密封胶和硅酮耐候密封胶时,应待石材清洁干净并完全干燥后方可施工;注胶应在温度 15~30℃、相对湿度 50% 以上、洁净的室内进行,不得在现场墙上打注。

2) 钢结构制作单位应在必要时对构造复杂的构件进行工艺性试验。复杂的钢构件,应根据合同要求在制作单位进行预拼装。

3) 立柱和横梁等主要受力构件,其截面受力部分的壁厚应经计算确定,铝合金型材壁厚不应小于 3.0mm,钢型材壁厚不应小于 3.5mm。

4) 幕墙单元连接处和吊挂处的铝合金型材的壁厚不得小于 5.0mm。

5) 加工石板应符合下列规定:石板连接部位应无崩坏、暗裂等缺陷,其他部位崩边不大于 5mm×20mm,或缺角不大于 20mm 时可修补后使用。但每层修补的石块数不应大于 2%,且宜用于立面不明显的部位。石板的长度、宽度、厚度、直角、异形角、半圆弧形状、异形型材及花纹图案造型和石板的外形尺寸应符合设计要求。石板外表面的色泽应符合设计要求,花纹图案应按样板检查,石板四周不得有明显的色差。火烧石板应按样板检查火烧后均匀程度,火烧石板不得有暗裂、崩裂情况。石板的编号应同设计一致。石板应结合其组合形式,并应确定工程中使用的基本形式后进行加工。

6) 用钢销式安装的石板加工应符合下列规定:钢销的孔位应根据石板的大小而定,孔位距离边端不得小于石板厚度的3倍,也不得大于180mm,钢销式间距不宜大于600mm。边长不大于1.0m时每边应设两个钢销,边长大于1.0m,应采用复合连接。石板钢销孔的深度宜为22~33mm,孔的直径宜为7mm或8mm,钢销直径宜为5mm或6mm,钢销不得触及孔壁和孔底;石板安装钢销处不得有损坏或崩裂现象,孔径内应光滑、洁净。

7) 通槽式安装石材加工应符合下列规定:石板的通槽宽度宜为6mm或7mm,不锈钢支撑板厚度不宜小于3.0mm,铝合金支撑板厚度不宜小于4.0mm;石板开槽后不得有损坏或崩裂现象,槽口应打磨成45°倒角,槽内应光滑、清洁。

8) 短槽式安装石材加工应符合下列规定:每块石板上下边应各开两个短平槽,短平槽长度不应小于100mm,在有限长度内槽深度不宜小于15mm,开槽宽度宜为6mm或7mm,弧形槽的有效长度不应小于80mm;两短槽边距离石板两端部距离不应小于石板厚度的3倍且不应小于85mm,也不应大于180mm,石板开槽后不得有损坏或崩裂现象,槽口应打磨成45°倒角,槽内应光滑、洁净。

9) 石板的转角宜采用不锈钢支撑件或铝合金型材专用件组装,并符合以下规定:当采用不锈钢支撑件组装式时,不锈钢支撑件的厚度不应小于3mm;当采用铝合金型材专用件组装式时,铝合金型材壁厚不应小于4.5mm,连接部位的壁厚不应小于5mm。

10) 单元石材加工组装应符合以下规定:有防火要求的全石板幕墙单元,应将石材、防火板、防火材料按照设计要求组装在铝合金框架上。幕墙单元内石板之间可采用铝合金T形连接件连接，最小厚度不应小于 4.0mm；加工完成的石板应存放于通风良好的仓库内，其角度不应小于 85°。

(2) 幕墙安装

幕墙安装步骤：预埋件定位、焊接→连接件、铝码安装→钢架连接→铝型材的安装→面材安装。安装时先内后外，环环相扣。

1) 幕墙工程外观检验应符合以下规定：幕墙外露框应横平竖直，造型应符合设计要求。幕墙的胶缝应横平竖直，表面应光滑无污染。沉降缝、伸缩缝、防震缝的处理，应保持外观效果的一致性，并应符合设计要求。站在距幕墙表面 3m 处，肉眼观察时不应有明显色差、色斑等缺陷。

2) 其余要求参见 7.3 玻璃幕墙、7.4 金属幕墙的有关内容。

7.5.2 施工质量验收

石材幕墙施工质量验收见表 7.5.1。

石材幕墙施工质量验收　　　表 7.5.1

检验项目	标　准	检 验 方 法
主控项目	1. 石材幕墙所用材料的品种、规格、性能和等级，应符合设计要求及国家现行产品标准和工程技术规范的规定。石材的弯曲强度不应小于 8.0MPa；吸水率应小于 0.8%。石材幕墙的铝合金挂件厚度不应小于 4.0mm，不锈钢挂件厚度不应小于 3.0mm	观察检查，尺量检查，检查产品合格证、性能检测报告、材料进场验收记录和复验报告
	2. 石材幕墙的造型、立面分格、颜色、光泽、花纹和图案应符合设计要求	观察检查
	3. 石材孔、槽的数量、深度、位置、尺寸应符合设计要求	检查进场验收记录或施工记录
	4. 石材幕墙主体结构上的预埋件和后置埋件的位置、数量及后置埋件的拉拔力必须符合设计要求	检查拉拔力检测报告和隐蔽工程验收记录
	5. 石材幕墙的金属框架立柱与主体结构预埋件的连接、立柱与横梁的连接、连接件与金属框架的连接、连接件与石材面板的连接必须符合设计要求，安装必须牢固	手扳检查，检查隐蔽工程验收记录

续表

检验项目	标　准	检验方法
主控项目	6. 金属框架和连接件的防腐处理应符合设计要求	检查隐蔽工程验收记录
	7. 石材幕墙的防雷装置必须与主体结构防雷装置可靠连接	观察检查,检查隐蔽工程验收记录和施工记录
	8. 石材幕墙的防火、保温、防潮材料的设置应符合设计要求,填充应密实、均匀、厚度一致	检查隐蔽工程验收记录
	9. 各种结构变形缝、墙角的连接节点应符合设计要求和技术标准的规定	检查隐蔽工程验收记录和施工记录
	10. 石材表面和板缝的处理应符合设计要求	观察检查
	11. 石材表面的板缝注胶应饱满、密实、连续、均匀、无气泡,板缝宽度和厚度应符合设计要求和技术标准的规定	观察检查,尺量检查,检查施工记录
	12. 石材幕墙应无渗漏	在易渗漏部位进行淋水检查
一般项目	1. 石材幕墙表面应平整、洁净,无污染、破损和裂痕。颜色和花纹应协调一致,无明显色差,无明显修痕	观察检查
	2. 石材幕墙的压条应平直、洁净、接口严密、安装牢固	观察检查,手扳检查
	3. 石材接缝应横平竖直、宽窄均匀;阴阳角石板的压向应正确,板边合缝应顺直;凸凹线出墙厚度应一致,上下口应平直;石材面板上洞口、槽边应套割吻合,边缘应整齐	观察检查,尺量检查
	4. 石材幕墙的密封胶缝应横平竖直、深浅一致、宽窄均匀、光滑顺直	观察检查
	5. 石材幕墙上的滴水线、流水坡向应正确、顺直	观察检查,用水平尺检查
	6. 每平方米石材的表面质量和检验方法应符合表 7.5.2 的规定	
	7. 石材幕墙安装的允许偏差和检验方法应符合表 7.5.3 的规定	

每平方米石材的表面质量和检验方法　　表 7.5.2

项次	项目	质量要求	检验方法
1	裂痕、明显划伤和长度>100mm 的轻微划伤	不允许	观察检查
2	长度≤100mm 的轻微划伤	≤8 条	用钢直尺检查
3	擦伤总面积	≤500mm^2	用钢直尺检查

石材幕墙安装的允许偏差和检验方法　　表 7.5.3

项次	项目		允许偏差(mm)		检验方法
			光面	麻面	
1	幕墙垂直度	幕墙高度≤30m	10		用经纬仪检查
		30m<幕墙高度≤60m	15		
		60m<幕墙高度≤90m	20		
		幕墙高度>90m	25		
2	幕墙水平度		3		用水准仪检查
3	板材立面垂直度		3		用水准仪检查
4	板材上沿水平度		2		用 1m 水平尺和钢直尺检查
5	相邻板材板角错位		1		用钢直尺检查
6	幕墙表面平整度		2	3	用垂直检测尺检查
7	阳角方正		2	4	用直角检测尺检查
8	接缝直线度		3	4	拉 5m 线,不足 5m 拉通线,用钢直尺检查
9	接缝高低差		1	—	用钢直尺和塞尺检查
10	接缝宽度		1	2	用钢直尺检查

8. 涂饰工程

涂饰工程是在建筑施工过程中竣工前的最后一项分项工程，是采用涂刷工具，通过刷、喷、刮等工艺方法，将饰面物料涂饰在基体表面，使饰面物料附着在基体材料上形成紧密粘结的完整、美观的保护层的一种装饰施工工艺。

涂饰工程按类型主要分为水性涂料涂饰工程、溶剂型涂料涂饰工程和美术涂料涂饰工程三大类，分别使用在不同的基体材料上产生各不相同的作用，主要起保护基体材料和装饰建筑基体表面的美观作用。

8.1 水性涂料涂饰

水性涂料涂饰包括乳液型涂料涂饰、无机涂料涂饰、水溶性涂料涂饰等。

8.1.1 施工原则

(1) 涂饰工程施工前，应按图纸设计要求在相同基体上制做样板，经建设(监理)、施工单位共同确认后再展开大面积施工。

(2) 根据进入涂饰工程施工阶段的具体情况，调整施工方案，合理安排施工顺序，保证涂饰工程施工顺利进行。

(3) 按涂饰程序施工。外墙面涂饰时，无论采用什么工艺，一般均应由上而下，分段分片进行涂饰。分段分片的部位应选择在门、窗、拐角、水落管等处；内墙面涂饰时，应在顶棚涂饰完毕后进行，由上而下分段涂饰。涂饰分段的宽度，要根据刷具的宽度以及涂料稠度决定。

(4) 常温条件下,新抹砂浆基层要求在7天以上、现浇混凝土基层要求在28天以上,方可涂饰建筑涂料。

(5) 涂料使用前应搅拌均匀,并应在规定时间内用完。

(6) 施工时应认真做好工序交接检验。

(7) 按设计要求复核好修补材料、腻子、底涂料、面涂料产品的品种、规格、颜色及涂饰工程的等级。

8.1.2 材料质量要求及施工作业条件

(1) 材料质量要求

1) 涂饰工程应优先采用绿色环保型涂料。室内所用涂料必须符合《民用建筑工程室内环境污染控制规范》(GB 50325—2001)的有关规定。

2) 涂饰工程所选用涂料的品种、型号和性能应符合设计要求,所有材料应具有产品合格证书、性能检测报告,进场后做好验收记录。

3) 涂饰工程应按设计要求的颜色、图案、花纹事先做好试配、试涂,经确认符合设计要求后施工。

4) 内墙涂料要求色彩丰富、细腻、调和,耐碱、耐水、耐粉化性良好,透气性良好,其性能符合有关标准的规定。

5) 外墙涂料要求装饰性好,耐水、耐碱、耐光、耐沾污和耐候性良好,施工及维修方便,其性能符合有关标准的规定。

6) 涂料工程所用腻子的塑性和易涂性应满足施工要求,干燥后应坚固,并按基层、底涂料和面涂料的性能分别配套使用。

(2) 施工作业条件

1) 混凝土及抹灰外墙表面涂饰工程

① 室外窗台、檐口、雨棚等底部应按设计要求完成滴水线(槽)、女儿墙及阳台的压顶,其抹灰面应事先做好指向内侧的泛水坡度。

② 混凝土及抹灰面已完成,并经质量验收合格。

2) 混凝土及抹灰内墙、顶棚表面涂饰工程

① 屋面防水或上层楼面面层已经完成,不渗不漏,并清洁干

净。

② 混凝土及抹灰面已完成,并经质量验收合格。

③ 门窗及有关预埋件安装完毕,检查合格。

④ 基层表面清理满足施工条件。

⑤ 不涂饰部位已采取保护措施。

3) 木材(或纸)表面涂饰工程

① 室内顶棚、内墙涂料涂饰工程已经完成,并经质量验收合格。

② 木门窗等木制品已通过检查验收并合格。

4) 金属及构件表面涂饰工程

① 室内顶棚、内墙涂饰工程已经完成,并经过验收合格。

② 钢门窗等金属构件经过检查并合格。

5) 施工环境条件

① 水性涂料涂饰工程施工环境温度应在 5~35℃ 之间。

② 当室外日平均气温连续 5 天稳定低于 5℃ 时,涂饰工程施工应按冬期施工要求采取相应措施。

③ 相邻施工环境不应有明火施工,施工环境应整洁,风力不要过大,相对湿度不宜大于 60%。

(3) 施工前基层处理要求

1) 新建筑物的混凝土或抹灰基层表面在涂料涂刷前,应先涂刷抗碱封闭底漆。

2) 旧墙面在涂料涂刷前,应清除疏松的旧装饰层并涂刷界面剂。

3) 混凝土或抹灰基层涂刷溶剂型涂料时,含水率不得大于 8%;涂刷乳液型涂料时,含水率不得大于 10%。木材基层的含水率不得大于 12%。

4) 基层腻子应平整、坚实、牢固、无粉化、无起皮、无裂缝;内墙腻子的粘结强度应符合《建筑室内用腻子》(JG/T 3049)的规定。

5) 厨房、卫生间、浴室墙面必须使用耐水腻子。

8.1.3 施工管理监控要点

(1) 工艺流程

基层处理→嵌、刮腻子→磨砂纸→封底涂料→饰面涂料→清理验收。

(2) 管理要点

1) 基层处理的质量是影响涂刷质量的主要原因。现场检查时首先应着重检查基层处理情况,如不符合规定应要求施工单位进行修整。

2) 在材料配置地点,注意查看材料的品种、配置方法是否按配合比要求配置。查看水泥、大白粉、胶水等主要材料的表面质量是否有不正常现象。如水泥、大白粉结块、胶凝材料有冻块状等,应要求施工人员进行见证取样送检,合格后再使用。

3) 现场检查时首先要注意查看涂料的品种、型号、性能是否符合设计要求,颜色、图案是否符合样板间的要求,涂料使用前应搅拌均匀,不得任意稀释。涂刷方法是否符合施工规范规定。如果施工顺序有颠倒,喷涂设备压力不能满足施工要求,滚(排)刷在使用时不能达到工程质量要求等现象,应及时整改。

4) 涂刷过程,应注意每道工序的前一次操作与后一次操作要有足够的间隔时间。要求每道工序之间应有必须保证的时间,具体见相关规定及产品说明书要求。

(3) 控制要点

1) 基层处理同 8.1.2(3) 施工前基层处理要求。

2) 嵌、刮腻子要控制遍数。嵌刮前表面的麻面、蜂窝、残缺处要填补好,打磨平整、光滑。

3) 封底漆必须在干燥、清洁、牢固的表面上进行,可采用喷涂或滚涂的方法施工,涂层必须均匀,不可漏涂。

4) 涂饰面层涂料按涂刷顺序涂刷均匀,用力轻而匀,表面清洁干净。

8.1.4 施工质量验收

水性涂料涂饰施工质量验收见表 8.3.1。

8.1.5 常见质量缺陷与预控措施

水性涂料涂饰常见质量缺陷与预控措施见表8.3.5。

8.2 溶剂型涂料涂饰

溶剂型涂饰涂料包括丙烯酸酯涂料、聚氨酯丙烯酸涂料、有机硅丙烯酸涂料等。

8.2.1 施工原则

同8.1.1水性涂料涂饰施工原则。

8.2.2 材料质量要求及施工作业条件

(1) 材料质量要求

溶剂型涂料所用的丙烯酸酯涂料、聚氨酯丙烯酸涂料、有机硅丙烯酸涂料等的选用,应符合设计要求。调制用虫胶漆、油性清漆、骨胶、白厚漆、熟桐油等产品质量应符合国家质量标准的规定。超过保质期的材料应进行复试;经试验鉴定合格后方可使用,结块状、结皮、搅拌不均匀的材料严禁使用。所用材料应符合《民用建筑工程室内环境污染控制规范》(GB 50325)的规定。

材料质量的其他共性要求,同8.1.2(1)水性涂料涂饰的材料质量要求。

(2) 施工作业条件

同8.1.2(2)水性涂料涂饰的施工作业条件

8.2.3 施工管理控制要点

(1) 工艺流程

基层处理→嵌、刮腻子→磨砂纸→封底涂料→饰面涂料→清理验收。

(2) 管理要点

同8.1.3(2)水性涂料涂饰管理要点相关内容。

(3) 控制要点

1) 基层处理

同8.1.2(3)施工前基层处理。

2) 木材表面溶剂型混色涂料的施涂

木材表面主要是指门窗、家具、木装修(如墙裙、隔断、挂镜线、顶棚等)表面。一般松木等软材类的木材表面,以采用混色涂料或清漆面的普通涂料较多;硬材类的木材表面则多采用漆片、蜡克面的清漆,属于高级涂料。高级涂料做磨退时,宜用醇酸涂料涂刷,并根据涂膜厚度增加1~2遍涂料和磨退、打砂蜡、打油蜡、擦亮等工序。

3) 控制要点

① 溶剂型涂料应避免在湿度较高的环境下施涂。

② 刷底油时,木材表面、门窗玻璃口四周均须刷到、刷匀,不可遗漏。

③ 嵌刮腻子,对于宽缝、深洞要深入压实,抹平刮光。

④ 磨砂纸,要打磨光滑,不能磨穿油底,不可磨损棱角。

⑤ 涂刷涂料时,均应做到横平竖直、纵横交错、均匀一致。在涂刷顺序上应先上后下,先内后外,先浅色后深色,按木纹方向理平、理直。

⑥ 涂刷混色涂料,一般不少于四遍;涂刷清漆时,一般不少于5遍。

⑦ 当涂刷清漆时,在操作上应当注意色调均匀,拼色相互一致,表面不得显露节疤。

⑧ 涂刷清漆、蜡克时,要做到均匀一致,理平理光,不可显露刷纹。

⑨ 有打蜡、出光要求的工程,应当将砂蜡打匀,擦油蜡时要薄而匀,赶光一致。

⑩ 涂料涂刷后应避免太阳光暴晒。

8.2.4 施工质量验收

溶剂型涂料涂饰施工质量验收见表8.3.1。

8.2.5 常见质量缺陷与预控措施

溶剂型涂料涂饰常见质量缺陷与预控措施见表8.3.5。

8.3 美术涂饰

美术涂饰,是以油和油性涂料为基料,运用美术手法,把人们喜爱的花卉、鱼鸟、山水等动、植物的图象,彩绘在室内墙面、顶棚等表面的一种室内装饰形式。

美术涂饰一般分为普通级和高级两种,并在一般涂料工程完成的基础上进行。涂饰的色调和图案可以随环境需要来选择,在正式施工前应做样板,经检查符合设计要求后,方可大面积施工。

美术涂饰的施工包括套色涂饰、漆花涂饰、仿花纹涂饰等。

8.3.1 施工原则

同8.1.1水性涂料涂饰施工原则。

8.3.2 材料质量要求及施工作业条件

1) 美术涂饰施工时,所采用的水性涂料或溶剂型涂料除色彩按设计要求外,其性能必须与基层腻子或基底涂料相容,且粘结紧密,附着力好。基层腻子或基底涂料选用时,应充分考虑美术涂饰的要求,并经检验合格后,方可使用美术涂饰涂料进行套色涂饰、滚花涂饰、仿花纹涂饰施工。

2) 材料质量的其他共性要求,同8.1.2(1)水性涂料涂饰的材料质量要求。

8.3.3 施工管理控制要点

(1) 工艺流程

基层处理→嵌、刮腻子→磨砂纸→封底涂料→饰面涂料→清理验收。

(2) 管理要点

1) 基层处理的质量是影响涂刷质量的主要原因。现场检查人员首先应着重检查基层处理情况,如不符合规定应要求施工单位进行修整。

2) 在材料配置地点,注意查看材料的品种、配置方法是否按配合比要求配置。涂料开封后,查看保质期限,对照合格材料查看表面质量有无异常现象。如有结皮、变色、结块、冻块、搅拌不均等应禁止使用。

3) 现场检查人员首先要注意查看涂料的颜色、图案是否符合样板间的要求,涂刷方法是否符合施工规范规定。如果施工顺序有颠倒、喷涂设备压力不能满足施工要求、涂刷过程达不到工程质量要求时,应及时提出整改要求。

4) 涂刷过程,应注意每道工序的前一次操作与后一次操作要有足够的间隔时间。要求每道工序之间应有必须保证的时间,具体见相关规定及产品说明书要求。

(3) 控制要点

1) 基层处理,同 8.1.2(3)施工前基层处理。

2) 嵌、刮腻子,打磨砂纸。按选用腻子要求将腻子配置好,将基体表面麻面、蜂窝、洞眼、残缺处填补好。表面打磨平整。

3) 封底漆必须在干燥、清洁、牢固的表面上进行,涂层必须均匀,不可漏涂。

4) 套色漏花(仿壁纸图案)面层涂饰可采用喷涂法和刷涂法。

5) 滚花涂饰面层滚花完成后,周边应画色线或做边花、方格线。

6) 仿木纹、仿石纹面层涂饰施工:

① 仿木纹,一般是仿硬质木材的木纹,如黄菠萝、水曲柳、榆木、核桃等木纹,通过专用工具和艺术手法用涂料涂饰。

② 仿石纹亦称假大理石,喷涂大理石纹可用干燥快的涂料,刷涂大理石纹,可用伸展性好的涂料。

③ 仿木纹(或仿石纹)涂饰完成后,表面均应施涂一遍罩面清漆。

7) 涂饰鸡皮皱面层施工

在涂刷好底涂料的基层上,涂上拍打鸡皮皱纹的涂料,其配合比由试验确定。

涂刷面层的厚度为 1.5～2.0mm,比一般涂刷的涂料要厚些。

刷鸡皮皱纹涂料和拍打鸡皮皱纹应同时进行。即前边一人涂刷，后边一人随之拍打,起粒大小应均匀一致。

8.3.4 施工质量验收

美术涂饰施工质量验收见表 8.3.1。

涂饰工程施工质量验收　　　　　表 8.3.1

项目		标准	检验方法
水性涂料涂饰工程	主控项目	水性涂料涂饰工程所用涂料的品种、型号和性能应符合设计要求	检查产品合格证书、性能检测报告和进场验收记录
		水性涂料涂饰工程的颜色、图案应符合设计要求	观察检查
		水性涂料涂饰工程应涂饰均匀、粘结牢固，不得漏涂、透底、起皮和掉粉	观察检查，手摸检查
		水性涂料涂饰工程的基层处理应符合本章第一节之三的要求	观察检查，手摸检查，检查施工记录
	一般项目	薄涂料的涂饰质量和检验方法应符合表 8.3.2 的规定	
		厚涂料的涂饰质量和检验方法应符合表 8.3.3 的规定	
		复层涂料的涂饰质量和检验方法应符合表 8.3.3 的规定	
		涂层与其他装修材料和设备衔接处应吻合，界面应清晰	观察检查
溶剂型涂料涂饰工程	主控项目	溶剂型涂料涂饰工程所选用涂料的品种、型号和性能应符合设计要求	检查产品合格证书、性能检测报告和进场验收记录
		溶剂型涂料涂饰工程的颜色、光泽、图案应符合设计要求	观察检查
		溶剂型涂料涂饰工程应涂饰均匀、粘结牢固，不得漏涂、透底、起皮和返锈	观察检查，手摸检查
		溶剂型涂料涂饰工程的基层处理应符合本章第一节之三的要求	观察检查，手摸检查，检查施工记录
	一般项目	色漆的涂饰质量和检验方法应符合表 8.3.4 的规定	
		清漆的涂饰质量和检验方法应符合表 8.3.4 的规定	
		涂层与其他装修材料和设备衔接处应吻合，界面应清晰	观察检查

续表

项目		标准	检验方法
美术涂饰工程	主控项目	美术涂饰所用材料的品种、颜色和性能应符合设计要求	观察检查,检查产品合格证书、性能检测报告和进场验收记录
		美术涂饰工程应涂饰均匀、粘结牢固,不得漏涂、透底、起皮、掉粉和返锈	观察检查,手摸检查
		美术涂饰工程的基层处理应符合本章第一节之三的要求	观察检查,手摸检查,检查施工记录
	一般项目	美术涂饰的套色、花纹和图案应符合设计要求	观察检查
		美术涂饰表面应洁净,不得有流坠现象	
		仿花纹涂饰的饰面应具有被模仿材料的纹理	
		套色涂饰的图案不得移位,纹理和轮廓应清晰	

薄涂料的涂饰质量和检验方法　　　表 8.3.2

序号	项目	普通涂饰	高级涂饰	检验方法
1	颜色	均匀一致	均匀一致	观察检查
2	泛碱、咬色	允许少量轻微	不允许	
3	流坠、疙瘩	允许少量轻微	不允许	
4	砂眼、刷纹	允许少量轻微砂眼、刷纹通顺	无砂眼、无刷纹	
5	装饰线、分色线直线度允许偏差(mm)	2	1	拉 5m 线,不足 5m 拉通线,用钢直尺检查

厚涂料、复层涂料的涂饰质量和检验方法　　　表 8.3.3

序号	项目	厚涂料		复层涂料	检验方法
		普通涂饰	高级涂饰		
1	颜色	均匀一致	均匀一致	均匀一致	观察
2	泛碱、咬色	允许少量轻微	不允许	不允许	
3	点状分布	—	疏密均匀	—	
4	喷点疏密程度	—	—	均匀,不允许连片	

色漆、清漆的涂饰质量和检验方法　　　表8.3.4

序号	项目	色漆		清漆		检验方法
		普通涂饰	高级涂饰	普通涂饰	高级涂饰	
1	颜色	均匀一致	均匀一致	基本一致	均匀一致	观察检查
2	光泽、光滑	光泽基本均匀光滑无挡手感	光泽均匀一致光滑	光泽基本均匀光滑无挡手感	光泽均匀一致光滑	观察检查，手摸检查
3	刷纹	—	—	棕眼刮平，木纹清楚	棕眼刮平，木纹清楚	观察检查
4	刷纹	刷纹通顺	无刷纹	无刷纹	无刷纹	观察检查
5	裹棱、流坠、皱皮	明显处不允许	不允许	明显处不允许	不允许	观察检查
6	装饰线、分色线直线度允许偏差(mm)	2	1	—	—	拉5m线，不足5m拉通线，用钢直尺检查

8.3.5 常见质量缺陷与预控措施

美术涂饰常见质量缺陷与预控措施见表8.3.5。

涂饰工程常见质量缺陷与预控措施　　　表8.3.5

质量缺陷	预控措施
漏涂、透底	(1) 严格按施工工序操作，避免漏涂产生。 (2) 复核涂料材料时要注意涂料遮盖力是否合格
起皮、脱落	(1) 施涂涂料前应将基层表面处理干净。 (2) 基层应当干燥，霉染物应清除干净。 (3) 控制每遍涂刷层厚度。 (4) 控制基层含水率、pH值。 (5) 腻子、底涂料、面涂料应配套，应选用与基层粘结力好的腻子和底涂料
泛碱	(1) 控制混凝土及抹灰基层的含水率。 (2) 采用耐碱性优良的表面涂料
流坠	(1) 刮补腻子后要打磨平整。 (2) 刷涂料时要用力刷匀，涂刷的涂膜要薄，实行多遍涂刷，严防一次涂膜太厚。 (3) 控制好涂料粘度。 (4) 施工场所要通风并选用干燥稍快的涂料品种

续表

质量缺陷	预 控 措 施
刷纹	（1）选用流平性好的涂料品种。 （2）施涂用的毛刷要选用适宜的规格,涂刷的动作要轻巧。 （3）在木料基层上涂刷时,应顺木纹方向施涂,涂刷一道涂料应多次理顺,确保涂膜平整、光滑
颜色不均匀	（1）要求基层平整、材质均匀。 （2）施涂前要将涂料搅拌均匀,防止涂料颜色不均匀。 （3）严防漏涂、返锈或泛碱现象产生。 （4）大面积墙面施涂前,应先做好墙面分格和涂料的分段施工
起泡	（1）严格控制基层表面的含水率。 （2）基层表面的腻子和底涂料应充分干燥后,再涂刷下一道涂料。 （3）金属表面施涂前必须认真打磨除锈,并应清扫干净。 （4）腻子、底涂料、面涂料应相互配套。 （5）如果在施涂过程中遇有雨水淋湿涂膜时,应将涂膜上浮水清除,并完全干透后再进行下一道涂料施涂
掉粉	（1）基层须干燥,施涂溶剂型涂料时基层含水率应小于8%；施涂水性和乳液型涂料时,基层含水率应小于10%。 （2）施工气温不宜过低,尤其是乳液型涂料应在10℃以上施工。 （3）基层材料龄期应符合有关规定,如混凝土应在28天以上,水泥砂浆不于7天,基层pH＜10；施涂前把涂料搅拌均匀,施工中不得任意加入溶剂稀释涂料的基层
返锈	（1）施涂前应把金属基体表面的锈斑打磨洁净,清除干净,并及时施涂防锈底漆。 （2）防锈底涂料应涂刷均匀,不要漏涂,应施涂二道
起皱	（1）选用涂料时应认真了解涂料的技术标准与施工方法。 （2）施涂应严格控制操作时的温度,高温、日光暴晒及寒冷的气候条件不宜涂刷涂料,尤其是溶剂型涂料（油漆）。 （3）选用粘度合适的涂料,施涂时涂膜厚薄应均匀
失光	（1）采用清漆或溶剂型混色涂料,刚施涂时饰面层涂膜光泽饱满,但不久光泽就逐渐消失。对于木质和金属基层表面,在施涂前应处理干净,不得有沾污物。 （2）阴雨、严寒天气或潮湿环境,不宜施涂。 （3）施涂的工具必须做好防水处理,防止水分混入涂料中。 （4）施涂的涂膜未干前必须避免烟熏

续表

质量缺陷	预 控 措 施
起粒	（1）涂料在施涂前,必须搅拌均匀,确保涂料的细度和洁净。 （2）施涂前,应对基层表面认真处理,凸凹不平的应用砂纸和腻子加工处理,擦去粉尘再满刮腻子,待腻子干透后用砂纸打磨,除去粉尘后方可施涂涂料。 （3）施涂的工作环境应通风良好、洁净。严禁在刮风或有灰尘的环境中进行施涂,对施涂用的工具应注意清洗,保持干净
木纹浑浊	（1）施涂前,应检查木质饰面的材质是否是同一种类,不同材质的基体表面应选用不同的施涂方法,以求同一面层达到色泽一致。 （2）严格按施工工序操作,不可在作业面上反复涂刷,要控制涂膜的匀质性

9. 裱糊与软包工程

建筑室内墙面、顶棚裱糊以及墙面、门扇等构件表面的软包装饰，是传统的室内装饰手法之一。裱糊与软包对装饰表面既起到很好的遮掩和保护作用，又有特殊的装饰效果。裱糊与软包的特点是：装饰效果好，图案丰富多彩，色泽优雅；具有吸声、隔热、防霉等特点；施工工艺简单，保洁和维护方便，与使用其他装饰材料相比较造价低廉。

裱糊与软包工程，按贴面材料划分有壁纸裱糊、墙布裱糊、织锦软包、人造皮革软包等；按施工部位划分有墙面裱糊、顶棚裱糊、墙面软包和门扇软包等。

裱糊与软包工程验收时，应检查施工图设计说明及其他设计文件、饰面材料的样板，以及确认文件，包括材料产品合格证、性能检测报告、进场验收纪录和复验报告和施工记录等资料。

9.1 裱 糊

裱糊工程主要指聚氯乙烯塑料壁纸、复合纸质壁纸、墙布等材料的裱糊。

9.1.1 施工原则

（1）裱糊工程施工，应遵循样板间制度，经验收合格后，方可大面积施工。

（2）墙纸和贴墙布应按房间大小、产品类型及图案、规格尺寸进行选配，并分幅拼花裁切。裁切后边缘应平直整齐，不得有纸毛、飞刺，并妥善卷好平放。

（3）墙面应采用整幅裱糊，并统一预排对花拼缝。不足一幅的应裱糊在较暗或不明显的部位,阴角处接缝应搭接,阳角处不得有接缝。

(4)裱糊第一幅壁纸或墙布前,应弹垂直线,作为裱糊时的基准线。裱糊顶棚时,也应在裱糊第一幅前先弹一条能起基准线作用的直线。

(5)在顶棚上裱糊壁纸,宜沿房间的长边方向裱糊。

(6)裱糊塑料壁纸,应先将壁纸用水润湿数分钟。裱糊时,应在基层表面涂刷胶粘剂。裱糊顶棚时,基层和壁纸背面均应涂刷胶粘剂。

(7)裱糊复合壁纸严禁浸水,应先将壁纸背面涂刷胶粘剂,放置数分钟。裱糊时,基层表面也应涂刷胶粘剂。

(8)裱糊墙布,应先将墙布背面清理干净。裱糊时,应在基层表面涂刷胶粘剂。

(9)带背胶的壁纸,应在水中浸泡数分钟后裱糊。裱糊顶棚时,带背胶的壁纸应涂刷一层稀释的胶粘剂。

(10)对于需重叠对花的各类壁纸,应先裱糊对花,然后再用钢尺对齐裁下余边。裁切时,应一次切掉,不得重割。对于可直接对花的壁纸则不应剪裁。

(11)除标明必须"正倒"交替粘贴的壁纸外,壁纸的裱糊均应按同一方向进行。

(12)赶压气泡时,对于压延壁纸可用钢板刮刀刮平;对于发泡及复合壁纸则严禁使用钢板刮刀,只可用毛巾、海绵或毛刷赶平。

(13)裱糊好的壁纸、墙布,压实后,应将挤出的胶粘剂及时擦净,表面不得有气泡、斑污等。

(14)墙纸、墙布应与挂镜线、贴脸板和踢脚板紧接,不得有缝隙。

9.1.2 材料质量要求及施工作业条件

(1)材料质量要求

1)裱糊工程所用材料应有产品合格证书。壁纸和墙布的种类、软包面料、内衬材料、边框材质,以及其规格、图案、颜色和燃烧性能等级,应符合设计要求及现行国家标准的规定。

2) 选择壁纸和墙布时,除强调颜色、花饰、装饰效果外,还要了解其物理性能是否满足使用要求,力学性能要保证有一定的强度和伸长率。相同型号的壁纸、墙布宜采用同一批号或同一生产日期的产品。

3) 胶粘剂应按壁纸和墙布的品种选配,并应具有防霉、耐久等性能。选择时注意以下几点:

① 了解胶粘剂的品种和特性。胶粘剂要有一定的防潮性,便于基层有一定含水率时也可使用;干燥后有一定柔性,以适应基层和壁纸、墙布之间的热胀冷缩差异;要有一定的防霉性,防止霉菌的生长穿透壁纸在表面产生霉斑。如有防火要求,胶粘剂还应具有耐高温的性能且不起层。

② 了解胶结材料的使用要求。壁纸、墙布属不承受荷载部位,可选用非结构型胶粘剂,但要注意顶棚壁纸对胶粘剂的粘接强度要求高于墙壁。对于不同的使用场合,选用胶结材料要保证胶粘剂经久耐用。

③ 了解胶结材料的工艺性能。一般应选用宜于室温及非压力固化的胶接材料,并以水溶性的为好。

④ 了解胶粘剂组份的毒性。应优先选用污染少或无污染的环保型胶粘剂。近年来国内研制的水乳型胶粘剂以水为介质,属无毒、无污染的环保型胶粘剂,应优先选用。

4) 涂抹基层的腻子应坚实牢固,不得出现起皮和裂缝等缺陷。

(2) 施工作业条件

1) 裱糊工程应在顶棚喷浆、门窗油漆和地面已经做完的情况下进行。

2) 电气和其他设备已经安装调试完毕。

3) 裱糊工程施工前,应将突出基层表面的设备或附件卸下,钉帽应钉入基层表面并刷好防锈涂料,钉眼用油性腻子填平,以保证在使用期间不致发生返锈。

4）裱糊过程中,空气相对湿度不应过高,一般控制在85%以下。应防止有穿堂风劲吹和温度的突然变化,冬期施工环境常温不应低于15℃。

9.1.3 施工管理控制要点

(1) 工艺流程

基层处理→嵌、刮腻子→磨砂纸→涂刷封闭底漆→弹线、预拼→裱糊→清理、修整→检查验收。

(2) 管理要点

1）裱糊前,检查控制基体或基层的含水率,使之不能大于规定的含水率要求。检查基体或基层的表面平整度、垂直度、阴阳角方正等是否达到高级抹灰的要求,是否有裂缝、空鼓等现象。

2）裱糊工程所用墙纸应符合设计要求和有关产品质量标准的规定,产品样品连同产品合格证须经建设(监理)单位确认后方可使用。在运输和存放保管过程中,所有墙纸均不得日晒、雨淋、受潮,压延墙纸应平放,发泡和复合墙纸应竖放。

3）裱糊工程所用胶粘剂品种应和墙纸相适应,提前作必要的粘结试验,并应具有耐久、防霉等性能。胶粘剂(包括腻子及第一遍底油、底胶)如为现场自配,必须准确计量,如在市场采购必须具有产品合格证和使用说明书。

4）监督好基层处理工作。腻子应坚实牢固,不得粉化、起皮和开裂。施工时应先局部刮腻子,再满刮腻子,不得图省工省料颠倒顺序施工。

5）施工过程中依照施工工艺操作要点,检查工人的操作方法是否得当,技术是否熟练,是否按照技术交底要求施工。

(3) 控制要点

1）基层处理

① 新建筑物的混凝土或抹灰基层墙面和顶棚,刮腻子前应涂刷抗碱封闭底漆。

② 旧墙面和顶棚在裱糊前应清除疏松的旧装修层,并涂刷界

面剂。

③ 混凝土或抹灰基层含水率不得大于8%,木材基层的含水率不得大于12%。

④ 基层应平整、坚实、牢固,无粉化、起皮和裂缝;腻子的粘结强度应符合《建筑室内用腻子》(JG/T 3049)N型的规定。

⑤ 抹灰基层表面平整度、立面垂直度及阴阳角方正,应达到表9.1.1的规定。

⑥ 基层表面颜色应一致。

⑦ 裱糊前应用封闭底胶涂刷基层。

抹灰基层允许偏差及检验方法　　　表9.1.1

序号	项目	允许偏差(mm)	检验方法
1	立面垂直度	3	用2m垂直检测尺检查
2	表面平整度	3	用2m靠尺和塞尺检查
3	阴阳角方正	3	用直角检测尺检查

注:顶棚抹灰的表面平整度可不检查,但应平顺。

2)弹线、预拼试贴

① 为使裱糊的壁纸纸幅垂直、花饰图案连贯一致,裱糊前应先分格弹线。

② 全面裱糊前应先预拼试贴,观察接缝效果,确定裁纸尺寸及花饰拼贴。

3)裁纸

① 根据弹线找规矩的实际尺寸统一规划裁纸并编号,以便按顺序粘贴。

② 裁纸时以上口为准,下口可比规定尺寸略长10~20mm。如为带花饰的壁纸,应先将上口的花饰对好,小心裁割,不得错位。

4)湿润纸

塑料壁纸涂胶粘贴前,必须先将壁纸在水槽中浸泡几分钟,并把多余的水抖掉,再静置2分钟,然后再裱糊。其目的是使壁纸不致在粘贴时吸湿膨胀,出现气泡、皱折。

5）刷胶粘剂

将预先选定的胶粘剂,按要求调配或溶水（粉状胶粘剂）备用,调配好的胶粘剂应当日用完。基层表面与壁纸背面应同时涂胶。刷胶粘剂要求薄而均匀,不裹边。基层表面的涂刷宽度要比预贴的壁纸宽 20～30mm。

6）裱糊

可分为搭接法裱糊、拼接法裱糊和推贴法裱糊。

7）注意事项

① 为保证壁纸的颜色、花饰一致,裁纸时应统一安排,按编号顺序裱糊。主要墙面应用整幅壁纸,不足幅宽的壁纸应用在不明显的部位或阴角处。

② 有花饰图案的壁纸,如采用搭接法裱糊时,相邻两幅纸应使花饰图案准确重叠,然后用直尺在重叠处由上而下一刀裁断,撕掉余纸后粘贴压实。

③ 壁纸不得在阳角处拼缝,应包角压实；壁纸裹过阳角应不小于 20mm。阴角壁纸搭缝时,应先裱糊压在里面的壁纸,再粘贴面层壁纸,搭接面应根据阴角垂直度而定,一般宽度不小于 5mm。

④ 遇有基层卸不下来的设备或突出物件时,应将壁纸舒展地裱在基层上,然后剪去不需要部分,使突出物四周不留缝隙。

⑤ 壁纸与顶棚、挂镜线、踢脚线的交接处应严密顺直。

⑥ 整间壁纸裱糊后,如有局部翘边、气泡等,应及时修补。

9.1.4 施工质量验收

裱糊工程施工质量验收见表 9.2.1。

9.1.5 常见质量缺陷与预控措施

裱糊工程常见质量缺陷与预控措施见表 9.2.3。

9.2 软 包

软包工程包括对墙面、门扇等室内部位的装饰软包。软包面料包括人造革、锦缎等。墙面软包分为预制板组装和现场组装两种。随着装饰材料的发展,许多带有矿渣棉与面料一体的软包材料大量运用于软包工程中,为施工带来极大方便。

9.2.1 施工原则

软包前要根据设计要求和材料幅宽及花纹认真裁剪面料,并将每个裁剪好的开片进行编号,施工时对号进行。其他同9.1.1裱糊工程施工原则的有关内容。

9.2.2 材料质量要求及施工作业条件

同9.1.2裱糊工程的材料质量要求及施工作业条件有关内容。

9.2.3 施工管理监控要点

(1) 工艺流程

基层处理→弹线、分格→剪裁面料或准备预制材料→镶贴安装→清理、修整→检查验收。

(2) 管理要点

同9.1.3(2)裱糊工程施工管理要点。

(3) 控制要点

1) 基层处理

同9.1.3(3)1)裱糊工程基层处理的有关内容。

2) 五夹板外包人造革(锦缎)工艺

按设计要求的尺寸裁制好五夹板块,并将板边刨平,沿一方向的两条边刨出斜面。用刨斜面的两边压锦缎,压长20~30mm,用钉子钉于木砖或木墙筋上,钉子埋入板内。另两侧不压织物钉于墙筋上。将人造革(锦缎)拉紧,使其覆在五夹板上,边缘织物内贴于下一条墙筋上20~30mm,再以下一块斜边板压紧织物和该板上包的织物,一起钉入木墙筋内,另一侧不压织物钉牢。以此类推,直至安装完整个墙面。

锦缎软包时,由于锦缎是丝制品易被虫蛀,所以在锦缎裱糊后要喷涂一遍透明无色的防虫涂料。

3) 人造革(锦缎)包矿渣棉工艺

在木墙筋上钉五夹板,钉头埋入板中,板的接缝在墙筋上。以规格尺寸大于纵横向墙筋中距50~80mm的卷材,包矿渣棉于五夹板上,铺钉方法与前述基本相同。铺钉后钉口均为暗钉口。暗钉钉完后,再以电化铝帽钉头钉在每一分块卷材的四角。

对于矿渣棉与面料一体的软包布料,可直接粘贴于清理干净的墙面、天棚或基层板上,只需做好设计分格处理或用木压条、金属扣条等镶边框造型。

9.2.4 施工质量验收

软包工程施工质量验收见表9.2.1。

裱糊与软包工程施工质量验收　　表9.2.1

项目		标　准	检验方法
裱糊工程	主控项目	壁纸和墙布的种类、规格、图案、颜色和燃烧性能等级必须符合设计要求及国家现行标准的有关规定	观察检查,检查产品合格证书,进场验收记录和性能检测报告
		裱糊工程基层处理质量应符合9.1.3(3)1)的要求	观察检查,手摸检查,检查施工记录
		裱糊后各幅拼接应横平竖直,拼接处花纹、图案应吻合,不离缝,不搭接,不显拼缝	观察检查,接缝检查可在距离墙面1.5m处正视
		壁纸、墙布应粘贴牢固,不得有漏贴、补贴、脱层、空鼓和翘边	观察检查,手摸检查
	一般项目	裱糊后的壁纸、墙布表面应平整,色泽应一致,不得有波纹起伏、气泡、裂缝、皱折及斑污,斜视时应无胶痕	观察检查,手摸检查
		复合压花壁纸的压痕及发泡壁纸的发泡层应无损坏	观察检查
		壁纸、墙布与各种装饰线、设备线盒应交接严密	观察检查
		壁纸、墙布边缘应平直整齐,不得有纸毛、飞刺	观察检查
		壁纸、墙布阴角处搭接应顺光,阳角处应无接缝	观察检查

续表

项目		标 准	检 验 方 法
软包工程	主控项目	软包面料、内衬材料及边框的材质、颜色、图案、燃烧性能等级和木材的含水率应符合设计要求及国家现行标准的有关规定	观察检查,检查产品合格证书、进场验收记录和性能检测报告
		软包工程的安装位置及构造做法应符合设计要求	观察检查,尺量检查,检查施工记录
		软包工程的龙骨、衬板、边框应安装牢固,无翘曲,拼缝应平直	观察检查,手扳检查
		单块软包面料不应有接缝,四周应绷压严密	观察检查,手摸检查
	一般项目	软包工程表面应平整、洁净、无凹凸不平及皱折;图案应清晰、无色差,整体应协调美观	观察检查
		软包边框应平整、顺直、接缝吻合;其表面涂饰质量应符合第8章有关要求	观察检查,手摸检查
		清漆涂饰木制边框的颜色、木纹应协调一致	观察检查

软包工程安装的允许偏差和检验方法应符合表9.2.2的规定。

软包工程安装的允许偏差和检验方法 表 9.2.2

序号	项 目	允许偏差(mm)	检 验 方 法
1	垂直度	3	用1m垂直检测尺检查
2	边框宽度、高度	0、-2	用钢尺检查
3	对角线长度差	3	用钢尺检查
4	裁口、线条接缝高低差	1	用钢直尺和塞尺检查

裱糊工程常见质量缺陷与预控措施 表 9.2.3

质量缺陷		预 控 措 施
基层腻子	腻子起皮	(1)腻子配合比应得当,并应按不同基层面选择不同腻子配合比。配制腻子时应按重量比准确计算,保持其粘结力及稠度均匀一致。稠度宜适当,以能薄刮而均匀粘附于基层面为准。 (2)基层表面的灰尘、油污、隔离剂等,必须清除干净。石膏板及木板接头缝不同基层材料接缝处,必须嵌填密实并按规定糊条。基层如过分光滑,可用聚合物并掺入少量白水泥及其他白色粉料调成浆液,在其上满刷一遍,以形成适当的粗糙面。

续表

质量缺陷		预控措施
基层腻子	腻子起皮	(3) 不得在过湿、过干、过分冷热的表面上抹腻子，以免因不吸水，或吸水过快，或温差悬殊使腻子粘结不牢而翻皮。 (4) 每遍腻子不得刮抹过厚，以不超过 1mm 为宜，过分低凹处应分遍抹刮
	腻子开裂	(1) 腻子必须有足够粘性，稠度要适当，不能过稀，水分蒸发或被基层吸收以后，易产生收缩裂缝。 (2) 基层表面特别是凹洼、洞眼内，应将灰尘、油污、浮土等清除干净。大面积凹洼处的表面应先刷一层胶漆并分遍成活，避免抹压腻子时厚薄不均，出现干燥收缩不一的做法。 (3) 嵌填洞眼时，一定要分遍嵌填密实，完全干透后才能在上面再满刮腻子。 (4) 施工过程中应避免阳光照射，预防环境温度、湿度变化所引起的干燥快、慢不匀现象发生，应在环境温度或湿度比较稳定的条件下施工
裱糊	连接不严密，显露基底	(1) 裁割墙纸时必须量准尺寸，并认真检查复核。 (2) 为防止墙纸上下亏纸，应在裁纸时考虑预留一定长度，墙纸裱糊完以后，再压尺寸裁去多余部分。 (3) 墙纸裱糊前，除复合墙纸、玻璃纤维墙纸、无纺墙布外，一般均应浸水润湿，使其吸水后横向伸胀；裱糊时应掌握此特性使墙纸裱糊后不离缝。 (4) 后裱糊的一张墙纸，必须与前一张墙对好缝，不露缝隙。 (5) 如离缝或亏纸轻微，可用与墙纸色彩相同的乳胶漆在缝隙内点描，漆膜干燥后一般不易显露，严重者应返工重贴
	接缝包角、花饰不垂直	(1) 裱糊工作开始前，先检查基体或基层阴阳角是否垂直和平整，有无凹进凸出现象，如不符合要求应进行修整。 (2) 当采用对接拼缝法时，宜将对接拼缝的两张墙纸先放在工作台上对缝拼花吻合后才裁割；采用搭接拼缝法时，无花饰图案者，可在裱糊时将两纸的接缝处重叠搭接 20～30mm，裱糊滚压完成后，从接缝中间压上尺子，进行裁割。对于有花饰图案的，亦可采用搭接拼缝法，将后裱糊的墙纸花纹图案重叠在先已裱糊好的花纹图案上，吊线使准确垂直后才进行裁割
	墙纸花饰不对称	(1) 裁割前，对于有花饰的墙纸须认真鉴别，将上口的花饰全部统一成一种形状，并在裁纸时留足余量。 (2) 研究裱糊墙纸房间的对称部位，认真设计排列墙纸花饰，并在裱糊基体或基层上弹线分格编号，先粘贴对称部位，同时将搭缝挤入阴角处

续表

质量缺陷		预 控 措 施
裱糊	墙纸花饰不对称	(3) 在同一张墙纸上印有正花与反花、阴花与阳花时,需仔细辨认,并宜采用搭接拼缝法进行裱贴,以免因花饰略有差别而误贴。 (4) 对于有明显花饰不对称的墙纸饰面,应将其全部返工清除干净,修补好基层重新裱糊
	搭缝	(1) 墙纸裱糊推压时,要注意不要将搭缝处的墙纸推开,如推开又使局部纸段产生离缝时,可视情况严重程度,是否重新吊垂线、划线、裁直并对缝。 (2) 裁纸时应确保纸边顺直而又光洁,不应出现凹凸不平、弯曲不直和毛边等现象;对于塑料层较厚的墙纸,更应注意,不得留有纸基,否则会带来搭缝的隐患。 (3) 无收缩性的墙纸,不得采用搭接拼缝法(如复合墙纸、玻璃纤维墙纸、无纹贴墙布等)。收缩性较大的墙纸,裱糊前应先试贴,掌握墙纸膨胀收缩性能,搭接时预留一定余量,方可取得良好效果。 (4) 墙纸裱糊时,竖缝必须垂直
	翘边	(1) 基层表面的灰尘及油污等必须清除干净,基层含水率不得超过规范规定的要求(木材面不得超过12%,混凝土及抹灰面不得超过8%)。基层表面若粗糙,应再满刮腻子打磨平整。基层如过分干燥,可先刷一遍底油或底胶或涂料。 (2) 应根据墙纸品种及基层具体情况,正确选择胶粘剂,并应提前试贴。 (3) 只需在墙纸背面或在基层表面涂刷胶粘剂,如基层过分干燥,施工环境温度较高及天气较干燥的情况下,可同时在墙纸背面及基层表面涂刷胶粘剂。涂刷的胶粘剂应薄而均匀,并待墙纸背部胶粘剂能粘手时,再上墙裱糊墙纸。 (4) 墙纸在阴角搭缝时,应先裱糊里层墙纸,并应贴牢压实后,再用粘性较大的胶粘剂裱糊面层墙纸。阴角的二层墙纸涂胶后,均应仔细压实,不得有空鼓和气泡,必要时可用电熨斗加热阴角。 (5) 阳角墙纸包过阳角不得小于20mm,且必须使用粘结性较强的胶粘剂,粘结后应及时压实,不能有空鼓和气泡,挤出的胶液必须马上擦除干净。 (6) 若墙纸翘边,应将其翻起,检查翘边原因,对症处理
	气泡、空鼓	(1) 墙纸上墙时应从上而下按顺序紧贴基层面敷平,并注意先从中间向两边轻轻顺序地用橡胶刮板一板接一板(或用毛巾等)赶压;要注意不得先压实墙纸周边,再压中间。 (2) 赶压胶液时用力应均匀,并按顺序从接缝一边向另一边稍朝下一板接一板地将胶液赶压至厚薄均匀。 (3) 基层过分干燥时,应先刷一遍底油或底胶,或涂料,不得喷水湿润基层面。如基层含水率过高,应采取措施,使其含水率不超过规定

299

续表

质量缺陷		预 控 措 施
裱	气泡、空鼓	(4) 应避免在阳光直射或穿堂风劲吹,以及室内温度、湿度差异过大等条件下进行作业。 (5) 石膏板或木板面及不同材料基层面接头处的嵌缝必须密实,糊条必须粘贴牢固和平整。 (6) 基层的洞孔和凹陷不平过大处,必须分遍塞腻子或刮腻子填平;应待第一遍腻子干燥后再塞刮二遍,直至平整、密实、干燥为止,切忌一遍成活。 (7) 如墙纸面空鼓时,应用医疗用注射器穿过墙纸抽出空气,再用注射器按原针孔将胶液注入空鼓部分,用手进行挤压赶平
	皱褶和波纹	(1) 选用材质优良、湿胀干缩均匀、厚薄一致的墙纸。墙纸浸水润湿程序必须均匀一致。 (2) 墙纸应卷成筒平放(发泡和复合墙纸等应竖放),不能打折受压存放。 (3) 基层应控制干湿一致,胶液厚薄均匀,施工环境应相同。 (4) 墙纸裱糊时必须注意先敷平整,才能开始按顺序用力均匀地赶压。如墙纸已出现皱褶和波纹,应将墙纸轻轻揭开,用手或橡胶刮板慢慢地展平,必要时可用中低温电熨斗熨平后再补胶重新裱糊。如果墙纸已干结,则应将墙纸铲除干净,重新处理基层后再贴
糊	墙纸表面起光、质感不一	(1) 发现有胶液沾染纸面时应马上用干净毛巾或棉纱擦抹干净,擦抹不可用力过度。如难以擦干净,可视情况用湿毛巾或蘸水擦抹干净。 (2) 应掌握墙纸性能,赶压墙纸内部胶液和空气或赶压墙纸平整时,压力不应超过墙纸弹性极限,用力应均匀,赶压或滚压遍数应适当。 (3) 墙纸表面胶膜如已干结,可用热湿布平敷在胶膜处,使其软化,再轻轻地将其揭除,并继续用热湿毛巾将其擦抹干净。如起光质感不一的面积较大,应将墙纸铲除重新返工
	墙纸颜色不一	(1) 应选用材质可靠、厚度较厚、不易褪色的墙纸。 (2) 基层颜色深浅不一时,应先刷一层白色胶浆(如1:5的乳胶漆胶水浆液)盖底,并应选用厚度较厚、颜色较深、花饰较大的墙纸。基层如有泛碱现象,应先使用9%稀醋酸中和清洗,并待干燥后才能裱糊墙纸。 (3) 基层干湿程度应一致,其含水率不得超过允许范围。 (4) 施工过程中不得使墙纸雨淋受潮、日光暴晒和烟熏等污染。 (5) 如墙纸褪色严重,颜色不一时,在保持墙纸色调一致的条件下,应将其铲除重新裱糊

10．细部工程

细部工程通常指建筑装饰装修工程中局部进行装修或安装的部件、饰物。细部工程的品种和类型繁多，本节主要介绍橱柜、窗帘盒、窗台板、散热器罩、门窗套、护栏和扶手、花饰等制作与安装。

细部工程应对所用制作材料的人造木板的甲醛含量进行复验，应对预埋件（或后置埋件）、护栏与预埋件的连接节点进行隐蔽工程验收。

细部工程验收时，应检查施工图、设计说明及其他设计文件，材料的产品合格证书、性能检测报告、进场验收记录和复验报告，隐蔽工程验收记录、施工记录等资料。

10.1 橱柜制作与安装

10.1.1 施工原则

（1）严格按施工图纸施工。

（2）做好防腐、防潮处理。

（3）橱柜制作与安装过程应满足下列技术要求

1）橱柜制品的连结处和安装小五金处，均不得有木节或已填补的木节。

2）橱柜制品的刨光面，应经净刨至光滑平直，割角应准确平整，接头及对缝应严密整齐，安装牢固。

3）橱柜贴面板的木纹、色泽应近似（刷混色涂料时不限），大面上的纹路应一致。

4）橱柜制品制成后，应立即刷一遍底油（干性油），以防受潮变形。

5）预订橱柜制品、配件进场时，按设计图纸和订货协议做好检查验收。

6）施工过程中，应对预埋件（或后置埋件）的连接节点做好隐蔽工程验收。

7）橱柜工程施工完毕后，应采取措施做好成品保护。

10.1.2 材料质量要求及施工作业条件

（1）材料质量要求

橱柜制作与安装工程属于室内精装饰工程，而且木制品较多。因此，首先要选用优质木材并经过干燥，满足含水率要求（如设计对木材含水率无具体规定时，木龙骨含水率不大于15%，外露面层木制品含水率不大于12%），再进行细致加工制作。橱柜制品应配置适宜、造型美观。

1）橱柜制作与安装所用材料应具有产品合格证书，其材质、规格，木材的燃烧性能等级、含水率应符合设计要求及国家现行标准的规定。

2）人造木板及饰面人造板

① 饰面用的人造板、胶合板，其纹理、色泽应符合设计要求，其材质、等级应选用较高等级的(3A级)质量标准的板材。内衬基层所用的人造板表面质量标准可比饰面低，但强度仍与饰面板相同。

② 人造木板进入现场应有出厂质量保证书，品种符合设计要求，且具有性能检测报告。对进场的人造木板，应按有关规定进行复验。严禁使用受水浸泡的不合格人造木板及饰面人造木板。

③ 人造板及饰面人造木板游离甲醛含量或释放量应符合表10.1.1规定。

3）胶粘剂的类型，必须按设计要求、产品的使用说明、材质证明和所用饰面板、龙骨对照，配套使用。胶粘剂应具备稳定性能、耐久性能、耐温性能和耐化学性能。当胶粘剂使用于湿度较大的房间时，应选用具有防水、防潮、防霉等性能的胶粘剂。对暴露于室外的粘接件,尚应具有耐风霜、日照、雨雪及温度变化的耐候性。如在现场配制使用,其配合比应由试验确定。

人造板及饰面人造木板游离甲醛含量(释放量)限量　　　　表 10.1.1

类别	环境测试舱法测定游离甲醛	穿孔法测定游离甲醛含量限量(mg/100g,干材料)	干燥器法测定游离甲醛释放量限量(mg/L)
E^1	释放量限量(mg/m^3) ≤0.12	≤9.0	≤1.5
E^2	—	>9.0,≤30.0	>1.5,≤5.0

4)花岗岩、大理石台面板的品种、形式、图案须符合设计要求。其放射性指标限量应符合国家标准《民用建筑工程室内环境污染控制规范》(GB 50325—2001)的规定。

5)橱柜制品及配件在包装、安装和运输时,应防止碰伤、污染、受潮及暴晒。

(2)施工作业条件

1)橱柜所用木材、胶合板、小五金及机具等均已检验合格,准备就绪。

2)按施工规范和设计要求已对木材进行了干燥、防腐、防虫、防火处理。

3)屋面或楼面的防水层已完工,并验收合格。

4)已完成顶棚、墙面、地面抹灰湿作业。

5)顶棚、墙面、地面内的预埋件数量和安装质量,经检查符合要求。

10.1.3　施工管理控制要点

(1)工艺流程

弹线→制作框架→下料、制作基板→装配基板→固定就位→安装门扇、抽屉→安装五金件→检查验收。

(2)管理与控制要点

1) 橱柜制作与安装工程工艺程序较多,受环境影响大,现场检查人员应注意施工作业条件是否满足施工要求。查看进场材料有无产品合格证书、性能检测报告;须复验的人造木板甲醛含量指标是否符合标准规定;需配制材料的品种、规格、等级是否按设计要求进行配制。木材的含水率是否满足规范要求。

2) 制作与安装质量是影响橱柜制作与安装分项工程的关键因素。现场检查应着重检查橱柜的制作方法是否符合设计要求,造型、饰面图案是否符合样板件的要求;橱柜的安装位置、固定方法是否符合设计要求。抽屉、橱门的开启和关闭是否灵活,回位是否正确。配件应齐全,安装应牢固。

3) 橱柜制作与安装工程试验

① 对各试验项目的取样,包括:木材材质鉴定的取样,胶粘剂试验的取样,人造木板有害物试验的取样,铁制埋件的取样。

② 样板(件)的制作根据相同基质材料,按设计要求的造型、款式、图案、固定方法进行。完成后的样板供设计审定,样品必须经建设(监理)单位有关部门确认后方准许大面积施工。

③ 牢固度的试验方法(强度):

A. 橱柜的单体拼装后,手扳无松动、摇晃现象,并能承受设计的荷载要求。

B. 吊装后的橱柜,经手扳无松动、摇晃现象,可做承受设计荷载的2倍试验。

C. 橱柜门扇用手扳无松动、摇晃现象,开启、关闭灵活。

试验中如有松动、摇晃现象,须重新加固后,经试验检查能顺利使用。

10.1.4 施工质量验收

橱柜制作与安装施工质量验收见表10.5.1。

10.1.5 常见质量缺陷与预控措施

常见质量缺陷与预控措施见表10.5.7。

10.2 窗帘盒、窗台板和散热器罩制作与安装

10.2.1 施工原则
同 10.1.1 橱柜制作与安装施工原则的有关内容。

10.2.2 材料质量要求及施工作业条件
(1) 材料质量要求

窗帘盒、窗台板和散热器罩制作与安装工程属于室内精装饰工程,而且木制品较多。因此,首先要选用优质木材并经过干燥,满足含水率要求(如设计对木材含水率无具体规定时,木龙骨含水率不大于 15%,外露面层木制品含水率不大于 12%),再进行细致加工制作。窗帘盒、窗台板和散热器罩制品应配置适宜、造型美观。

1) 窗帘盒、窗台板和散热器罩制作与安装所用材料应具有产品合格证书,其材质、规格,木材的燃烧性能等级,所采用花岗石的放射性指标应符合设计要求及国家现行标准的规定。

2) 人造木板在使用前,要按照材料试验规定的方法取样进行甲醛含量复验。

3) 胶粘剂必须按设计要求、产品的使用说明、材质证明和所用饰面板、龙骨对照,配套使用。

4) 窗帘盒、窗台板和散热器罩制品及配件在包装、安装和运输时,应采取措施防止损伤。

(2) 施工作业条件

1) 所用木材、窗帘轨及五金件、施工机具均已准备就绪。

2) 按施工规范和设计要求已对木材进行干燥、防腐、防蛀处理。

3) 预埋件安装符合设计要求。

4) 检查预安装窗台板的基层平整度应符合要求。

5) 室内湿作业已经完成,具备窗帘盒、窗台板和散热器罩制作与安装施工条件。

10.2.3 施工管理控制要点

(1) 工艺流程

1) 窗帘盒

窗帘盒制作→安装预埋件→安装窗帘盒、轨道→检查验收。

2) 实木窗台板

测量弹线→制作窗台板半成品→安装窗台板→调整固定→检查验收。

3) 活板式散热器罩

弹线→基层处理→制作框架→顶面处理→安装面板、档板→安装木压线→调整固定→检查验收。

(2) 管理与控制要点

1) 窗帘盒、窗台板和散热器罩制作与安装工程工艺程序多，受施工环境影响大，现场检查应注意施工作业条件是否满足施工要求。查看进场材料有无产品合格证书、性能检测报告；须复验的人造木板甲醛含量指标，天然大理石、花岗石的放射性指标是否符合标准规定；需配制材料的品种、规格、等级是否按设计要求进行配制。木材的含水率是否满足规范要求。

2) 制作与安装质量是影响窗帘盒、窗台板和散热器罩分项工程的关键因素。现场检查应着重检查窗帘盒、窗台板和散热器罩制作方法，造型、饰面图案是否符合样板件的要求；窗帘盒、窗台板和散热器罩的安装位置、固定方法，活板式散热器罩的开启和关闭是否灵活。安装配件是否齐全、牢固。

10.2.4 施工质量验收

窗帘盒、窗台板和散热器罩制作与安装工程施工质量验收见表10.5.1。

10.2.5 常见质量缺陷与预控措施

窗帘盒、窗台板和散热器罩制作与安装工程常见质量缺陷与预控措施见表10.5.7。

10.3 门窗套制作与安装

10.3.1 施工原则

同 10.1.1 橱柜制作与安装施工原则的有关内容。

10.3.2 材料质量要求及施工作业条件

同 10.2.2 窗帘盒、窗台板和散热器罩制作与安装有关内容。

10.3.3 施工管理控制要点

(1) 工艺流程

检查门窗洞口尺寸→弹线→安装预埋件→刷防腐剂→制作木龙骨架→钉基层板→钉饰面板→检查验收。

(2) 管理与控制要点

除同 10.2.3(2) 内容外,尚应监控以下要点:

1) 检查洞口预制埋件(或后置埋件)的数量、间距、规格,应符合要求。

2) 检查各类材质的门窗套的固定方法应符合设计要求,在确保牢固的前提下,表面不可随意钉钉子或损伤板面。门窗套表面饰面板、贴面板的装钉应符合平整、洁净、线条顺直,接缝严密、色泽一致的规定。

3) 检查各类材质门窗套安装的允许偏差值应符合规定。

4) 牢固度试验

① 安装后的门窗套手扳无松动、摇晃现象。

② 安装后的门窗套用 10g 小锤轻击无空鼓现象。

试验中如有松动、摇晃、空鼓等现象,须重新加固调整。

10.3.4 施工质量验收

门窗套制作与安装施工质量验收见表 10.5.1。

10.3.5 质量缺陷与预控措施

门窗套制作与安装常见质量缺陷与预控措施见表 10.5.7。

10.4 护栏和扶手制作与安装

以楼梯栏杆、扶手为例介绍其施工管理监控要点。楼梯栏杆、扶手可分为有栏板楼梯高扶手、空花楼梯栏杆扶手及靠墙扶手等。从材料使用上有木扶手、金属扶手、塑料扶手以及玻璃、扶手等。

10.4.1 施工原则

同 10.1.1 橱柜制作与安装有关内容。

10.4.2 材料质量要求及施工作业条件

同 10.2.2 窗帘盒、窗台板和散热器罩制作与安装有关内容。

10.4.3 施工管理控制要点

(1) 工艺流程

制作半成品→安装预埋件→刷防腐剂→安装栏杆、扶手→检查验收。

(2) 管理与控制要点

同 10.2.3(2)窗帘盒、窗台板和散热器罩制作与安装有关内容。

(3) 管理与控制要点

1) 木扶手安装

① 选用顺直、少节的硬木材料,花样必须符合设计规定,制作弯头前应作实样板。

② 接头均应在下面作暗燕尾榫,接头应牢固,不得错牙。

③ 安装必须牢固、顺直。

④ 木纹花饰,在花饰上做雄榫,在垫板扶手下做雌榫,用木螺钉拧紧。

2) 塑料扶手安装

① 安装塑料扶手时,先将材料加热到 65~80℃,待其变软后将其自上而下地包覆在支承上。应注意避免将其拉长。

② 转角处要作接头时,可用热金属板或电加热刀将塑料扶手

的断面表面加热,然后对焊。

③ 在有太阳直射的地方,应在塑料扶手下面焊些用边角料切成的塑料连接块,将扶手底部的两个边缘连接在一起,防止扶手变形或在弯曲处撑开。

④ 焊接缝冷却后,必须用锉刀和砂纸磨光,但注意不要使材料发热,如果发热,可用冷水冷却,最后用布沾快干溶剂轻轻擦洗,再用无色蜡烛抛光。

3) 不锈钢护栏、扶手安装

① 根据现场放线的实测数据和设计要求绘制施工详图。

② 选择合格的原材料,一般立柱和扶手的管壁厚度不宜小于1.2mm,扶手的弯头配件应选用正规厂家生产的产品。

③ 尽量采用工厂成品配件和杆件,有造型曲线要求的栏杆扶手,则应先制作好统一的样板构件,逐件对照检查,确保成品构件的尺寸。

④ 对设有玻璃栏板的栏杆,周边加工一定要磨平,外露部分还应该磨光倒角。

10.4.4 施工质量验收

护栏和扶手制作与安装施工质量验收见表10.5.1。

10.4.5 常见质量缺陷与预控措施

护栏和扶手制作与安装常见质量缺陷与预控措施见表10.5.7。

10.5 花饰制作与安装

装饰装修工程中的花饰是指附着于墙、板、梁、柱、隔断、栏杆、门窗等构配件上的装饰附件,除了具有装饰作用外,还起分隔、联系空间,采光或遮阳等作用。

花饰按材质可分为混凝土、石膏、石材、木材、塑料、金属、玻璃等,按附着形式可分为表面花饰和花格两大类。

表面花饰是以其背面贴附在其他建筑构配件上的,对其附着的基层有严格的要求;花格是以设计确定的排列形式组合成一个独立的整体,除具有装饰效果外,还具有某种特定的建筑功能。

10.5.1 施工原则

参考 10.1.1 橱柜制作与安装有关内容。

10.5.2 材料质量要求及施工作业条件

参考 10.2.2 窗帘盒、窗台板和散热器罩制作与安装有关内容。

10.5.3 施工管理控制要点

(1) 工艺流程

弹线→安装预埋件→刷防腐剂→安装花饰、花格→检查验收。

(2) 管理与控制要点

1) 表面花饰安装

表面花饰安装有石膏花饰、水泥石碴花饰、塑料花饰、纸质花饰等。

① 按设计位置,结合花饰图案在基层上弹出中心线、分格线或其他控制线。

② 基层处理。对凹凸过大的基层进行打磨或刮补腻子找平;清洁表面,做到表面无灰尘、油垢等杂物;除用粘结剂固定的花饰以外,均应根据拟定的安装方法,检查基层上的预埋木砖、铁件或者预留孔洞,复核其数量、位置、间距及牢固程度。

③ 造型复杂、分块拼装的花饰,应结合建筑物实际尺寸,进行试拼装,经有关方面检查合格后,按图案设计的要求,逐件编号,按拼装顺序堆放,并绘制排版图"对号入座"进行正式安装。对于大批量的花饰安装,宜先做"样板间"或"样板区"。

2) 花格安装

① 组砌式水泥制品花格安装

A. 实量、预排。

B. 拉线、定位。

C. 拼砌、锚固。

D．表面涂饰。除水刷石、水磨石花格无须涂饰以外，其他水泥制品花格拼砌、锚固完毕后，根据设计要求涂刷涂料。

② 预制混凝土竖板花格

预制混凝土竖板花格由上下两端固定于梁(板)与地面的预制钢筋混凝土竖板和安装在竖板之间的花饰组成。

A．锚固准备。结构施工时要根据竖板间隔尺寸预埋铁件或预留凹槽。

B．立板连接。

C．插入花饰。按设计标高拉水平线，依线安装竖板间的花饰。连接方式可用插筋连接、螺钉连接或焊接等。

D．勾缝涂饰。

③ 木花格安装

A．锚固准备。结构施工时，在墙、柱、梁等部位准确埋置木砖或金属预埋件。

B．车间预装。小型木花格应在木工车间预先组装好；大型木花格也应尽量提高预装配程度，减少现场制作工序。木材须按要求干燥。

C．现场安装。木花格组装宜采用榫接，保证缝隙严密。如用金属件连接，必须进行表面处理，螺钉帽和铁件不得外露。

D．打磨涂饰。安装完毕后，表面刮腻子，砂纸打磨，刷涂油漆。

10.5.4 施工质量验收

花饰制作与安装施工质量验收见表10.5.1。

细部制品施工质量验收　　表10.5.1

检验项目		标　　准	检　验　方　法
橱柜制作与安装工程	主控项目	橱柜制作与安装所用材料的材质和规格、木材的燃烧性能等级和含水率、花岗石的放射性及人造木板的甲醛含量应符合设计要求及国家现行标准的有关规定	观察；检查产品合格证书，进场验收记录、性能检测报告和复验报告

续表

检验项目		标　　　准	检　验　方　法
橱柜制作与安装工程	主控项目	橱柜安装预埋件或后置埋件的数量、规格、位置应符合设计要求	检查隐蔽工程验收记录和施工记录
		橱柜的造型、尺寸、安装位置、制作和固定方法应符合设计要求。橱柜安装必须牢固	观察检查,尺量检查,手扳检查
		橱柜配件的品种、规格应符合设计要求。配件应齐全,安装应牢固	观察检查,手扳检查,检查进场验收记录
	一般项目	橱柜的抽屉和柜门应开关灵活,回位正确	观察检查,开启和关闭检查
		橱柜表面应平整,洁净,色泽一致,不得有裂缝、翘曲及损坏	观察检查
		橱柜裁口应顺直,拼缝应严密	观察检查
		橱柜安装的允许偏差和检验方法应符合表10.5.2的规定	
窗帘盒、窗台板、散热器罩制作与安装	主控项目	窗帘盒、窗台板、散热器罩制作与安装使用材料的材质和规格、花岗石的放射性及人造木板的甲醛含量应符合设计要求及国家现行标准的有关规定	观察检查,检查产品合格证书、进场验收记录、性能检测报告和复验报告
		窗帘盒、窗台板和散热器罩的造型、规格、尺寸、安装位置和固定方法必须符合设计要求。窗帘盒、窗台板和散热器罩的安装必须牢固	观察检查,手扳检查,尺量检查
		窗帘盒配件的品种、规格应符合设计要求,安装应牢固	手扳检查,检查进场验收记录
	一般项目	窗帘盒、窗台板和散热器罩表面应平整、洁净、线条顺直、接缝严密、色泽一致,不得有裂缝、翘曲及损坏	观察检查
		窗帘盒、窗台板和散热器罩与墙面、橱柜的衔接应严密,密封胶应顺直、光滑	观察检查
		窗帘盒、窗台板和散热器罩安装的允许偏差和检验方法应符合表10.5.3的规定	
门窗套制作与安装	主控项目	门窗套制作与安装所使用材料的材质、规格和颜色、木材的燃烧性能等级和含水率、花岗石的放射性及人造木板的甲醛含量均应符合设计要求及国家现行标准的有关规定	观察检查,检验产品合格证书,进场验收记录,性能检测报告和复验报告
		门窗套的造型、尺寸和固定方法应符合设计要求,安装应牢固	观察检查,尺量检查,手扳检查

续表

检验项目		标　　准	检验方法
门窗套制作与安装	一般项目	门窗套表面应平整、洁净、线条顺直,接缝严密、色泽一致,不得有裂缝、翘曲及损坏	观察检查
		门窗套安装的允许偏差和检验方法应符合表10.5.4的规定	
护栏和扶手制作与安装工程	主控项目	护栏和扶手制作与安装所使用材料的材质、规格、数量和木材、塑料的燃烧性能等级应符合设计要求	观察检查,检查产品合格证书、进场验收记录和性能检测报告
		护栏和扶手的造型、尺寸及安装位置应符合设计要求	观察检查,尺量检查,检查进场验收记录
		护栏和扶手安装预埋件的数量、规格、位置以及护栏与预埋件的连接节点应符合设计要求	检查隐蔽工程验收记录和施工记录
		护栏高度、栏杆间距、安装位置必须符合设计要求。护栏安装必须牢固	观察检查,尺量检查;手扳检查
		护栏玻璃应使用公称厚度不小于12mm的钢化玻璃或钢化夹层玻璃。当护栏一侧距楼地面高度为5m及以上时,应使用钢化夹层玻璃	观察检查,尺量检查;检查产品合格证书和进场验收记录
	一般项目	护栏和扶手转角弧度应符合设计要求,接缝应严密,表面应光滑,色泽应一致,不得有裂缝、翘曲及损坏	观察检查,手摸检查
		护栏和扶手安装的允许偏差和检验方法应符合表10.5.5的规定	
花饰制作与安装工程	主控项目	花饰制作与安装所使用材料的材质、规格应符合设计要求	观察检查,检查产品合格证书和进场验收记录
		花饰的造型、尺寸应符合设计要求	观察检查,尺量检查
		花饰的安装位置和固定方法必须符合设计要求,安装必须牢固	观察检查
	一般项目	花饰表面应洁净,接缝应严密吻合,不得有歪斜、裂缝、翘曲及损坏	观察检查
		花饰安装的允许偏差和检验方法应符合表10.5.6的规定	

橱柜安装的允许偏差和检验方法　　　表10.5.2

序号	项目	允许偏差(mm)	检验方法
1	外形尺寸	3	用钢尺检查
2	立面垂直度	2	用1m垂直检测尺检查
3	门与框架的平行度	2	用钢尺检查

窗帘盒、窗台板和散热器罩安装的允许偏差和检验方法　　　表10.5.3

序号	项目	允许偏差(mm)	检验方法
1	水平度	2	用1m水平尺和塞尺检查
2	上口、下口直线度	3	拉5m线检查,不足5m拉通线、用钢直尺检查
3	两端距窗洞口长度差	2	用钢直尺检查
4	两端出墙厚度差	3	

门窗套安装的允许偏差和检验方法　　　表10.5.4

序号	项目	允许偏差(mm)	检验方法
1	正、侧面垂直度	3	用1m垂直检测尺检查
2	门窗套上口水平度	1	用1m水平检测尺和塞尺检查
3	门窗套上口直线度	3	拉5m线,不足5m拉通线,用钢直尺检查

护栏和扶手安装的允许偏差和检验方法　　　表10.5.5

序号	项目	允许偏差(mm)	检验方法
1	护栏垂直度	3	用1m垂直检测尺检查
2	栏杆间距	3	用钢尺检查
3	扶手直线度	4	接通线,用钢直尺检查
4	扶手高度	3	用钢直尺检查

花饰安装的允许偏差和检验方法　　　表10.5.6

序号	项目		允许偏差(mm) 室内	允许偏差(mm) 室外	检验方法
1	条型花饰的水平度或垂直度	每米	1	2	拉线和用1m垂直检测尺检查
		全长	3	6	
2	单独花饰中心位置偏移		10	15	拉线和用钢直尺检查

10.5.5 常见质量缺陷与预控措施

花饰制作与安装常见质量缺陷与预控措施见表10.5.7。

细部工程常见质量缺陷与预控措施　　　表10.5.7

质量缺陷		预　控　措　施
橱柜制作与安装	尺寸不准确,表面不平整,防腐不当	(1) 认真熟悉图纸。框架拼装完成经检查无误后方可粘贴胶合板,或直接选用较厚的胶合板做框板。 (2) 在框板侧面、门及抽屉面板四周胶钉木压条。 (3) 选用含水率低于平均含水率和变形小的木材;提高门扇的制作质量(如打眼要方正,两侧要平整;开榫要平整,榫肩方正,拼装方法得当);粘贴胶合板时,应避免漏涂胶液,并施压均匀。 (4) 要注重防水、通风方面的构造设计,铺贴防水纸和油毡时,接触处的木材须涂刷沥青防腐。 (5) 要严格控制抽屉滑道的宽度和平整度,确保抽屉上下左右接合处间隙均匀
窗帘盒制作与安装	安装不严密,高低不平	(1) 窗帘盒的标高不得从顶板往下量,更不得按预留洞的实际位置安装,必须以基本水平线为标准。 (2) 同一墙面上有若干个窗帘盒时,要拉通线找平。 (3) 洞口或预埋件位置不准时,应先予调整,使预埋连接铁件处于同一水平上。 (4) 安装窗帘盒前,先将窗框的边线用方尺引到墙面上,再在窗帘盒上画好窗框的位置线,安装时使两者重合。 (5) 窗口上部抹灰应设标筋,并横向刮平。安装窗帘盒时,盖板要与墙面贴紧。如墙面局部不平,可将稍稍地刨削盖板调整,不得凿墙面
	窗帘轨安装不平、不牢	(1) 窗帘轨安装前应先调直,安装时在盖板上画线,多层窗帘轨的档距要均匀。 (2) 窗宽大于1200mm时,轨道应分两段,断开处煨弯错开,弯度要平缓,搭接长度不少于200mm
实木窗台板制作与安装	窗台板高低不一致	(1) 安装窗台板时,其顶面标高必须由基本水平线统一往上量,多个窗台应拉通线找平。 (2) 如几个窗框的高低有出入时,应经过测量作适当调整。一般就低不就高,窗框偏低时可将窗台板稍去一些,盖过窗框的下冒头
	窗台板挑出墙面尺寸不一致,两端伸出窗框长度不一致	(1) 有窗台板的窗口安装窗框时,距内墙抹灰面尺寸应一致,才能做到窗台板伸出抹灰面一致。 (2) 预留窗洞口要准确,以保证抹灰厚度一致。 (3) 有窗台板的窗框下冒头内侧要有裁口

续表

质量缺陷		预 控 措 施
门窗套制作与安装	安装不牢固,泛水不准	(1) 窗台板要用干燥木料制作,并在其下面作变形槽。 (2) 窗台板下的墙体内要预留木砖,窗台板要与木砖钉牢,并拉通线找平。 (3) 安窗台板时要用水平尺找平,允许顺泛水1mm
	面层板割角不方,接缝不严,花纹错乱,表面不平	(1) 门窗套迎面根部制作时应注意与门框平行套方。 (2) 洞口角边要钉牢,钉面层板以前要认真检查一次,发现不方正时应及时修理,然后进行面层加工,以确保方正。 (3) 接对头缝,正面与背面的缝要严密,背后不能出现虚缝。 (4) 接头缝的胶不能太厚且应稍稀些,刷胶要均匀;接缝时应用力挤出余胶,以防拼缝不严和出现黑纹。 (5) 施工前应选择好面层板,在接头处花纹要对好,颜色要一致。 (6) 板的木纹根部向下,顶部向上,不得倒头使用。 (7) 钉帽要打扁,顺木纹钉入,将铁冲子磨成扁圆形一个钉帽一般粗细,将钉帽钉入板面深2mm
护栏和扶手制作与安装	栏杆立柱不垂直,扶手不顺直,安装不牢固	(1) 施工时必须精确弹线,拉通线按各立柱定位。 (2) 加强每道施工工艺的质量检查,以便及时纠正质量问题。 (3) 固定栏杆预埋件的制作和安装要牢固、齐平。 (4) 应派有经验的人员进行施工,严格按照操作规程施工,采用专业工厂按施工放样划出详图按图专门加工。 (5) 对已完工的栏杆扶手成品应进行必要的隔离和保护,防止异物碰撞和划伤
	楼梯扶手安装不牢固	(1) 木结构扶手底部的扁钢必须平整、螺钉孔深度要适宜、平整,扶手的引孔直径应小于螺钉标准直径,深度应以螺钉长度的2/3为宜;孔的中心距不应大于400mm;紧固时螺钉必须保持垂直,不得歪斜,每个螺钉必须拧紧卧入、平整。 (2) 扶手的接头处必须加工平整,木结构扶手应严格控制木材含水率;其接头处应作成暗榫,加工要精确,锚固时要加胶,涂胶要均匀,接头胶结要严密,严禁焊缝有裂纹、咬肉和凹凸不平的现象。 (3) 接头的接触面必须平整,端头入墙的锚固长度不应小于100mm,并应加锚固件,填嵌砂浆应采用水泥砂浆,填嵌应密实牢固
	楼梯扶手不顺直	(1) 安装扶手时,应对加工好的扶手几何尺寸、弯曲处的几何形体、弯曲率、平整度和扶手垂直度做严格检查验收,合格后方可组装。 (2) 整体弯头下料应严格控制划线和下料的几何尺寸。 (3) 安装金属栏杆时,一要控制栏杆的标高,二要防止栏杆变形。 (4) 安装扶手要控制扶手的平整度、垂直度和斜度,确保整体性和稳定性

续表

质量缺陷		预 控 措 施
护栏和扶手制作与安装	楼梯扶手不顺直	(5) 栏杆连接带的扁钢表面必须保证光滑平整,不得有凹凸不平的缺陷。 (6) 安装扶手的位置应正确,表面平整光滑,楞角方正整齐,接缝严密,平直通顺。 (7) 加工成形的木扶手应达到圆弧正确、表面光滑、起槽整齐
花饰制作与安装	花饰安装不平整,石膏腻子粘结力不强	(1) 花饰板块应事先认真分类筛选,选择误差相近的组合在一起进行板块调整,并逐件编号。 (2) 在紧固木螺钉或螺栓前,要详细检查饰面整体的平整程度。 (3) 安装固定结束时,应及时进行成品保护。 (4) 选用正确的配合比,调制好石膏腻子,掌握好石膏凝结时间
	水泥花饰安装不牢固,饰面被污染,安装位置不正确	(1) 基层应清理干净。 (2) 基层预埋件应安装正确、牢固。 (3) 花饰与埋件连接应牢固。 (4) 在抹灰层上安装花饰时,必须待抹灰层硬化后进行。 (5) 安装人员在操作过程中应及时清理饰面上的污迹和污物。 (6) 制定严格的成品保护制度。 (7) 基层预埋件或预留孔洞位置应正确。 (8) 安装前应根据设计位置和尺寸并结合花饰图案,精确测量并弹好中心线、分格线和有关尺寸控制线。 (9) 复杂分块花饰的安装必须预先试拼,分块编号
	金属花饰焊接不牢;图案不规则,位置不正确	(1) 焊接前应检查好预埋件的质量。 (2) 焊缝高度、厚度应满足设计及相应规范的规定。 (3) 基层预埋件位置应正确。 (4) 安装前精确测量并弹出中心线、分格线和有关尺寸控制线。 (5) 复杂分块花饰的安装必须预先试拼、分块编号
	木制花格缝隙不匀,连接松动,安装不牢固	(1) 安装前,检查洞口尺寸和偏差情况,并予以调整。 (2) 减少误差积累,不要将误差叠加,集中于一处。 (3) 榫接时要求连接的榫头、榫眼、榫槽尺寸必须准确,组装后无缝隙。 (4) 木花格连接件与预埋件连接的木螺钉或螺栓要拧紧

参 考 文 献

1 国家标准。建筑装饰装修工程质量验收规范(GB 50210—2001)。北京：中国建筑工业出版社,2001
2 国家标准。建筑地面工程施工质量验收规范(GB 50209—2002)。北京：中国计划出版社,2002
3 《建筑施工手册》编写组。建筑施工手册(第四版)缩印本。北京：中国建筑工业出版社,2003
4 何皎皎主编。建筑装饰装修工程监理。北京：中国建筑工业出版社,2003
5 庄文华,龚花强主编。住宅装修工程施工质量控制与验收手册。北京：中国建筑工业出版社,2002
6 李文华,彭尚银,徐兴华主编。建筑工程质量检验。北京：中国建筑工业出版社,2002